シリーズ現代の天文学第8巻
『ブラックホールと高エネルギー現象［第2版］』 正誤表

第1刷

p.253, 図 4.44 に誤りがありました．正しい図は以下のとおりです．お詫びともに訂正いたします．

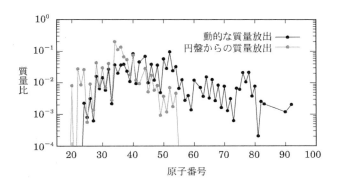

シリーズ 現代の天文学［第2版］ 第8巻

ブラックホールと高エネルギー現象

小山勝二・嶺重 慎・馬場 彩［編］

日本評論社

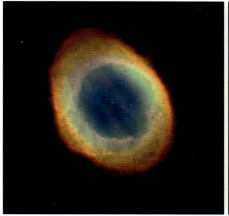
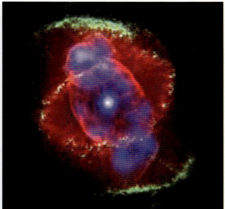

口絵1
[上左] M57(リング星雲),
[上右] NGC6543(キャッツアイ星雲),
[右] MyCn18(砂時計星雲) (p.3, NASA)

口絵2 (下)
大マゼラン雲にある超新星残骸N132Dのスペクトル. 白色のスペクトルはXRISM衛星搭載Resolveで, 灰色スペクトルはX線天文衛星「すざく」で取得されたもの (Bamba et al. 2018, ApJ, 854, 71). 多くの重元素からの輝線が検出されている. グラフの背景の画像はXRISM搭載Xtendにより撮影されたN132D (JAXA)

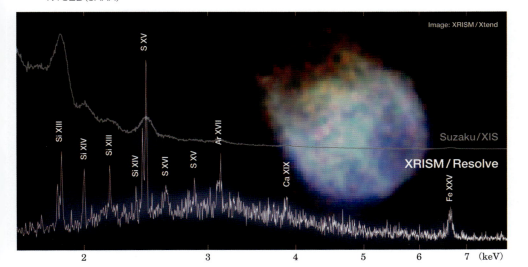

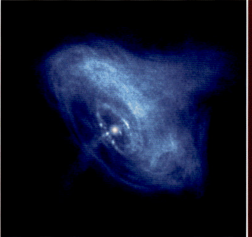
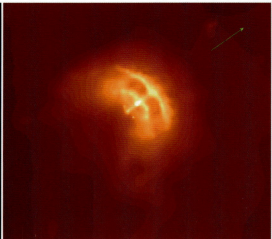

口絵3（上）
［左］かにパルサーと［右］ほ座パルサー周辺のパルサー星雲の「チャンドラ」によるX線像
(p.21)

口絵5（右ページ，上から順に）
ハッブル宇宙望遠鏡で撮像した可視光で見た原始星ジェット（http://hubblesite.org/gallery/），「あすか」が撮像した特異星SS433の相対論的ジェット（http://www-cr.scphys.kyoto-u.ac.jp/），電波干渉計で見た巨大楕円銀河M87のジェット．中心部は「はるか」衛星による（http://www.oal.ul.pt/oobservatorio/vol5/n9/M87-VLAd.jpg）
(p.115)

口絵4（下）
［左］ハッブルディープフィールド北領域の「チャンドラ」によるX線画像，［右］ロックマンホール領域の「XMM-Newton」によるX線画像
(p.99, Brandt & Hasinger 2005, Ann. Rev. Astr. Ap., 43, 827)

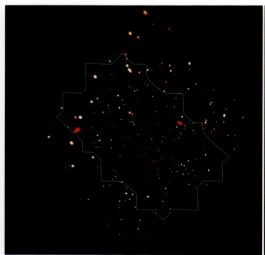

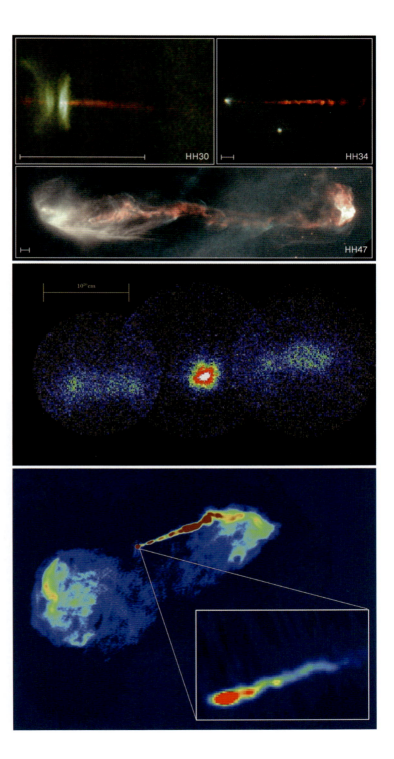

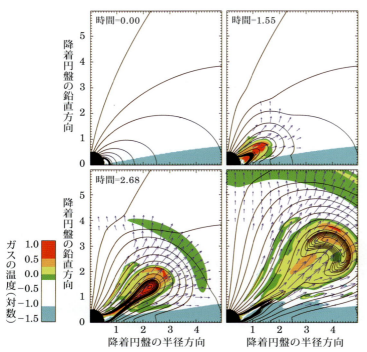

口絵6（左）
初期磁場がダイポール磁場の場合の降着円盤とダイポール磁場の相互作用をMHDシミュレーションで表す（p.163, Hayashi *et al.* 1996, *ApJ*, 468, L37）．図の縦軸・横軸の数字は初期の円盤の半径を単位にしたもの．右下のパネルの時間は4.01（無次元）

口絵7（下）
超新星残骸SN1006のXRISM衛星搭載XtendによるX線画像とThe Digitized Sky Survey（DSS）の可視光画像の合成写真．Xtendは満月ほどの視直径のある天体を1視野でカバーできていることが分かる（X線:JAXA/可視光:DSS）

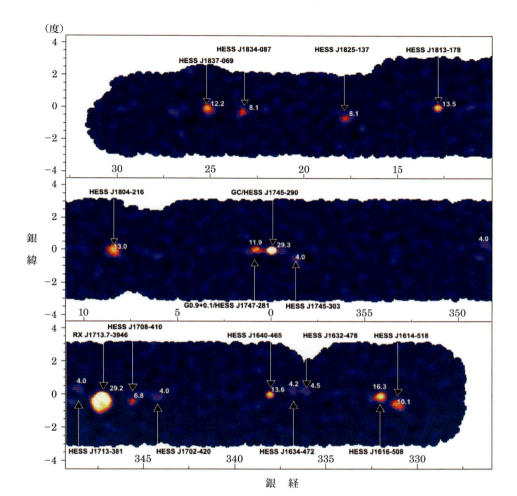

口絵8
H.E.S.S.望遠鏡で発見されたVHEガンマ線源の分布図(p.199, Aharonian et al. 2006, The Astrophysical Journal, 636, 777). 銀河面を銀系 −30°(330°)から+30°までを3段に分けて表示してある

口絵9
BATSE観測装置がとらえた2704例のガンマ線バーストの到来方向分布を銀河座標で表示した．カラーは50–300 keV帯でのエネルギー総量（erg cm^{-2}）を表す（p.270, http://cossc.gsfc.nasa.gov/docs/cgro/batse/）

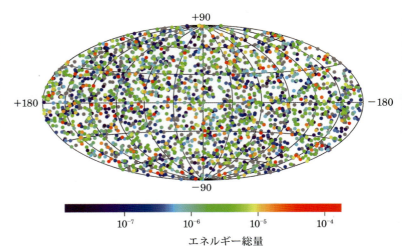

口絵10
［上］「BeppoSAX」が観測したGRB 970228のX線写真（中央の明るいところ）．座標は赤緯（度，分，秒），赤経（時，分，秒）．左はバーストから8時間後，右は3日後のX線アフターグローを示している（p.272, Costa *et al.* 1997, *Nature*, 387, 783）．
［下］続いて発見された可視光のアフターグロー（OTと表記）．左はバーストの当日，右は8日後の可視光写真を示す（約7分角四方）
(p.272, Van Paradijs *et al.* 1997, *Nature*, 386, 686)
Copyright©1997, Nature Publishing Group

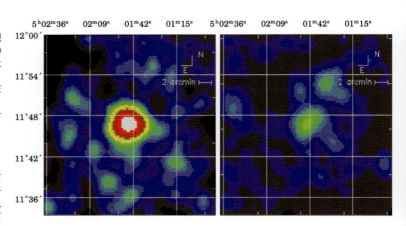

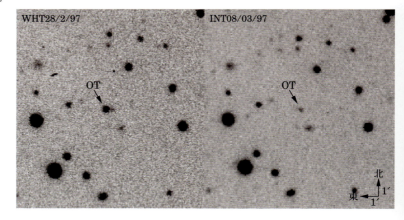

シリーズ第2版刊行によせて

　本シリーズの第1巻が刊行されて10年が経過しましたが，この間も天文学の
めざましい発展は続きました．2015年9月14日に，アメリカの重力波望遠鏡
LIGOによってブラックホール同士の合体から発せられた重力波が検出されまし
た．これによって人類は，電磁波とニュートリノなどの粒子に加えて，宇宙を観
測する第三の手段を獲得しました．太陽系外惑星の探査も進み，今や太陽以外の
恒星の周りを回る3500個を越す惑星が知られています．生物の住む惑星はもと
より究極の夢である高等文明の探査さえ人類の視野に入ろうとしています．観測
された最遠方の銀河の距離は134億光年へと伸びました．宇宙の年齢は138億
年ですから，この銀河はビッグバンからわずか4億年後の宇宙にあるのです．ま
た，身近な太陽系の探査でも，冥王星の表面に見られる複数の若い地形や土星の
衛星エンケラドス表面からの水の噴き出しなど，驚きの発見が相次いでいます．

　さまざまな最先端の観測装置の建設も盛んでした．チリのアタカマ高原にある
日本（東アジア），アメリカ，ヨーロッパの三極が運用する電波干渉計アルマ
（ALMA）と，銀河系の星全体の1%にあたる10億個の星の位置を精密に測る
ヨーロッパのGaia衛星が観測を始めています．今後に向けても，我が国の重力
波望遠鏡KAGRA，口径30mの望遠鏡TMT，長波長帯の電波干渉計SKA，
ハッブル宇宙望遠鏡の後継機JWSTなどの建設が始まっています．

　このような天文学の発展を反映させるべく，日本天文学会の事業として，本シ
リーズの第2版化を行うことになりました．第1巻から始めて適切な巻から順
次全17巻を2版化して行く予定です．「新版シリーズ現代の天文学」が多くの
方々に宇宙への夢を育む座右の教科書として使っていただければ幸いです．

　2017年1月

日本天文学会第2版化WG　岡村定矩・茂山俊和

シリーズ刊行によせて

　近年めざましい勢いで発展している天文学は，多くの人々の関心を集めています．これは，観測技術の進歩によって，人類の見ることができる宇宙が大きく広がったためです．宇宙の果てに向かう努力は，ついに 129 億光年彼方の銀河にまでたどり着きました．この銀河は，ビッグバンからわずか 8 億年後の姿を見せています．2006 年 8 月に，冥王星を惑星とは異なる天体に分類する「惑星の定義」が国際天文学連合で採択されたのも，太陽系の外縁部の様子が次第に明らかになったことによるものです．

　このような時期に，日本天文学会の創立 100 周年記念出版事業として，天文学のすべての分野を網羅する教科書「シリーズ現代の天文学」を刊行できることは大きな喜びです．

　このシリーズでは，第一線の研究者が，天文学の基礎を解説するとともに，みずからの体験を含めた最新の研究成果を語ります．できれば意欲のある高校生にも読んでいただきたいと考え，平易な文章で記述することを心がけました．特にシリーズの導入となる第 1 巻は，天文学を，宇宙－地球－人間という観点から俯瞰して，世界の成り立ちとその中での人類の位置づけを明らかにすることを目指しています．本編である第 2 ～ 第 17 巻では，宇宙から太陽まで多岐にわたる天文学の研究対象，研究に必要な基礎知識，天体現象のシミュレーションの基礎と応用，およびさまざまな波長での観測技術が解説されています．

　このシリーズは，「天文学の教科書を出してほしい」という趣旨で，篤志家から日本天文学会に寄せられたご寄付によって可能となりました．このご厚意に深く感謝申し上げるとともに，多くの方々がこのシリーズにより，生き生きとした天文学の「現在」にふれ，宇宙への夢を育んでいただくことを願っています．

　2006 年 11 月

編集委員長　岡村定矩

はじめに

　物質がみずからの重力で崩壊してゆくと特異点が生じ，その周りに光さえも脱出できない境界（事象の地平）をつくる．ブラックホールの形成である．ブラックホールという言葉が発明されてからまだ40年ほどだが，ブラックホールほど人々の想像力をかき立て，SFやその他に登場するポピュラーな天体になった例はすくない．

　ブラックホールは電波，光・赤外，X線などの観測，さらには数値計算の急激な進歩と発展にともない，想像上の産物から実在する特異天体として確立した．この巻はブラックホール研究のいきいきした研究の現状にふれたい．ブラックホールにふれるには，その前駆天体ともいうべき，白色矮星や中性子星にも言及しなければならない．これらも常識をはずれた強重力天体であり，総称して高密度天体，あるいはコンパクト天体という．この強重力天体に共通しているのは高エネルギー現象であり，その分野を高エネルギー天文学という．本書でしばしば登場するX線天文学はそのなかでも，大きな成果をだしてきた分野である．本書では，X線など従来の電磁波で見られる高エネルギー現象のみでなく，宇宙線や新たな目，ニュートリノなどを手段とした粒子線天文学，さらには未開拓ともいえる重力波天文学にもふれる．

　本書では基礎となる理論的な記述に数式を使用せざるを得なかった．かなり難解と思われる読者もいるだろう．せめて雰囲気だけでも嗅ぎ取っていただきたい．本書で記述する内容はすべて物理学の基礎法則の上になりたっていること，そして逆に本書でのべる研究成果は，物理学の基本法則の検証，構築にフィードバックされていることを感じとっていただきたい．

2007年4月

小山勝二

vi　はじめに

［第 2 版にあたって］

　本書第 1 版が刊行されたのは 2007 年 6 月である．早くから第 2 版刊行のお話をいただいていたものの，諸事情により刊行がすっかり遅れてしまったことをまずはお詫びしたい．幸い，多くの著者たちの粉骨砕身のご尽力のお陰で，17 年の月日を経て第 2 版が刊行できる運びとなった．この上ない喜びである．

　思えばこの 17 年，高エネルギー天文学の分野ではいくつもの歴史的発展があった．ブラックホール合体の重力波検出，ブラックホールシャドウの撮像，活動天体からのニュートリノ検出，それらは「マルチメッセンジャー天文学」という新分野を切り拓いた．急速な進展に対応するため，若い研究者も多数招きいれて大幅加筆を行った．ホットな話題満載の本書を，当該分野の研究を始めようとする大学生・院生や関連分野の研究者にお届けできることを幸せに思う．

　今回の新しい執筆者の中には，第 1 版で勉強をしたという方もいる．一方で，第 1 版の著者のうち，柴崎徳明氏と高原文郎氏の 2 名が鬼籍に入られ，改訂版執筆の筆をとっていただくことがかなわなかったのは至極残念である．しかし第 1 版刊行における熱い思いは，確実に次の世代に受け継がれているように思われる．そして本書で学ぶさらに若い世代が，次の版の著者として執筆に参加することができるならば，編者にとって望外の喜びである．

　数ある学問の中で天文学・宇宙科学の一つの特徴は，マスコミや一般向け講演会の話題になりえるということであろう．天文学・宇宙科学は役に立たない学問の代表格のようにいわれることもあるが，これだけ一般の関心を得られるということは，それ自体大きな価値のように私には思われる．本書には，難しい記述もあるにはあるが，細部にとらわれず，本書全体を通して流れる「宇宙を学ぶ楽しみ」「宇宙の宝物を掘り出す喜び」を味わっていただきたいと切に希う．

　2024 年 5 月

嶺重　慎

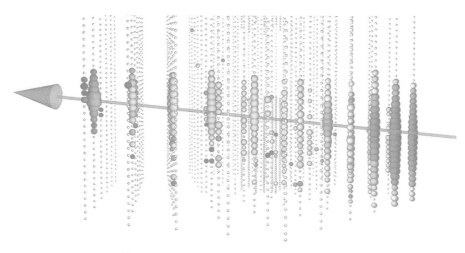

シリーズ第2版刊行によせて　i
シリーズ刊行によせて　iii
はじめに　v

第1章 高密度天体　1

1.1　白色矮星　1
1.2　中性子星　10
1.3　ブラックホール　25

第2章 高密度天体への物質降着と進化　39

2.1　近接連星系と質量輸送　39
2.2　降着円盤　42
2.3　白色矮星への質量降着　55
2.4　中性子星への質量降着　66
2.5　恒星質量ブラックホールへの質量降着　75
2.6　大質量ブラックホールへの質量降着　86
2.7　活動銀河核とX線背景放射　96
2.8　ブラックホールシャドウの撮像　105

第3章 高密度天体からの質量放出　113

3.1　宇宙ジェットとウィンド　113
3.2　ジェットのダイナミクス　131
3.3　宇宙ジェットとウィンドのモデル　139

第4章 粒子線と重力波天文学　169

- 4.1 宇宙線　169
- 4.2 宇宙線からの電磁放射, 加速理論　181
- 4.3 宇宙線起源天体の観測　194
- 4.4 ニュートリノ天文学　208
- 4.5 重力波天文学　229
- 4.6 マルチメッセンジャー天文学　249

第5章 ガンマ線バースト　267

- 5.1 ガンマ線バーストの諸現象　267
- 5.2 ガンマ線バーストの物理機構　281

参考文献　297
索引　298
執筆者一覧　302

第**I**章

高密度天体

1.1 白色矮星

　白色矮星は太陽と同じくらいの質量を持ちながら，地球ほどの大きさしかない奇妙な星である．このため白色矮星の平均密度は，$1\,\mathrm{m}^3$ あたり 100 万トンにも達する．この節では，この白色矮星がどのようにして発見され，どのような環境で生まれ，どのような性質を持つのかを述べる．

1.1.1 白色矮星の発見

　天文学史上，最初に発見された白色矮星は，エリダヌス座 o^2 星 B である．エリダヌス座 o^2 星は，K 型のスペクトルを持つ比較的明るい（4.4 等星）A 星と，伴星である B 星と C 星からなる三重星である．このうちの B 星は，1914 年に行われた分光観測により，9.5 等星と暗いにもかかわらず A 型のスペクトルを持つ星であることが判明した．スペクトル型と実視等級を主系列星である A 星と比較すると，B 星の半径は A 星に比べてきわめて小さく，太陽のわずか 1.3%ほどしかないことがわかる．地球の半径が太陽の 0.9%であるから，B 星の大き

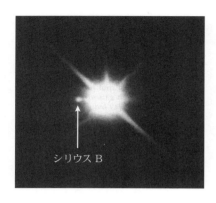

図 1.1 おおいぬ座のシリウス．右の明るい星がシリウス A，左横にかすかに見える暗い星はシリウス B（白色矮星）である（https://www.ananscience.jp/siriusb/?page_id=2 より転載）．

さはほぼ地球程度ということになる．いっぽうの質量は，連星系の運動から，$0.5M_\odot$ であることが知られており，ごく大雑把には太陽程度である．

二つ目の白色矮星は，「冬の大三角」の一角をなすおおいぬ座のシリウスで発見された．よく知られた一等星のシリウスは，主系列星のシリウス A と，暗い伴星であるシリウス B からなる連星系である（図 1.1）．1915 年，アダムス（W.S. Adams）は初めてシリウス B の分光観測を行い，そのスペクトル型が，主星のシリウス A とほとんど同じ A 型であることを突き止めた．だがシリウス B の明るさはシリウス A の 1 万分の 1 しかない．このことからシリウス B の半径は，やはり太陽半径の 1% 程度，つまり地球半径程度であることがわかる．いっぽうの質量は，ほぼ太陽質量に等しい[*1]．

エリダヌス座 o^2 星 B，シリウス B は，1917 年に発見されたファン・マーネン星と合わせて，古典的白色矮星（classial white dwarfs）と呼ばれている．エディントン（A.S. Eddington）はその著書の中で，白色矮星は宇宙にごくありふれた天体であろうと述べている．実際，今では太陽系からわずか 25 光年以内に 9 個もの白色矮星が知られていて，白色矮星と普通の恒星の数の比はほぼ 1：2 といわれている．

[*1] 最新の研究では $1.017 \pm 0.025 M_\odot$（S.R.G. Joyce *et al.* 2018, *MNRAS*, 481, 2361）．

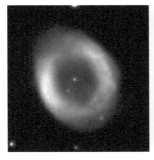 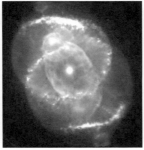 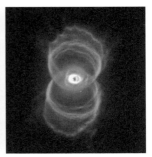

図 **1.2** いろいろな惑星状星雲（口絵 1 参照）
(http://antwrp.gsfc.nasa.gov/apod/ap950727.html,
http://nssdc.gsfc.nasa.gov/image/astro/hst_stingray_nebula.jpg,
http://nssdc.gsfc.nasa.gov/image/astro/hst_hourglass_nebula.jpg より転載).

1.1.2 白色矮星の誕生

恒星はおもに水素からなる巨大なガス球であり，自身の重力で絶えず縮もうとしている．この自己重力を押しとどめているのは，星の中心での水素の核融合反応の熱による圧力である．しかし燃料の水素には限りがある．例えば我々の太陽は，誕生から約 100 億年で水素燃料を使い果たす．すると星の中心部は支えを失い，自己重力で急速に縮んで行く．逆に外層は中心部の収縮で発生するエネルギーを受け取って緩やかに膨張する．こうして星はやがてコンパクトなコアと周囲に大きく広がったガス雲に二極分解する．これが惑星状星雲である（図 1.2）．

惑星状星雲の中心にあるコンパクトなコアが白色矮星である．白色矮星の元素組成は，もとの恒星の主系列星時代[*2]の質量によって以下の 3 種類に分かれる．

- もとの恒星の質量が $0.46\,M_\odot$ 以下の場合，水素の核融合によってできるヘリウムからなる白色矮星となる．
- もとの恒星の質量が $0.46\,M_\odot$ 以上 $8\,M_\odot$ 以下の場合，さらに核融合が進み，三つのヘリウムが炭素に，その炭素の一部にさらにヘリウムが融合して酸素にな

[*2] 恒星は一生の大半を水素核融合反応（213 ページのコラム「星の中では」参照）で輝く．これを主系列といい，この時期を主系列時代という．

ることで，全体として炭素と酸素からなる白色矮星となる．

● もとの恒星の質量が $8\,M_\odot$ 以上 $10\,M_\odot$ 以下の場合，中心部分では炭素がさらに核融合反応を起こして，酸素，ネオン，マグネシウムからなる白色矮星となる．

1.1.3 白色矮星をささえる力

白色矮星の中心では核融合反応は起きていないので，自分の重力を支えることはできない．このため白色矮星は潰れてゆくが，ある大きさまで縮むとこの収縮は止まる．このとき白色矮星を内側から支えている力はいったい何だろうか？

スピン角運動量が半整数の粒子をフェルミ粒子という．電子はスピン 1/2 だからフェルミ粒子である．1.1.2 節で述べたとおり，白色矮星はヘリウム，炭素，酸素，ネオン，マグネシウムなどからなるが，高温の白色矮星内部ではこれらの元素は電離しているため，白色矮星の中には大量の電子もまた存在している．白色矮星は見方を変えれば，フェルミ粒子からなるガス球とみなすことができるのである．同種のフェルミ粒子は，同じ場所と運動量の状態を占めることができない．簡単のために 1 次元空間で考えると，フェルミ粒子である電子は位置と運動量からなる平面上で，図 1.3 のように，面積 $\hbar$ で区切られた格子点に一つずつしか存在することができない*3．ここで $\hbar = h/2\pi$，$h = 6.6 \times 10^{-34}\,\mathrm{J\,s}$ はプランク定数である．

フェルミ粒子のこの性質により，たとえ白色矮星の中心の温度が絶対零度まで冷えたとしても，電子は，すべてが図 1.3 の左下の原点に集まってしまうことなく，大半がゼロでない運動量を持つ．このときの最大の運動量（図 1.3 で p_F）をフェルミ運動量*4と呼ぶ．この有限の運動量が内部圧力を生む．温度がゼロになっても運動を停止しないフェルミ粒子の性質から生じる圧力を縮退圧という．自己重力に対抗して白色矮星を支えているのは，電子の縮退圧である．

1.1.4 白色矮星の質量と半径の関係

白色矮星の奇妙な性質の一つに，質量と半径の関係がある．普通の恒星では，質量が大きいほど星の半径も大きい．これに対して白色矮星には，質量が大きい

---

*3 スピンの自由度があるので，実際には二つまで許される．

*4 エネルギーで表現する場合はフェルミエネルギーと呼ぶ．

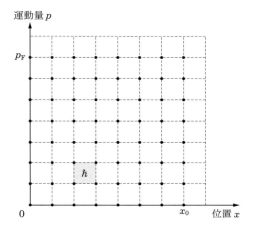

図 1.3 自由フェルミ粒子気体の 1 次元位相空間.

ほど半径が小さいという性質がある（図 1.4）．この理由は，電子 1 個あたりの力学的エネルギーを考えることにより説明できる．白色矮星の内部の微小体積 $dx\,dy\,dz$ の中で，(p_x, p_y, p_z) と $(p_x + dp_x, p_y + dp_y, p_z + dp_z)$ の間の運動量を持つ電子の数 dN は，1.1.3 節の議論を 3 次元空間に拡大すると，

$$dN = \frac{2}{\hbar^3}\,dx\,dy\,dz\,dp_x\,dp_y\,dp_z$$

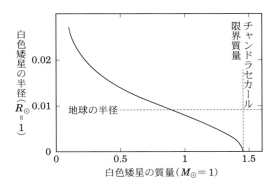

図 1.4 白色矮星の質量と半径の関係.

6　第 1 章　高密度天体

である．これを星全体に亘って積分すると総電子数 N は，星の体積を V として

$$N \simeq \frac{V}{\hbar^3} \cdot \frac{8}{3} \pi \, p_\mathrm{F}^3$$

となる．すなわち，白色矮星の半径を R とすると，

$$p_\mathrm{F} \simeq \hbar n^{1/3} \simeq \frac{\hbar N^{1/3}}{R} \tag{1.1}$$

である．ただし n は電子数密度で $n = N/V$ である．電子 1 個あたりの運動エネルギー K は，このフェルミ運動量を用いて

$$K \simeq \frac{p_\mathrm{F}^2}{2m_\mathrm{e}} \simeq \frac{\hbar^2 N^{2/3}}{2m_\mathrm{e} R^2} \tag{1.2}$$

と書ける．ここで m_e は電子の質量である．一方，電子 1 個あたりの重力エネルギー W は，白色矮星の質量（M）のほとんどを核子*5が担うことから，

$$W \simeq -\frac{G M m_\mathrm{u}}{R} \simeq -\frac{G N m_\mathrm{u}^2}{R} \tag{1.3}$$

となる．ただし G は万有引力定数（$6.67 \times 10^{-11}\,\mathrm{N\,m^2\,kg^{-1}}$），$m_\mathrm{u}$ は原子質量単位（$1.66 \times 10^{-27}\,\mathrm{kg}$）である．式（1.2）と（1.3）から電子 1 個の全エネルギーは

$$E \simeq K + W \simeq \frac{\hbar^2 N^{2/3}}{2m_\mathrm{e} R^2} - \frac{G N m_\mathrm{u}^2}{R} \tag{1.4}$$

と書ける．式（1.4）の E と R の関係は図 1.5 のようになり，エネルギー E はある半径 R で極小値をとる．自然界では系はエネルギーが極小になる状態を採るから，E の極小値を与える R が白色矮星の半径である．式（1.4）から，この半径は

$$R = \frac{\hbar^2}{G m_\mathrm{e} m_\mathrm{u}^2} N^{-1/3} \tag{1.5}$$

となる．式（1.5）から，白色矮星の半径が総電子数（$\propto$ 白色矮星質量）の $-1/3$ 乗に比例することがわかる．つまり，白色矮星の質量が大きくなると，より強い縮退圧を生むために星はむしろ小さくなる．電子が完全に縮退している白色矮星

---

*5　陽子と中性子を総称して核子という．原子核を構成する粒子という意味である．

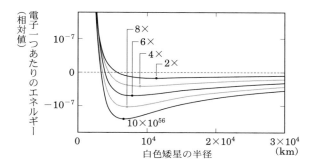

図 1.5 白色矮星中の電子1個あたりのエネルギー．それぞれ総電子数が 2, 4, 6, 8, 10 × 10^{56} 個 の場合．「・」はエネルギー極小の位置を示している．白色矮星の質量が大きくなるほど（総電子数が多くなるほど）白色矮星の半径が小さくなることが分かる．

の質量と半径の関係は，1972年にナウエンバーグ（E. Nauenberg）によって

$$R = 7.83 \times 10^6 \left[\left(\frac{M_{\rm Ch}}{M}\right)^{2/3} - \left(\frac{M}{M_{\rm Ch}}\right)^{2/3} \right]^{1/2} \quad [\rm m] \tag{1.6}$$

と求められた[*6]．$M_{\rm Ch}$ は 1.1.5 節で述べる白色矮星のチャンドラセカール限界質量である．白色矮星の質量が $M_{\rm Ch}$ よりも充分小さい場合には，式（1.6）で右辺第2項を無視すると，たしかに $R \propto M^{-1/3}$ となっている．

― 単位系の話 ―

第10回国際度量衡総会（1954年）において，基本単位としてメートル（m）・キログラム（kg）・秒（s）を含む国際単位系（SI）が採択され，推奨された．SI単位系は M, K, S 以外にアンペア（A），その他いくつかの基本，補助単位からなる．本書では原則として SI 単位系を用いる．

しかし転載した図のいくつかにはもとの cgs 単位系がのこされている．面白いことに日米は cgs，欧州は SI を愛用する高エネルギー天文学者が多い．本書で頻繁に用いる単位の対応表と表記方法を下に示そう．

[*6] E. Nauenberg 1972, *ApJ*, 175, 417.

単位変換表，補助単位，数の位につける接頭語

単位変換表		
項目	SI 単位系	cgs 単位系
エネルギー（仕事）	1 J （Joule：ジュール）	10^7 erg （エルグ）
エネルギー発生率（仕事率）	1 W （Watt：ワット）$= \mathrm{J\,s}^{-1}$	10^7 erg s^{-1}
磁束密度	1 T （Tesla：テスラ）	10^4 G （Gauss：ガウス）

補助単位		
長さ	1 pc （パーセク）	3.26 ly （光年）
		2.06×10^5 au （天文単位）
		3.09×10^{16} m
エネルギー	1 eV （電子ボルト）	1.60×10^{-19} J
質量	太陽質量 $M_\odot$	1.99×10^{30} kg
	陽子質量 m_p	1.67×10^{-27} kg
	電子質量 m_e	0.91×10^{-30} kg
光度	太陽光度 $L_\odot$	3.8×10^{26} W
定数	プランク定数 h	6.6×10^{-34} J s
	トムソン散乱断面積 σ_T	6.65×10^{-29} m^2
	ボルツマン定数 k	1.38×10^{-23} J K^{-1}
	万有引力定数（重力定数）G	6.67×10^{-11} N m^2 kg^{-1}
	シュテファン–ボルツマン定数 σ	5.67×10^{-8} W m^{-2} K^{-4}

数の位につける接頭語						
数の位	10^{12}	10^9	10^6	10^{-6}	10^{-9}	10^{-12}
接頭語（呼び名）	テラ	ギガ	メガ	マイクロ	ナノ	ピコ
記号	T	G	M	μ	n	p

1.1.5　白色矮星の限界質量

　図 1.4 と 1.5 で示したように，白色矮星の質量（電子の数）が大きくなると半径は小さくなり，平均の密度 n は上がる．すると 1.1.3 節で述べたフェルミ粒子としての性質のため，電子のフェルミ運動量は式（1.1）に従って大きくなる．その結果，縮退圧が増大し電子のエネルギーも増大してゆく．しかし電子が相対論的になると縮退圧の増加が鈍り，やがて電子の縮退圧では白色矮星を支えきれなくなる．このことに最初に気づいた研究者の一人はインドの天体物理学者チャ

ンドラセカール（S. Chandrasekhar）である[7]．この白色矮星の上限の質量を，発見者に因んでチャンドラセカール限界質量と言い，その値は

$$M_{\mathrm{Ch}} = 1.454 \left(\frac{\mu}{2}\right)^{-2} M_{\odot} \tag{1.7}$$

と表される．ただし μ は電子 1 個あたりの原子量であり，ヘリウム，炭素，酸素，ネオン，マグネシウムではいずれもほぼ 2 である．

もとの恒星の質量が $10\,M_{\odot}$ 以上の場合，星に何が起きるのだろうか？ このような重い星でも中心には白色矮星が形成されるが，その質量はチャンドラセカール限界質量を超える．縮退圧で支えきれずに収縮する白色矮星の中心部は，より高密度で温度の高い状態になり，ネオン，酸素，シリコンの核融合が引き続いて起きる．主系列時代と違い，これらの核燃料を使い果たすのに 10 年とかからない．燃料が尽きると白色矮星はさらに収縮する．電子のフェルミエネルギーはますます大きくなり，やがて陽子と中性子の質量の差 Δm $(2.3 \times 10^{-30}\,\mathrm{kg})$ に相当するエネルギー $\Delta m\,c^2$ $(1.3\,\mathrm{MeV})$ を超えてしまう．すると陽子と電子は分かれて存在するよりも，まとまって中性子になった方がエネルギー的には低くなるので，逆ベータ反応，$\mathrm{p} + \mathrm{e}^- \longrightarrow \mathrm{n} + \nu_{\mathrm{e}}$[8]により，陽子と電子が合体して中性子になる．この反応のため，質量が $10\,M_{\odot}$ 以上の恒星の中心部は中性子の集合体，中性子星になる．中性子星については 1.2 節で述べる．

1.1.6 白色矮星の質量分布

白色矮星は半径が小さいために，絶対光度は主系列星のおおむね 1 万分の 1 程度と非常に暗い．それでも観測技術の進歩に伴って観測事例は増え，現在（2024年 3 月）では，欧州の観測衛星ガイアによって，およそ 23 万個の白色矮星が見つかっている[9]．白色矮星の半径は，チャンドラセカール限界質量近傍では極端に小さくなる（図 1.4）．観測されている最大質量の白色矮星の半径は，月とほぼ同程度と見積もられている[10]．白色矮星の質量分布を調べると，その大半は，

---

[7] S. Chandrasekhar 1931, *ApJ*, 74, 81.

[8] 粒子間反応を示す一般的な表現方法．この式では陽子（p）と電子（e$^-$）が衝突し，中性子（n）とニュートリノ（ν_{e}）になったことを表す．ベータ崩壊の逆過程である．

[9] https://pubs.aip.org/physicstoday/online/43238

[10] I. Caiazzo *et al.* 2021, *Nature*, 595, 39.

10　第 1 章　高密度天体

0.5–$0.7M_\odot$ の範囲に存在している[11].

1.2　中性子星

　中性子はチャッドウィック（J. Chadwick）によって 1932 年に発見された. 中性子発見からたった 2 年後の 1934 年, バーデ（W. Baade）とツヴィッキー（F. Zwicky）は, 中性子が非常に密に集まってできている星, いわゆる中性子星という画期的な概念を提出した. さらにエネルギーの見積もりから, この中性子星は超新星爆発でつくられるであろうことを予言した. 中性子星は, その後 30 数年, 思考の産物としてとどまるが, 1967 年, ベル（J. Bell）とヒューイッシュ（A. Hewish）によってパルサーが発見され, 現実に存在する天体であることが証明された.

1.2.1　中性子星の形成

　重い星の最期の爆発, 重力崩壊型超新星[12]では, 星の大部分は吹き飛ぶが, 鉄の芯は吹き飛ばずに残る. この芯が中性子星になる. 爆発に先立つ重力崩壊（収縮）の過程で, 電子が原子核に捕獲され, 原子核中の陽子は中性子に変わっていく. 中性子の数が過剰になると, 中性子が原子核から漏れ出し, 自由中性子となる. 原子核は溶解してやせ細り, ほとんど自由中性子でできた星が誕生する. これが中性子星である. 典型的な中性子星の質量は太陽質量の 1.4 倍程度, そして半径は約 10 km である. 中性子星内部では角砂糖 1 個の重さが 10 億トンに, また表面では重力の強さが地球表面の値の 1000 億倍にもなる. 中性子星は物質が極限状態にある星といえる.

1.2.2　中性子星の質量と半径

　中性子はスピン 1/2 のフェルミ粒子である. したがって, 中性子星の強大な重力による収縮に対抗する力の一つは中性子の縮退圧である[13]. 縮退圧は中性

---

[11] S.O. Kepler *et al.* 2007, *MNRAS*, 375, 1315.

[12] 超新星には核暴走型と重力崩壊型がある. 分光学的には, 前者は Ia 型で, 後者は II 型, Ib 型, Ic 型と分類されている.

[13] 核子同士の強い相互作用に基づく斥力による寄与が半分以上ある.

子の運動が非相対論的かあるいは相対論的かにより，

$$P_\mathrm{d} \sim \begin{cases} \dfrac{\hbar^2}{m}\left(\dfrac{\rho}{m}\right)^{5/3} & （非相対論的），\\[1em] \hbar c\left(\dfrac{\rho}{m}\right)^{4/3} & （相対論的） \end{cases} \tag{1.8}$$

で与えられる．ここで，$P_\mathrm{d}, \rho, m, \hbar, c$ はそれぞれ圧力，密度，中性子の質量，換算プランク定数，光速である．一方，重力を支えるために必要な圧力 P_G（以下では単に重力と呼ぶ）は

$$P_\mathrm{G} \sim \frac{GM\rho}{R} \sim GM^{2/3}\rho^{4/3} \tag{1.9}$$

となる．ここで，M, R はそれぞれ中性子星の質量，半径である．また，式 (1.9) では，関係式 $M \sim \rho R^3$ を利用している．

図 1.6 に重力と縮退圧をそれぞれ破線と実線で模式的に示す．質量が増えるにつれ重力が強くなるため，破線は上に移動する．実線と破線の交点が力学的平衡点で重力と圧力がバランスし，星はある半径（大きさ）に落ち着く．星の質量が大きくなるにつれ交点は右上に移動し，星の半径は質量の 1/3 乗に反比例して（$R \propto M^{-1/3}$）小さくなる．さらに質量が大きくなり実線と破線が一部重なった後は，交点がなくなる．すなわち，中性子星の質量には上限値が存在する．上限値以上では重力があまりにも強く，縮退圧でも支えることができない．この上限

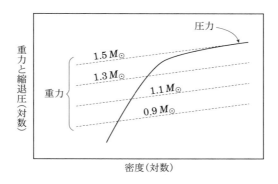

図 **1.6** 重力（破線）と縮退圧（実線）の模式図．破線と実線の交点が中性子星の安定点である．質量が大きくなると交点がなくなり，中性子星は不安定になる．

値が中性子星に対するチャンドラセカール限界質量で，式 (1.8) と (1.9) から，

$$M_{\text{Ch}} \sim m \left(\frac{\hbar c}{Gm^2} \right)^{3/2} \sim 1.5 \, M_\odot \tag{1.10}$$

と導かれる．なお重力崩壊型超新星爆発でチャンドラセカール限界質量よりも重い芯が残った場合は中性子星として存在できず，さらに潰れてブラックホールになってしまう．

上では簡単のため，重力と縮退圧とのつりあいから中性子星の質量と半径を求めた．しかし，中性子星の中心部は密度がきわめて高く，中性子どうしが互いに触れ合い，一部は重なりあってくる．このような状況では，中性子と中性子との間にはたらく力，核力が重要になる．状態方程式（密度の関数として表した圧力の式）に縮退圧だけでなく，核力の効果も考慮しなくてはならない．さらに重力もきわめて強いので，一般相対論的効果を取り入れた力のつりあいの式が必要となる．超高密度における核力の問題は，まだ研究の途上にある．図 1.7 は，核力のいくつかのモデルについて，一般相対論を取り入れて計算した中性子星の質量・半径の図である．各曲線でピークより右側の部分は安定な中性子星に対応す

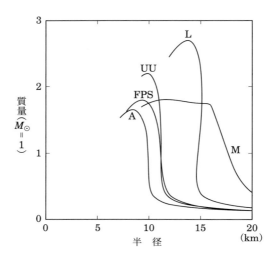

図 **1.7** 中性子星の質量と半径．ローマ字の記号はそれぞれ異なった状態方程式の場合に対応する．実線のピークの左側では中性子星は不安定である．

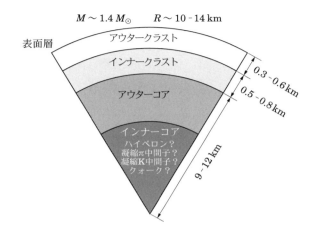

図 **1.8** 中性子星の断面の模式図.

る．ピークより左の部分では，星はおもに一般相対論的効果により動的に不安定で，わずかなゆらぎにより重力崩壊する．ピークは中性子星質量の上限値を示している．この上限値を越えると，重力崩壊してブラックホールになる．

1.2.3 中性子星の内部

図 1.8 は代表的な中性子星の断面図である．中性子星の内部はいくつかの特徴的な層からできている．外側からみていこう．まず表面層がある．表面層は密度が $10^9\,\mathrm{kg\,m^{-3}}$ 以下の領域で，温度や磁場により固体または液体状態になる．表面層の下には，密度が 10^9–$4.3\times10^{14}\,\mathrm{kg\,m^{-3}}$ の層があり，アウタークラストと呼ばれている．この領域では，鉄やニッケルなどの原子核が格子状に並び，固体となっている．規則的に並んだ原子核は，縮退した電子の海の中にひたっている．密度が $10^{10}\,\mathrm{kg\,m^{-3}}$ を越えると，電子のフェルミエネルギーは $1\,\mathrm{MeV}$ 以上になる．すると原子核中の陽子は電子を捕獲し，中性子に変わる（1.1.5 節）．密度が高くなるにつれ電子捕獲がより進み，中性子過剰の原子核ができる．さらに，密度が高くなるにつれ，表面エネルギーが少なくてすむ核子の多い原子核が安定になる．

次の層は，密度が 4.3×10^{14}–$1\times10^{17}\,\mathrm{kg\,m^{-3}}$ の領域で，インナークラストと

呼ばれている．ここでも中性子過剰な原子核が，縮退した電子の海の中に格子状に並んで存在する．またこの領域では，中性子を原子核の中に束縛しておくことができず，中性子の一部が原子核からもれ出てくる．もれでた中性子は超流動状態，つまり粘りけがなくさらさらと流れる超流体になっている．

　さらに中心に向かってすすむと，原子核はすべて溶けてしまい，そこは超流動状態にある自由な中性子で占められている．この領域はアウターコアと呼ばれている．アウターコアには電子，陽子，ミュー粒子などの荷電粒子もわずかではあるが存在し，陽子は超伝導状態になっている．

　中性子星の中心近くのインナーコアは密度がきわめて高いので，凝縮した π 中間子や K 中間子，ハイペロン，あるいはクォークなどの素粒子の出現が指摘されている（コラム「中性子星の中心部はどんな世界だろうか」参照）．しかし，どの程度の密度になるとこれらの素粒子が現れるかは不明で，中性子星の芯にエキゾチックな素粒子（コラム「中性子星の中心部はどんな世界だろうか」参照）が存在するか否かはまだはっきりしていない．

　実際に中性子星の内部を探る手段はあるだろうか？　一つに表面温度の観測があげられる．中性子星の中心付近に凝縮した π 中間子や K 中間子，あるいはクォークなど素粒子が出現していれば，ニュートリノの放射率が高くなり，その結果表面温度は低くなる．そして素粒子の出現は，密度そして星の質量に依存する．

　もう一つは，パルス周期観測である．中性子星は自転しているためパルス状の電磁波が観測される（1.2.4 節）．そのパルス周期が突然ジャンプして速くなり，その後ゆっくり以前の値に近づいていく現象が見つかっている．これをグリッチといい，内部の超流体から外殻の通常物質（アウタークラスト）への角運動量輸送が原因と考えられる．パルス周期のジャンプや緩和時間の観測から，超流体の量や超流体と通常物質との相互作用について情報が得られる．パルスの時系列解析から，歳差運動の示唆されている中性子星もある．歳差運動の観測からも超流体の振る舞いや性質を知ることができる．

─中性子星の中心部はどんな世界だろうか─

　まず素粒子の基礎知識を紹介しよう．標準理論によれば，物質を構成する基本

粒子はクォークとレプトンからなる．一方，相互作用（強い力，弱い力，電磁気力）を媒介する粒子として，8種のグルーオン，3種のボソン（W$^\pm$, Z）および光子がある．クォークは一対，3「世代」すなわち，「アップ，ダウン」，「チャーム，ストレンジ」，「トップ，ボトム」がある．

バリオンはクォーク3個，中間子はクォークと反クォークの2個で構成される複合粒子である．バリオンと中間子は総称してハドロンと呼ばれる．レプトンもまた一対，3「世代」すなわち，「電子（e），電子ニュートリノ（e$_\nu$）」，「ミュー粒子（μ），ミューニュートリノ（μ_ν）」，「タウ粒子（τ），タウニュートリノ（τ_ν）」がある．

ニュートリノに質量があると，質量の異なる三つのニュートリノ間での転換が許され，現実の電子ニュートリノ，ミューニュートリノ，タウニュートリノが構成される．この変換をニュートリノ振動といい，スーパーカミオカンデ実験で確認された（4.4.2節）．

通常の世界では単独のクォークが顔をだすことはなく，第1世代の「アップ，ダウン」（とその反粒子）の複合体と第1世代のレプトン（電子など）のみが現れる．しかし高エネルギー加速器実験，宇宙線（4.1節，4.2節），中性子星の最深部，宇宙の極初期のように超高温，高密度の極限世界では第1世代のみならず，第2，第3世代の基本粒子やその複合体が前面に現れる．たとえばK中間子はストレンジクォーク1個と第1世代クォーク1個からなる中間子で，ハイペロンは，ストレンジクォークを含むバリオンである．これらをエキゾチックな素粒子と呼ぶ．

中性子星の中心部は密度が極端に高いため，大量のπ中間子が中性子からもれ出て，内部を満たす．これをπ中間子凝縮という．同様に，K中間子，ハイペロン，各種のクォークが出現すると考えられる．これを星全体に普遍化し中性子星より密度の高い，クォーク星の存在を示唆する研究者もいる．たとえば，「チャンドラ」と「ハッブル宇宙望遠鏡」の観測結果から，RX J1856.3−3754や『明月記』の記録にもある，1181年の超新星爆発の残骸3C 58はクォーク星の可能性も提案されたが，データの扱いなど，この結論には異論も多い．

1.2.4 パルサー

パルサーは図1.9に示すように，規則正しく繰り返す電波パルスを放出する天体である．そのパルスの周期はミリ秒程度から数十秒ほどまでにわたっている．

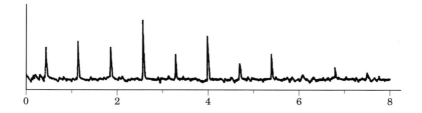

図 1.9 PSR 0329+54 からの電波パルス．横軸は時間（秒），このパルス周期は 0.714 秒である．

パルスの安定した繰り返しが星の回転を表すと考えるのは自然であろう．しかし，パルス周期から示唆される回転はあまりにも速く，ふつうの星なら遠心力で飛び散ってしまう．この遠心力破壊を免れ得るほど重力の強い星は中性子星だけである．パルサー発見当時も，ほぼ同様な考察から，中性子星が実在する天体として認識されるようになった．1967 年の発見以来，現在までに 3000 個以上が観測され，観測された自転周期 P とその変化率 $\dot{P}$ で表示する「P–$\dot{P}$ ダイアグラム」（図 1.10）で分類され，観測的に多様なパルサー（中性子星）の種族が見つかってきた．

パルサーは強い磁場を持ち回転する中性子星である．パルスの周期は中性子星の回転周期に対応する．パルス周期はわずかではあるが，時間とともにのびている．これはブレーキがかかり中性子星の回転が遅くなっていること，つまり中性子星は回転エネルギーを消費してパルサー活動を行っていることを示している．ブレーキのおもな原因として磁気双極子放射[*14]を考えると，観測されたパルス周期（P），パルス周期の時間変化率（$\dot{P}$）から中性子星表面での磁場の強さが

$$B = \left(\frac{3\mu_0 c^3 I P \dot{P}}{32\pi^3 R^6}\right)^{1/2} = 3.2 \times 10^{15}(P\dot{P})^{1/2} \quad [\text{T}] \tag{1.11}$$

となる．ここで μ_0 は真空の透磁率であり，中性子星の半径（R），慣性モーメント（I）はそれぞれ，10^4 m, 10^{38} kg m^2 と取ってある．典型的な観測値，$P \sim 1$ s, $\dot{P} \sim 10^{-15}$ s/s を代入すると，磁場の強さは 10^8 T となり，大変強いことが

[*14] 双極子磁石が回転するときや，両極が互いに単振動するときに出る電磁波．

1.2 中性子星　17

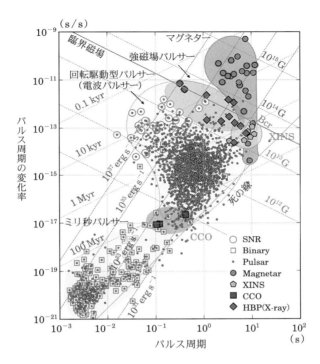

図 1.10　中性子星の自転周期 P とその変化率 $\dot{P}$ の分布「P–$\dot{P}$ ダイアグラム」．スピンダウン時間（右上がりの点線，$0.1\,\mathrm{kyr}, \cdots, 100\,\mathrm{Myr}$），表面磁場の強さ（右下がりの点線，$10^{15}\,\mathrm{G}, \cdots, 10^{12}\,\mathrm{G}$），およびスピンダウン光度（回転エネルギーの減少率．右上がりの点線，$10^{37}\,\mathrm{erg\,s^{-1}}, \cdots, 10^{31}\,\mathrm{erg\,s^{-1}}$）や，臨界磁場，死の線（death line，この線の右下は電磁放射ができない）を線で示した．SNR = Supernova Remnant（超新星残骸）に見つかった天体，連星（□, Binary）中のパルサー，マグネター（Magnetar），孤立した近傍の X 線パルサー（XINS = X-ray Isolated Neutron Stars），超新星残骸の中心に見つかった X 線パルサー（CCO = Central Compact Objects），強磁場パルサー（HBP = High-B pulsar）を凡例で区別した．T. Enoto, S. Kisaka, and S. Shibata, 2019, *Rep. Prog. Phys.* 82, 106901 より改変．

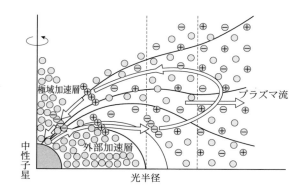

図 1.11 パルサー磁気圏とパルサー風.起電力が加速層にかかり,ここで電子,陽電子がつくられる.電子・陽電子プラズマは電磁流体加速を受け,相対論的なエネルギーを持ったプラズマ流として吹き出ていく.矢印のついた太い曲線は,外部加速層,プラズマ流,極域加速層を貫いて流れる電流である(柴田晋平氏の提供による).

分かる.

磁場中で回転する金属円板ではローレンツの力により,円板のまわりと円板の中心との間に起電力が生じる(単極誘導).磁場を持つ中性子星が回転すると,円板と同様に中性子星は大きな起電力

$$\Delta\phi \sim 6 \times 10^{12} \left(\frac{B}{10^8 \, \text{T}}\right) P^{-2} \quad [\text{V}] \qquad (1.12)$$

を持つ.図 1.11 に示すように,この起電力の一部は極域加速層と外部加速層にかかる.これらの層で荷電粒子は強い電場により加速され,そのスピードはほぼ光速になる.強い磁場のもとでは,荷電粒子は磁力線に沿って運動し曲率放射[*15]としてガンマ線を放射する.このガンマ線はまわりの光や磁場と相互作用して電子・陽電子の対をつくる.それら電子,陽電子は同様に強力な電場で加速され,磁力線に沿って走るときガンマ線を放射する.このガンマ線が新たな電子,陽電子をつくる.

このようにして電子,陽電子がなだれ的につくられ増殖する.電子・陽電子プ

[*15] 強くて曲がった磁力線では,荷電粒子はそれに沿って運動する(加速度を受ける)から,電磁波を放射する.これを曲率放射(Curvature Radiation)という.

ラズマは電磁流体加速を受け，非常に大きなエネルギーを持ったプラズマ流となって，外界に向かって吹き出ていく．これをパルサー風という．パルサー風の放出によっても中性子星の回転にブレーキがかかり，その回転速度は落ちていく．そのブレーキの強さは，磁気双極子放射によるブレーキと同程度である．

パルサーの放射メカニズムについては，いまだに完全な答えに至っていないが，理解の現状をまとめると次のようになる．極域加速層は，磁極の上で中性子星にかなり近いところにある．電波はこの付近からビーム状に放射され，磁軸が回転軸に対し傾いていると，星の回転につれビームが私たちの方向をよぎるたび，パルスとして観測される．その強度が大変強いことから，磁力線に沿ってたくさんの電子が一塊になって運動し，電波を放射していると結論できる．

ガンマ線のエネルギースペクトルに磁場との相互作用に伴う強い吸収の兆候が見られないこと，電波とガンマ線のピークが一般には一致しないことから，ガンマ線の放射領域である外部加速層は光半径[16]の近くに位置する．パルス周期が0.1秒の場合，光半径は約5000kmである．可視光，X線，ガンマ線の放射メカニズムとしてはシンクロトロン放射，逆コンプトン散乱，曲率放射などが考えられている．

超新星残骸の中には，中心のパルサーを取り囲む広い領域からX線，ガンマ線が観測されるものがあり，これをパルサー星雲と呼ぶ．パルサー星雲は，パルサー風と超新星残骸物質との相互作用（衝突）の結果できると考えられる．衝突で衝撃波ができ，そこで粒子が加速され高エネルギーになる．この相対論的粒子からのシンクロトロン放射や逆コンプトン効果（コラム「電磁放射のプロセス」および4.2.1節参照）でX線，ガンマ線が放射される．図1.12（21ページ）はX線天文衛星「チャンドラ」が観測した，かにパルサーとほ座パルサー周辺のX線像である．ジェットや円盤状の吹き出しがはっきりとみえる．X線像の時間変動も観測され，パルサー星雲中を波が伝播する様子がはっきり捉えられている．

―――電磁放射のプロセス―――

電子などの荷電粒子は物質や電磁波，磁場などと相互作用し，その結果さまざまな波長（エネルギー）の電磁波を放出する．本書でしばしば登場する重要なプロ

---

[16] 中性子星と同じ角速度で回転したとき，そこでの速度が光速となる半径をいう．

20 第 1 章 高密度天体

セスをここでまとめておこう．より詳細には 4.2.1 節を参照してほしい．

- 制動放射（Bremsstrahlung Radiation）　電子は加速度を受けると電磁波を放出する．電子が物質の中の原子核のクーロン力で加速度を受けると電磁波を放出する．

- シンクロトロン放射（Synchrotron Radiation）　磁場中の電子は磁力線の回りを円運動する．円運動も加速度運動だから電磁波が放射される．電子の速度が遅い場合をサイクロトロン放射，光速に近い相対論的な場合をシンクロトロン放射と呼ぶ．

- トムソン散乱・コンプトン散乱（Thomson Scattering, Compton Scattering）光子は静止した自由電子を振動させ，その振動が電磁波を再放出する．したがってその波長（エネルギー）はもとの光子と同じである．この過程をトムソン散乱という．その断面積は光子のエネルギーによらず一定で，トムソンの断面積という．高エネルギー光子の場合は電子に与える運動量・エネルギーが大きくなり，逆にエネルギーが減少した光子が再放出される．これをコンプトン散乱といい，そのエネルギーと反応断面積の関係がクライン–仁科（Klein–Nishina）の公式である．

- 逆コンプトン散乱（Inverse Compton Scattering）　運動する電子に光子が衝突すると，上の逆過程がおこり光子はエネルギーを獲得し，高エネルギー光子に変わる．これを逆コンプトン散乱と呼ぶ．

- チェレンコフ放射（Cherenkov Radiation）　物質中を運動する荷電粒子の速度（v）が，その物質中の光の速度（c/n: c は真空中の光速度，n は物質の屈折率）よりも速い場合，荷電粒子の進行方向に光が放射される（4.2.1 節）．

1.2.5　ミリ秒パルサー

ミリ秒パルサーは超高速回転しているパルサーである．周期が 10 ミリ秒以下のものも数多く見つかっている．そのほとんどは連星系であり，相手の星は低質量の恒星，白色矮星または中性子星である．ミリ秒パルサーの磁場は 10^4–10^5 T 程度で，ふつうのパルサーの磁場より 3–4 桁も弱い．スピンダウン時間*17は 1 億年以上で大変に長い．

---

*17 パルサーの年齢を見積もる指標の一つで，スピン周期（P）とその変化率（$\dot{P}$）を用いて $\tau = P/2\dot{P}$ で表す．特性年齢と言われることもある．

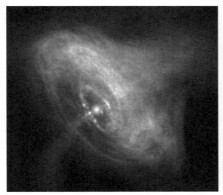 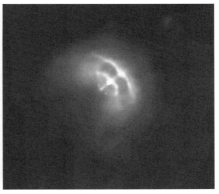

図 1.12 かにパルサー（左）とほ座パルサー（右）周辺のパルサー星雲の「チャンドラ」による X 線像（口絵 3 参照）.

ミリ秒パルサーは球状星団中に数多く発見され，球状星団 Terzan 5 では一つの星団で 49 個も報告されている．球状星団は，その年齢が 100 億年以上の年老いた星の集まりである．これもミリ秒パルサーが古い年齢の中性子星と考える理由である．ミリ秒パルサーが持つ高年齢，高速回転という性質は，年齢とともに回転エネルギーを放出してその回転が遅くなるふつうのパルサー進化のシナリオでは説明できない．

そこで登場したのがパルサーのリサイクル説である．ミリ秒パルサーの前身は，年老いて回転速度が落ち，磁場も弱まりパルサー活動を中止した（電子・陽電子対をつくれない）X 線連星系中（2.4.1 節）の中性子星と考える．相手の星から，ガスがケプラー速度[*18]で円運動をしながら，円盤に沿い中性子星に向かって流れ込む．円盤に沿ったガスの流れは，アルベーン（H. Alfvén）半径（2.4.2 節）のところでせきとめられる．その後，降着ガスは磁力線に沿って中性子星に落ち込む．このとき，磁力線を介して降着物質の持つ角運動量が中性子星に伝えられる．角運動量の注入で中性子星は加速され，高速回転をするようになる．アルベーン半径のところで，中性子星と一緒に回る磁力線の速度が円盤物質のケプラー速度と等しくなるときこの加速は止まり，中性子星は平衡回転の状態

[*18] 遠心力と重力とがつりあう回転速度（2.2.2 節参照）．

になる．平衡回転での周期は

$$P_{\text{eq}} = 3.8 \times 10^{-3} \left(\frac{B}{10^5 \, \text{T}} \right)^{6/7} \left(\frac{R}{10 \, \text{km}} \right)^{18/7}$$

$$\times \left(\frac{M}{M_\odot} \right)^{-5/7} \left(\frac{\dot{M}}{10^{-8} \, M_\odot \, \text{y}^{-1}} \right)^{-3/7} \quad [\text{s}] \qquad (1.13)$$

で与えられる．ここで $\dot{M}$ はガス降着率である．磁場が 10^5 T 程度と弱いとき周期は数ミリ秒程度となり，ミリ秒パルサーの前身として十分な速さの回転となる．

やがて，連星系で物質の移動が止まる．連星系を包み込んでいたガスは消え，連星系は晴れ上がる．高速の中性子星から放射された電波が私たちに届くようになり，再びパルサーとして観測される．1996 年，小質量 X 線連星系（LMXB; Low Mass X-Ray Binary）で起こる X 線バースト（2.4.3 節）に周期的変動がみつかり，中性子星が高速で回転していることが明らかになった．弱い磁場の原因はまだ解決していないが，リサイクル説は大筋で正しいことが証明された．

PSR 1913+16 は，二つの中性子星が互いに公転している連星系である．ミリ秒パルスはきわめて正確な「時計」と考えられる[19]．ミリ秒パルサーの公転軌道の位置によって地上に到達するまでのパルス時間に差があるので，公転運動を反映して，パルス到達時間が変調する．ハルス（R. Hulse）とテイラー（J. Taylor）はこの変調データから，公転は周期 27906.980784 秒（誤差は 0.0000006 秒）のケプラー運動（長楕円軌道）であり，近星点[20]が年に 4.22662 度（誤差は 0.00001 度）という驚くべき速さで移動していることを発見した．一般相対論の検証になった水星の近日点の移動はたった 0.16 度/100 年だから，いかに強い一般相対論効果が働いているか分かる．

一般相対論にもとづいた計算は二つの中性子星の質量をそれぞれ $1.4410 \, M_\odot$ と $1.3784 \, M_\odot$ とすると公転運動のすべてのパラメータを見事に再現する．一般

---

[19]　パルス周期の長期安定性は 1 兆年に数秒狂う程度である．ちなみに同程度の誤差を生じる時間は，光格子時計で数百億年，原子時計では数千万年，水晶時計では数年である．パルサーの高速な自転は，まさに宇宙の最高精度の時計として使える可能性があり，宇宙空間のナビゲーション用 GPS として使う議論もある．なお，厳密にいうと PSR B1913+16 のパルサーは 59 ms で自転しているのでミリ秒パルサー（自転周期 10 ms 以下）には分類されない．

[20] 互いに公転する天体のケプラー運動は楕円軌道を描く．その軌道上で互いがもっとも近づく位置を近星点という．この逆は遠星点である．太陽をまわる惑星の公転軌道では，近日点，遠日点という．

相対論で中性子星の質量がこれほど精度高く決定されたのである．さらに PSR B1913+16 の 10 年近い観測からこの公転周期がわずかに短くなっていることを見つけた．中性子星はほとんど質点とみなされるので，古典力学ではありえない現象である．

テイラーらはこの現象は一般相対論が予言する重力波の放出を考えれば，完全に説明できることをみつけた．間接的ではあるが重力波の発見といえよう．ハルスとテイラーはこれらの研究功績で 1993 年のノーベル物理学賞を受賞している．約 3 億年後には PSR B1913+16 の中性子星は互いに合体する．そのときにはさらに強い重力波が放出されるはずである（4.5.2 節）．

1.2.6　マグネター

パルサーの P-$\dot{P}$ ダイアグラム（図 1.10）の右上に位置し，双極子放射（式 (1.11)）を仮定して評価した磁場が 10^{10-11} T にも達する強磁場の中性子星がマグネター（Magnetar）である．歴史的には，X 線やガンマ線で繰り返しバースト放射（図 1.13）を連射する軟ガンマ線リピーター（SGR; Soft Gamma

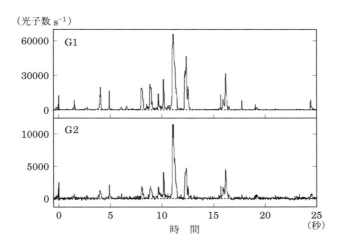

図 1.13　くりかえされる X 線，ガンマ線の爆発的放射．1998 年 5 月 30 日，SGR 1900+14 から観測された．G1, G2 はそれぞれ X 線（15–50 keV），ガンマ線（50–250 keV）の強度を示す．

Repeater）と，明るい X 線パルサーだが自転が遅く回転エネルギーでは放出エネルギーを説明できない特異 X 線パルサー（AXP; Anomalous X-Ray Pulsar）という 2 種族として認識され，現在ではマグネターとして統一的に理解されている．

軟ガンマ線リピーターの特徴であるバーストでは，典型的な継続時間は ～ 0.1 秒，放射される光子のエネルギーは ～ 30 keV，X 線のピーク強度は太陽質量の星に対するエディントン限界光度[*21]の 10^3–10^4 倍，そして全放射エネルギーは ～ 10^{34} J 程度である．継続時間が 200–400 秒で，全放射エネルギーが 10^{37} J を超す巨大フレアも 3 例観測されている．定常的な X 線放射も観測され，その中には 5 秒，7 秒といった周期の振動（パルス）も検出されている．このパルス周期とその伸び率およびプラズマ閉じ込めの条件などから，軟ガンマ線リピーターの中心天体は 10^{10}–10^{11} T という驚異的な強さの磁場を持つ中性子星と考えられるようになった．一方の特異 X 線パルサーも，軟ガンマ線リピーターと類似したパルス周期（6–12 秒）と定常 X 線の放射スペクトルを示す．そのパルス周期とその伸び率から見積もられた磁場 10^{10}–10^{11} T に加え，特異 X 線パルサーからもバースト放射が観測されたことで，軟ガンマ線リピーターと同じ範疇の中性子星であると認識された．これらのマグネターの回転は大変遅く，回転は放射のエネルギー源にはなり得ず，連星の観測的証拠もないため，マグネターの活動のエネルギー源は磁場のエネルギーと考えられている．

マグネターの磁場の強さは，量子電磁力学の摂動展開が破綻する臨界磁場

$$B_{\mathrm{cr}} = \frac{m_e^2 c^3}{\hbar e} = 4.414 \times 10^9 \ \mathrm{T} \tag{1.14}$$

を超え，超強磁場中での量子電磁力学的な効果である光子の分裂や合体も問題になる．また，このような超強磁場の成因として，中性子星誕生時におけるダイナモ機構[*22]が指摘されている．特に，高速で回転する中性子星が誕生する場合で，強い対流と大きな差動回転が期待されるときである．エネルギー解放のメカニズムとしては，太陽フレアと同様な磁力線のつなぎ換え「磁気リコネクション」[*23]が考えられる．

[*21] 球対称降着において放射による力と重力がつりあう光度（2.4.1 節参照）．

[*22] 電気伝導性がある流体を内部に持つ天体が自転するときに生じる磁場の増幅機構．地球，太陽などほとんどの天体の磁場起源と考えられている．

[*23] 磁力線が交差するとつなぎ換えが起こり，このとき磁場のエネルギーを解放する．

近年の観測から，大部分のマグネターは静穏期にはX線で暗く，稀に定常X線で増光してバースト放射を頻発するアウトバースト（活動期）を起こすことが明らかになってきた．このアウトバーストの観測により，多くのマグネターが発見された．その中には，マグネター特有のアウトバーストを示しつつも，自転から測定した磁場の強さは通常の回転駆動型パルサーと同程度の天体も見つかっている．このようなトランジット型のマグネターの存在は，天体での磁気活動が超新星爆発後の短期間（1万年ほど）よりも長続きし，老齢で普段は暗いマグネターでも内部磁場により稀に活動性をもつ可能性を示唆している．そのため，マグネターに加え，P–$\dot{P}$ ダイアグラム（図 1.10）に現れる強磁場パルサー（High-B pulsar），孤立したX線パルサー（X-ray Isolated Neutron Star; XINS），超新星残骸の中心にいるX線源（Central Compact Objects; CCO）など中性子星の多様性を，中性子星の磁気活動や進化経路として統一的に理解する必要がある．

2000 年代になると，宇宙論的距離で発生する謎の電波のバースト現象「高速電波バースト」（Fast radio burst; FRB）が見つかり，その起源解明が天文学上の大きなテーマとなってきた．高速電波バーストの観測的研究が盛んに行われた結果，天球上の同一方角から繰り返し高速電波バーストが到来するリピーター（Repeating FRB）が見つかった．さらに 2020 年には，銀河系内のマグネター SGR 1935+2154 から，電波バーストと同期してマグネター特有のバースト放射が観測された．これらは高速電波バーストの一部はマグネターではないかという仮説を強化する観測結果と考えられている．今後，電波天文学での高速電波バーストの解明と，X線天文学でのマグネターの突発天体観測が強く連携していくと考えられている．

1.3 ブラックホール

白色矮星は，電子縮退という統計物理学の世界，中性子星は原子核・素粒子物理学の世界だった．第 3 の高密度天体であるブラックホールは，一般相対論の世界である．

1.3.1 ブラックホールという概念

ニュートン力学では，質量 M の質点が半径 r の位置に作る重力場 g は，重力定数を G として

$$g = -\frac{GM}{r^2} \qquad (1.15)$$

であり，重力ポテンシャルは $-GM/r$ である．このポテンシャルの中心に目がけて無限遠から，質点 m が落下するときの速度（自由落下速度）は，$v = \sqrt{2GM/r}$ である．これは中心に近づくにつれ増大し，シュバルツシルト（K. Schwarzschild）半径と呼ばれる値

$$R_\mathrm{S} = \frac{2GM}{c^2} = 2.9 \left(\frac{M}{M_\odot} \right) \quad [\mathrm{km}] \qquad (1.16)$$

で光速度 c に達する．これは式（1.15）の重力場が「特徴的な長さ」を持たず，原点（$r = 0$）に近づくと，いくらでも強くなるためである．

アインシュタイン（A. Einstein）の特殊相対論（1905）によれば，質点の速度は光速度を超えられないから，r が R_S に近づくと，式（1.15）は破綻する．こうした強重力での力学を正確に扱うことに成功したのが，同じアインシュタインが 1915 年に発表した一般相対論であり，その基本となるアインシュタイン方程式は，重力の法則と運動方程式という，ニュートン力学の 2 大法則を発展的に統合したものになっている．そこでは重力場は，物質やエネルギーが存在することで時間や空間が歪む効果として解釈される．

シュバルツシルトはアインシュタイン方程式を，中心（$r = 0$）のみに特異点があり，その周囲の空間は等方的という条件で解いた．それがシュバルツシルト解（1916）である．それによると位置 r （ただし $r > R_\mathrm{S}$）に置かれた時計の刻む時間の間隔 $d\tau$ と，無限遠方の観測者が計る時間の間隔 dt の間には，

$$d\tau = \left(1 - \frac{R_\mathrm{S}}{r} \right)^{1/2} dt \qquad (1.17)$$

という関係が成り立つ．つまり物体が式（1.16）のシュバルツシルト半径に近づくと，そこでの時間経過が引き伸ばされ，事象の変化が遅くなるように見え，速度はいつまでも光速度を超えない．$r < R_\mathrm{S}$ では，式（1.17）の比例係数は虚数となり，そのままでは物理的な意味を失う．適当に変数を変えて評価すると，こ

の領域では，いかなる光線も R_S より外側には出られず，R_S より内側の世界は，外側からは永久に知りえない．よって半径 R_S の球面は「事象の地平面」[24]とも呼ばれ，それと中心の質点を併せた概念が，ブラックホールである．

　一定の周波数 ν_0 の電磁波を発しつつ，物体がブラックホールに落下するとき，R_S に近づくにつれ式（1.17）に従って，波の山から山までの時間経過が長くなるため，発生した光を遠方で観測すると，周波数 $\nu = \nu_0\sqrt{1 - R_S/r}$ をもつ光として観測される．これが重力赤方偏移[25]である．深い重力ポテンシャルの底から光子が逃げ出すさい，エネルギーが減る（波長が長くなる）と考えてもよい．やがて物体は事象の地平面へと吸い込まれ，いかなる情報も取り出せなくなる．

　質量 M の物体をブラックホールにするには，その半径を，対応する R_S より小さく縮める必要がある．その値は式（1.16）から M に比例し，太陽質量ならば R_S は約 3 km[26]，地球質量ならわずか 5 mm である．天体がブラックホールになると，化学組成，温度などの特徴はみな消失し，質量 M，角運動量 J（スピンともいう），電荷 Q という，三つの属性だけが残る．シュバルツシルトが導いた解は，$J = 0$（球対称）かつ $Q = 0$ の場合に相当する．$Q = 0$ だが J がゼロでなく，したがって球対称ではない解は，カー（R. Kerr）が 1965 年に導いたもので，カー解と呼ばれる[27] これはブラックホール近傍の空間そのものが，ある軸の回りに回転している場合を表す．ブラックホールの持ちうる最大の角運動量は

$$J_{\max} = \frac{1}{2}cMR_S \tag{1.18}$$

で，これは古典的には質量 M が半径 $R_S/2$ で光速で回転するときの値である．

1.3.2　ブラックホール研究の進展

　式（1.17）は，日常の常識とはかけ離れた不可解な性質を持ち，また物質を R_S にまで押し縮めることは非現実的なため，ブラックホールは当初，理論上だけの

---

[24] 「事象の地平線」ともいう．

[25] 電磁波などの波が長波長側に偏移する現象を赤方偏移という．通常は観測者から遠ざかる天体からの電磁波はドップラー効果で赤方偏移を起こすが，一般相対論では重力の作用でも赤方偏移を起こす．これを重力赤方偏移という．赤方偏移の逆は青方偏移である．

[26] 実在の太陽の中心に，半径 3 km のブラックホールがあるわけではない．

[27] 球対称，$J = 0$，$Q \neq 0$ の解は，ライスナー–ノルドシュトロム解（1918）と呼ばれる．

架空の話と考えられた．しかし 1930 年代の後半になると，恒星の進化の理論がしだいに整うなかで，大質量星が進化すると中心部はきわめて高密度になることがわかり，中心部がついに重力で潰れて R_S より小さくなり，ブラックホールが出現する可能性が論じられるようになった．「ブラックホール」という言葉を最初に用いたのは，ホイーラー（J. Wheeler）で，1967 年のこととされている．

　1970 年代，ブラックホールの研究に二つの重要な進展があった．ひとつは理論的なもので，1972 年に冨松彰と佐藤文隆は，アインシュタイン方程式の新しい解として，カー解などをさらに一般化した冨松–佐藤解を導くことに成功した．それまでの解では，重力場の強さが発散する点（特異点）は事象の地平面で隠され，遠方からは見えなかった．それに対し冨松–佐藤解は，特異点が外から見えるという状況を許すが，それと観測との関連は，いまだ不明である．1970 年代のもう 1 つの進展は観測的なもので，1.3.3 節で説明するように小田稔らの先導により，はくちょう座 X-1 と呼ばれる強い X 線源がブラックホールの第 1 号の候補として提唱され，それが認定された結果，ブラックホールが実在するという可能性が急速に高まったことである．こうしてブラックホールの研究で，日本は出発点から大きな役割を果たしてきたのである．

　宇宙でのブラックホール探査は，一般相対論にもとづくブラックホールの理論的研究とともに，天文学の重要な研究テーマの一つとなり，とくに 1990 年代の半ば以降は，観測技術の進展により大きく進んだ．その結果として宇宙には少なくとも，1.3.3 節に述べる恒星質量ブラックホールと，1.3.4 節で説明する大質量ブラックホールとが，実在することが確実となり，それらの中間的な質量をもった中質量ブラックホールの候補も見つかってきた（1.3.5 節）．

　2010 年代になると，大規模な国際協力にもとづき，二つの特筆すべき進展があった．一つは 2015 年，ついにブラックホールの合体に伴う重力波が検出されたこと，もう一つは電波の超長基線干渉計技術を駆使した Event Horizon Telescope（EHT）により，M 87 銀河（おとめ座銀河団の中心銀河）および天の川銀河で，中心にある巨大ブラックホールの「姿」を捉えることに成功したことである．これら最新の進展は 2.8 節で説明されるので，以下ではおもにその前段階での理解を概観する．

　ブラックホールに関する観測的な話題としては，物質の降着だけでなく，その

一部が放出される現象が重要で，これは 3 章でくわしく説明される．他方で理論的な話題として，回転ブラックホールのエルゴ領域やエネルギーの引き抜き（3.3.3 節），ホワイトホールやワームホール，宇宙検閲官仮説，原始ブラックホール，ブラックホールの熱力学とホーキング放射，ダークマターとの関連など，興味深いものが多い．しかしそれらのうち，天文学的な観測に関係づけられるものは，現時点ではまだ乏しい．

1.3.3 恒星質量ブラックホール

主系列の段階で $10\,M_\odot$ 以上の大質量星は，進化の最後に重力崩壊型超新星爆発を起こし，$10\text{--}20\,M_\odot$ なら中心部に中性子星が残るが，主系列において $20\,M_\odot$ 以上ならブラックホールになる．これを「恒星質量ブラックホール」と呼び，ガンマ線バースト GRB030329 はその誕生の瞬間を捉えたものと考えられる（5.1.3 節）．大質量星は進化の途中で盛んに星風を出して質量を失い，超新星爆発のさいも大部分の外層部は吹き飛ぶので，できるブラックホールの質量は，主系列の時代の質量よりはかなり小さく，典型的には $5\text{--}15\,M_\odot$ と考えられている（図 1.15，33 ページ）．ただし生成されるブラックホールの質量が，親星の質量で一意に決まるとは限らず，また $15M_\odot$ より有意に大きな質量のブラックホール形成される可能性があること（1.3.5 節）も示唆されつつある．実際，重力波で銀河系外に多数，恒星質量ブラックホールが幅広い質量で見つかっており，またガイア衛星によって系内に現時点ですでに 3 例見つかっていてうち一つはかなり重い（$33\,M_\odot$）ことがわかっている．これらの観測は今後も進むであろう．銀河系の主系列星のうち，$20\,M_\odot$ より重いものの割合は，10^{-6} 程度だから，ほぼ $10^{10}\,M_\odot$ の星質量を持つ銀河系の全体では，そうした大質量星はおよそ 10^4 個あると推定される．それらの典型的な寿命は $\sim 3 \times 10^6$ 年なので，宇宙年齢の間，そのような星は 4000 世代ほど生まれては超新星爆発し，ブラックホールになったと考えられる．よって銀河系には，$\sim 4 \times 10^7$ 個に達する数のブラックホールが存在し，その数密度は $\sim 1 \times 10^{-3}\,\mathrm{pc}^{-3}$ と概算される．これは恒星の数密度の $\sim 1/1000$ にも達するが，ブラックホールが単独で存在する限り，それらを発見することは困難である．たとえば偶然ブラックホールの背後を別の星が通過するさい，ブラックホールの重力レンズ効果により星が一時的に増光し，そ

30　第 1 章　高密度天体

ののち減光して元に戻るはずで，そのような事象の候補と解釈される実例も相当
数が検出されてはいるが，そうした事象が起きる確率は，きわめて低い．

　恒星質量ブラックホールを発見できる最も確実な状況は，ブラックホールが別
の恒星と近接連星をなし，恒星のガスがブラックホールの強い重力で捕捉され落
下するような系，すなわち質量降着を伴うブラックホール連星である．ガスが事
象の地平面の外側で解放する重力エネルギーは，おもに X 線として放射される
ので，X 線放射を手がかりにブラックホールの候補を効率よく発見できる．候補
天体の X 線の位置を可視光で探査することで，連星の相手となる恒星（光学主
星と呼ぶ）が同定できると，その光学ドップラー効果の観測から，X 線天体の質
量が推定可能になり，その結果が中性子星の上限質量である $\sim 3M_\odot$（1.2.2 節）
を有意に超えていれば，X 線天体はブラックホールの可能性が高くなる．さらに
放射される X 線の光度，スペクトル，時間変動などを詳しく調べ，それらが中
性子星の特徴と異なることがわかると，ブラックホールとしての証拠がより強固
になる．たとえば「落下してゆく物質が最後に硬い表面に衝突することがない」
という単純な理由（2.5.3 節）などが，その判断の一助となる．

　上に述べた方法の成功例として，実在するブラックホールの第 1 号として，は
くちょう座 X-1（1.3.2 節）が認定された経緯が挙げられる．1962 年に始まった
X 線天文学の歴史のごく初期から，この天体は，はくちょう座にある強い X 線源
の一つとして知られていた．1970 年にアメリカが打ち上げた世界初の X 線衛星
「ウフル」（Uhuru）を用い，小田稔らがこのはくちょう座 X-1 を観測したとこ
ろ，図 1.14（左）のように，1 秒より短い時間スケールで X 線強度が変動して
いた．「このような短時間で変動できる天体は，きわめて小さいはずで，中性子
星[28]やブラックホールなど，重力で潰れた星であろう」と小田らは 1971 年の論
文で述べている．これが，実在の天体をブラックホールと関連づけた最初である．

　この結果を受け，研究は驚くべき速さで進展した．小田や宮本重徳らは，すだ
れコリメータ[29]を気球に搭載し，はくちょう座 X-1 の位置を数分角の精度で決
定した．その誤差内に変動する電波源があり，電波観測により位置精度が上がる

---

[28]　中性子星はその数年前に，電波パルサーとして発見されていた（1.2.4 節）．

[29]　小田稔が発明した X 線光学系で，「すだれ」のような形をした 2 枚のグリッド板からなる．X
線天文学の初期に，X 線天体の位置を正確に決める上で威力を発揮した．

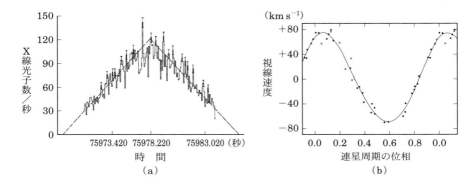

図 1.14 (a) X 線衛星「ウフル」の視野をはくちょう座 X-1 がゆっくり横切るさいの X 線強度．変動がなければ，強度は三角形の変化になるはずである（Oda et al. 1971, *ApJ* (Letters), 166, L1 より転載）．(b) はくちょう座 X-1 の連星主星である HDE226868 の視線速度を，5.6 日の連星周期で折り畳んで示したもの（Bolton 1975, *ApJ*, 200, 269 より転載）．

と，今度はそこに 9 等級の超巨星 HDE226868 が発見された．9 等星は全天で十数万個もあるが，HDE226868 は周期 $P = 5.6$ 日の分光連星で，図 1.14（右）に示すように，可視光で見えない伴星[*30]に振り回されて $K = 73\,\mathrm{km\,s^{-1}}$ もの視線方向速度を持っていた．さらに X 線にも 5.6 日の周期性が確認されたので，HDE226868 は疑いなく，はくちょう座 X-1 の光学主星である．その質量を M，X 線伴星の質量を m，連星軌道の傾斜角を i とすれば，連星に対する

$$\frac{(m\sin i)^3}{(M+m)^2} = \frac{K^3 P}{2\pi G} \tag{1.19}$$

というケプラーの法則が成り立つ．この右辺は観測量で $0.22\,M_\odot$ と与えられる．一方，光スペクトルからは $M \sim 25\,M_\odot$，また 5.6 日の光度曲線から $i \sim 30°$ と推定され，結局 $m \sim 14\,M_\odot$ が得られた．さまざまな不定性を考えても $m = (10\text{--}20)\,M_\odot$ で，この推定値は現在でも大きく変わってはいない．

[*30] コンパクト天体を主星，相手の星を伴星ということもあるが，ここでは相手の星を光学主星，コンパクト天体を伴星とよぶ．

図 1.7（12 ページ）が示すように，中性子星の質量は理論的に $\sim 3\,M_\odot$ を超えられず，観測された中性子星の質量も，ほぼ $1.4\,M_\odot$（たかだか $2\,M_\odot$）である．はくちょう座 X-1 は，この限界より十分に重いので，ブラックホール以外ではありえない．こうして 1970 年代の半ばには，はくちょう座 X-1 を恒星質量ブラックホールとみなす考えが定着した．その後も，はくちょう座 X-1 は三重連星だから式（1.19）は適用できないなどの反論が残っていたが，1997 年に X 線天文衛星「あすか」により，この式を使わず，光学観測から推定した距離と i，そして X 線の情報だけから，X 線天体の質量を (11–15) $M_\odot$ の範囲に絞り込むことに成功し，そうした疑念は解消された（2.5.3 節）．

はくちょう座 X-1 を筆頭に現在では，銀河系の中に 30 個を越すブラックホール候補天体が知られている．その大部分について，光学対応天体が同定されており，光学主星の分光観測により式（1.19）から，X 線天体の質量が求められた．それらをまとめたものが図 1.15 で，いずれの質量も $> 3M_\odot$ と確認されているので，これらの X 線天体は恒星質量ブラックホールと考えてよい．大マゼラン雲の中にも，2 つのブラックホール連星，LMC X-1 と LMC X-3 が知られている．

はくちょう座 X-1, LMC X-1, LMC X-3 などは，ほぼ定常的に X 線を放射しているが，図 1.15 でそれ以外の天体の多くは，通常は X 線を放射せず，ときおり急に X 線で明るくなる突発天体（トランジェント天体; 2.5.7 節）[31]である．つまり質量降着が，間欠的に起きていることになる．さらに面白いことに，それらの光学主星は多くの場合，$< 1M_\odot$ の低質量星である．このように質量がアンバランスな連星系が，どのように形成され，なぜその多くで間欠的な質量降着が起きるのか，必ずしも十分に解明されてはいない（2.5.6 節）．

2000 年以降，可視光観測に匹敵する驚異的な角分解能を持ったアメリカの X 線天文衛星「チャンドラ」により，系外銀河にも続々とブラックホール連星の候補が発見されている．

---

[31] 天体からの電磁波が急激に増光する現象を突発現象あるいはトランジェント（transient）現象，そうした現象を示す天体を突発天体やトランジェント天体という．広義には新星や超新星，ガンマ線バースト（GRB; Gamma-Ray Burst，5 章）もこの範疇に入る．本書では，X 線突発天体，X 線トランジェント天体，X 線新星などいろいろな名称が用いられているが，本質的な差はない．

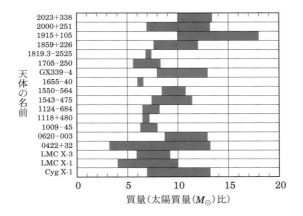

図 1.15 銀河系内および大マゼラン雲にあるブラックホール候補連星のリストと，光学主星の運動から推定した X 線伴星の質量．黒い横棒は，左端が質量の下限，右端が上限を示す（McClintock & Remillard 2006, *ARAA*, 44, 49 より改変・転載）．

1.3.4 大質量ブラックホール

恒星質量ブラックホールに加え，宇宙の違う場所に違う質量のブラックホールがあることも，明らかになってきた．それは多数の銀河の中心に（おそらく1つずつ）棲む大質量ブラックホールである．1960 年代の初め，クェーサー（準星）と呼ばれる謎の一群の天体が，電波源カタログ中の天体の可視光観測により発見された．それらは星のように点状だが，光スペクトルは星のものとは違い，強い正体不明の輝線がいくつも見られた．さまざまな議論の末，それらの輝線は，水素原子のバルマー系列線[*32]などが，長波長側へ赤方偏移したものと分かった．この赤方偏移は宇宙膨張に伴うもので，クェーサーは宇宙の遠方にあり，その放射光度は莫大なものと判明したのである．

セイファート（C. Seyfert）は長年，近傍銀河の可視光分光を続け，NGC 4151 や NGC 1068 など，強い輝線を出す一群の銀河を 1943 年に報告した．今日では，これらはセイファート銀河と呼ばれている．やがてセイファート銀河は中心

[*32] 水素原子の励起状態（主量子数 n）から第一励起状態（主量子数 2）に遷移するときに放出される輝線の系列．

に点状の強い放射源（中心核）を持つこと，他方でクェーサーも周囲にかすかに銀河の姿を見せることが分かった．つまりクェーサーもセイファート銀河も，中心に強烈な放射源を持つ銀河であり，両者の違いはおもに中心核の活動度の違いと判明した．このような銀河は全銀河の約数％を占め，活動銀河と総称される．その中心核は，活動銀河核（AGN; Active Galactic Nuclei）と呼ばれ，一般に可視光だけでなく，電波，X線，ガンマ線などを放射している（2.6節）．

莫大なエネルギーを出す活動銀河核の正体として，1970年代から，物質と反物質の対消滅，超巨大な1個の星，星どうしの激しい衝突合体などの説が唱えられた．しかし，はくちょう座 X-1 などの研究が進むにつれ，1970年代の後半になると，活動銀河核は $10^{6-9}\,M_\odot$ の大質量を持つブラックホールに周辺からガスが降着しているもの，という解釈が定着してきた．なぜ大質量が必要かというと，ブラックホールに物質を降着させて取り出せる放射光度には，ブラックホール質量に比例した上限（エディントン限界光度：2.4.1節の式（2.10）参照）があって，活動銀河核から観測される光度 10^{34}–10^{38} W を出すには，$10^3\,M_\odot$ 以上の大質量が必要だからである．この話題の詳細は，2.6節で述べる．

1980年代の末から，大質量ブラックホールの質量を力学的に測定する作業が大きく進んだ．たとえば M 31（アンドロメダ大星雲）の中心では，星の速度分散に異常があり，数パーセク立方の狭い体積の中に，太陽の数百万倍もの質量が集中していることが判明した．ハッブル宇宙望遠鏡は巨大楕円銀河 M 87 の中心部を精密に位置・分光観測し，半径 $\sim 20\,\mathrm{pc}$ 以内に，クェーサーのもつ質量に匹敵する太陽の約 30 億倍[33]の質量が集中していることを明らかにした．こうした巨大な質量の集中を，ブラックホール以外で説明することは困難なため，大質量ブラックホールの存在もしだいに確実なものとなった．そのうち（28ページに述べた EHT による観測以前で）もっとも確実な質量測定は，銀河系と NGC 4258 銀河でなされており，以下それを述べる．

銀河系　銀河系の中心には，いて座 A*（Sgr A*）と呼ばれる電波源がある．ドイツのゲンツェル（R. Genzel）のグループと米のゲーツ（A. Ghez）のグループは，大口径の光学望遠鏡を用い，近赤外線の回折限界に近い高分解能で，いて

---

[33] 最新の観測では太陽質量の約 65 億倍とされる（2.8 節参照）．

座 A* 周辺の恒星の固有運動を 10 年以上にわたり観測しつづけた．その結果，数個の恒星が楕円軌道を描いて，いて座 A* の周りを公転しており，特に S2 と名づけた恒星は周期 15.56 年の長楕円軌道をもつと判明した（第 5 巻）．S2 の視線速度もドップラー効果を用いて正確に測られた．他方レード（M. Reid）らは，超長基線電波干渉計を用い，いて座 A* と背景クェーサーの相対位置を 8 年間にわたり精密測定したところ，いて座 A* は周りの星の運動に振り回されることなく，ほぼ静止していた．よって S2 の公転軌道と速度が不定性なしに決まり，その運動学から中心にある重力源として，いて座 A* の質量が $(3.6 \pm 0.6) \times 10^6 \, M_\odot$ と決定された（第 5 巻 3 章）．

NGC 4258 三好真，井上允，中井直正らはこの銀河の中心から放射される，22 GHz の強い水メーザー信号の発生源を，大陸間の超長基線電波干渉法（VLBI）で 0.1 ミリ秒角の角分解能で撮像するとともに，メーザー周波数の精密なドップラー測定を行った．その結果，メーザー源の視線方向の速度（毎秒約 1000 km）は，銀河の中心核からの距離に対し，まさにケプラーの法則に従って変化していた．よってメーザーは，中心核の周囲およそ 0.1 pc の範囲にある，ケプラー回転を行うガス円盤から発生しており，円盤の回転則から，中心には $3.7 \times 10^7 \, M_\odot$ の質量があることが判明した．半径 0.1 pc の球の中にある星々の総和質量は，どんなに極端な場合でも $\sim 1 \times 10^3 \, M_\odot$ であることから，この質量集中は，ブラックホール以外では説明できないと結論される．

　宇宙を遠方に遡ると，通常銀河に対する活動銀河の割合が増え（2.7 節），赤方偏移 $z \sim 1$ になると多数のクェーサーが見られるようになる．したがって形成初期の銀河では，中心に大質量ブラックホールがつくられ，それらは大量のガスの降着により活動銀河核として輝いたと考えられる．他方で「あすか」や「チャンドラ」などの X 線観測が進むにつれ，近傍の多くの通常銀河の中心に，光度の低い活動銀河核が潜んでいることが明らかになった．以上を組み合わせると，宇宙初期に多数の大質量ブラックホールが作られ，それらは活動銀河核として輝いたが，宇宙の進化とともにガスの降着が減少し，中心核の放射光度が徐々に低下した結果，活動銀河たちは銀河系の近傍に見られる通常の銀河になり，それらの中心の大質量ブラックホールは，質量降着があまり盛んではない低光度の活動銀河核として残された可能性が高い．たとえば上に述べた M 87 の中心核の

36 第 1 章 高密度天体

放射光度は 2×10^{34} W と観測されていて，これは推定質量で決まるエディント
ン限界光度 L_{E} の 10^{-6} にすぎない．よって M 87 は「クェーサーのなれの果て」
かもしれない．実際もし M 87 の中心核が現在も $\sim L_{\mathrm{E}}$ で輝いていたら，その見
かけの X 線強度は，銀河系内のさまざまな X 線源の強度をしのぎ[34]，全天で最
も明るい X 線天体となったであろう．

　ハッブル宇宙望遠鏡での観測などが進むにつれ，大多数の銀河の中心には，X
線をほとんど放射しないもの（銀河系の中心核や M 31 の中心核など）を含め，
大質量ブラックホールが存在し，しかもその質量は，銀河のバルジ部分[35]の規
模（質量）と強く相関することが分かった．このことから，大質量ブラックホー
ルの形成は，それらの母銀河の形成や進化と密接に関係していると考えられ，
「銀河と大質量ブラックホールの共進化」と呼ばれている（2.7 節）．

1.3.5　中質量ブラックホール

　銀河の中心に見られる大質量ブラックホールの形成過程は，長らく謎だった．
考えうるのは，恒星質量ブラックホールが大量の質量を飲み込んだり（2.7.5 節），
あるいは合体を繰り返すことにより，成長したという可能性であろう．とすれば活
動銀河核の中には，二つの大質量ブラックホールが連星をなし，合体寸前の状態
にある例が存在するだろう．実際いくつかの活動銀河核では，放射の光度，中心
核の精密な位置，あるいは噴出するジェットの様子などが，1 年から 10 年程度
の周期性を示しており，これらは大質量ブラックホール同士の連星の例かもしれ
ない．

　こうしたシナリオはまた，恒星質量と大質量の中間に位置する「中質量ブラッ
クホール」の存在を予言する．実際，近傍の渦巻銀河の腕には，異常に強い X
線を放射する謎の点源が数多く存在することが，1980 年ごろから，アメリカの
X 線衛星「アインシュタイン」の撮像観測により知られていた．牧島一夫らは
2000 年に，それらを超大光度 X 線源（Ultra Luminous X-Ray Source; ULX）
と名づけ，「あすか」を用いて約 10 例の ULX 天体の観測を行った結果，ブラッ
クホール連星と似た X 線スペクトルを得た．しかもそれら ULX 天体は，銀河

---

[34] M 87 は天の川銀河の中心より 10^4 倍も遠方にあることに注意．

[35] 銀河の中心部の 100 光年から数千光年程度の大きさの楕円体状の膨らんだ構造をいう．

系内のブラックホール連星より 1–2 桁も高い,$10^{32.5-33.5}$ W の X 線光度をもつので,エディントン限界光度の考えから,それらは数百倍の太陽質量を持つ,中質量ブラックホールであると提唱した.

この学説に対し,ULX 天体は通常の恒星質量ブラックホールが,エディントン限界光度を大きく超える放射を行っているという説や,恒星質量ブラックホールの放射がなんらかの条件で強い異方性をもち,たまたま我々の向きに強く放射している場合が ULX であろう,などの対立説が提示され,20 年にわたり論争が続いてきた.その間にも「チャンドラ」などの観測により,近傍銀河に見られる ULX は数百例にも達した.

そんな中,2014 年に,M 82 銀河にある 1 つの ULX から,1.37 秒の周期的な X 線パルスが発見された.それを皮切りに現時点(2024 年夏)までに,10 例近い ULX から,周期 0.4 秒 〜30 秒の範囲のパルスが検出されている.これらは中性子星と考えられ,「ULX パルサー」と呼ばれる(2.4.5 節参照).こうして新た

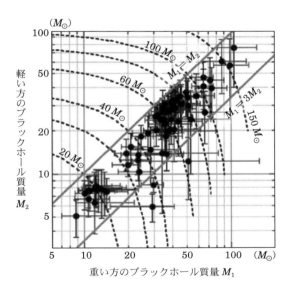

図 **1.16** 2020 年 3 月までに検出された,BH 合体に伴う重力波イベントのまとめ.横軸は重い方の BH 質量 M_1,縦軸は軽い方の BH 質量 M_2,破線の曲線群は $M_1 + M_2$ を示す.

に「ULX 天体の何割が中性子星か」という課題が生じ，解釈は混沌としてきた．

一見すると中質量ブラックホールの存在の可能性は低下したように見えるが，ここでブラックホール合体に伴う重力波の検出という，まったく新しい局面が拓けた（4.5 節）．図 1.16（37 ページ）は，2020 年 3 月までに重力波検出器 LIGO および LIGO+Virgo で検出された，ブラックホール合体に伴う約 80 例の重力波イベントのまとめで，合体するブラックホールの多くは太陽の数十倍もの質量をもつ．さらに合体後の質量が $100M_\odot$ を超す例も稀ではなく，それらは中質量ブラックホールと考えて良さそうである．よく見ると，$10\text{--}15M_\odot$ 程度のブラックホールどうしの合体と，$30\text{--}50M_\odot$ 程度のものどうしの合体という，二つの分布が見える．このうち前者は通常の恒星質量ブラックホールを表すと見てよい．問題は後者の方で，通常の星の進化を考える限り，$\sim 15\,M_\odot$ より重いブラックホールを作ることは難しい（1.3.3 節）．しかし重元素の乏しい宇宙の初代星（種族 III の星）は大質量になることができ，数十 $M_\odot$ のブラックホールを残すことが可能と考えられ，それらの合体が見えているのかもしれない．

第2章

高密度天体への物質降着と進化

2.1　近接連星系と質量輸送

　白色矮星，中性子星，ブラックホールなどの高密度天体（コンパクト天体ともいう）は，みずからのうちにエネルギー源を持たないため，いったん形成されたあとはただ冷えていくのみである．したがって単独で，明るく光ることはまずない[*1]．しかしながら，連星系の中にある場合には明るく輝くことができる．連星系の相手の星からガスがどんどん流れてきて高密度天体に降り積もると，その降着ガスが持っていた重力エネルギーが解放され，高密度天体表面や降着ガス自身が暖まって高エネルギー放射をするからである．

　夜空に見える星のうち半分は連星系，すなわち二つ（以上）の星が重力的に束縛され，互いの周りをまわっている系である．なかでも，二つの星の間隔が星の半径ほどまで接近している系を近接連星系と呼ぶ．そのような系にある星は，互いに潮汐力を及ぼし合うのみならず，ときにガスやエネルギーのやりとりも行う．

[*1] ただし，マグネターのアウトバースト（の一部）など例外もあるようだ（1.2.6 節参照）.

2.1.1　近接連星系の分類

近接連星系の構造を考える上でもっとも重要な概念が，等ポテンシャル面である．これは，二つの星の有効ポテンシャル（重力ポテンシャルと，軌道運動に由来する遠心力のポテンシャルの和）が一定の面である．簡単のため，各星に対し点ポテンシャルを仮定すると，有効ポテンシャルは

$$\Psi_{\mathrm{eff}}(\boldsymbol{r}) = -\frac{GM_1}{|\boldsymbol{r}-\boldsymbol{r}_1|} - \frac{GM_2}{|\boldsymbol{r}-\boldsymbol{r}_2|} - \frac{1}{2}|\boldsymbol{\omega}\times\boldsymbol{r}|^2 \qquad (2.1)$$

と書ける．ここで，M_1, M_2 は二つの星の質量，$\boldsymbol{r}_1$, $\boldsymbol{r}_2$ はそれらの位置ベクトル，$\boldsymbol{\omega}$ は軌道運動の回転角速度ベクトルである．図 2.1 は，等ポテンシャル面の軌道面における断面図である．等ポテンシャル面の形は，各星のすぐ近傍ではその強い重力により円形（球形）に，そのまわりの連星をとり囲む位置ではひょうたん型に，連星系からずっと離れたところでは，再び円形（円筒形）になることが分かる．L_1–L_5 の五つの点は，ポテンシャルの極大，極小の点（あるいは鞍点）を表す．すなわちこれらの点では，重力と遠心力の合力はゼロになる．この中にガスを注ぎ込むと，等ポテンシャル面と，密度および圧力一定の面とは一致することが示される（一致しない場合は，ガスの流れが生じ，密度・圧力は一定になろうとするからである）．すなわち，星の表面は等ポテンシャル面と一致する．

等ポテンシャル面のうち，L_1 点を通る，二つの袋（Lobe）を 1 点でくっつけたような形の面を，特にロッシュローブ（Roche Lobe）と呼ぶ．このロッシュローブという概念を用いると，近接連星系は 3 種類に分類することができる（図 2.2）．二つの星ともロッシュローブの中にあるものを分離型，片方の星がロッシュローブを満たしているものを半分離型，両方の星ともロッシュローブを満たし共通の外層を持っているものを接触型と呼ぶ．なかでも，半分離型と接触型では，星どうしが激しく相互作用することにより，星の変形やガスの輸送など，さまざまな興味深い現象が起こる．

2.1.2　近接連星系における質量輸送

高密度天体はサイズが小さい．したがって高密度天体はふつう，連星系の中にあってもロッシュローブを満たすことはできない．そのため，高密度天体が主系列星あるいは巨星などのふつうの星とペアを組んだ近接連星系は，分離型あるい

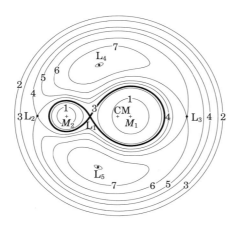

図 2.1 二つの星 1, 2 の質量比が 4:1 の場合の等ポテンシャル面．公転軌道面における断面を示した．太線はロッシュローブ（Frank *et al.* 2002, *Accretion Power in Astrophysics*, 3rd edition より転載）．

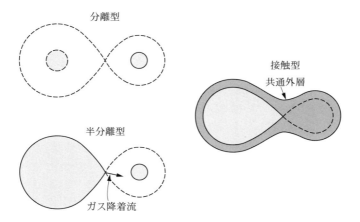

図 2.2 近接連星系の分類．横に寝た 8 の字型の線はロッシュローブを表す．

は半分離型となる.

　まず半分離型の場合，すなわち，ふつうの星（ここでは伴星という）がロッシュローブを満たしている場合を考えよう．このとき，以下の理由により高密度天体（主星という）のまわりに降着円盤が形成される．8の字の交点（L_1 点）にあるガスを考えよう．ここでは重力＋遠心力はゼロである．しかし伴星はロッシュローブぎりぎりになっているため，伴星の圧力によりガスが L_1 点から主星側に押し出され，主星にどんどん引き寄せられ，落ちていく.

　連星系は公転しており，ガスは主星に対し角運動量を持っている．そのためガスは主星にはまっすぐに落ちず，主星の周りをぐるぐるまわってリングを形成し，それが広がってガス円盤（降着円盤）となる．降着円盤は重力エネルギーの解放により光るので高密度天体が明るくみえる．高密度天体が白色矮星の場合が激変星（2.3.1 節）で，新星や再帰新星，矮新星がこのグループに属する．高密度天体が中性子星やブラックホールの場合，一般に伴星は比較的小質量で，しかも強い X 線を放射するため，小質量 X 線連星系（LMXB; Low Mass X-Ray Binary）と呼ばれる（2.4.1 節）.

　分離型，すなわち伴星がロッシュローブを満たしていない場合は，上に述べたような質量輸送は起こらない．しかし，伴星がやや重い星（早期型星）の場合，星の表面からは絶えずガスが放出されている（星風という）．星風の量は，一般に，星の質量が大きいほど大きい．このガスの一部が，高密度天体に捉えられると，やはり高密度天体の周りに降着円盤ができて，高密度天体は明るく輝く．特に高密度天体が中性子星やブラックホールの場合，X 線がおもに放出される．これが大質量 X 線連星系（HMXB; High Mass X-Ray Binary）である（1.2, 1.3 節参照）.

2.2　降着円盤

　高密度天体の周辺にあるガスは，重力に引かれて落ち込んでいく（降着）．一般に降着するガスは角運動量を持っているので，高密度天体の周りを回転しながらゆっくりと落ちていく．このような回転ガスがつくる円盤を降着円盤という.

2.2.1 降着円盤の基本

降着円盤の理論モデルは，1950 年代から研究が進められ，1970 年代にその基本的枠組みがほぼ完成された．一つの素朴な疑問から議論を進めよう．「ブラックホールの中からは光さえ出てこられないはずなのに，どうしてブラックホールは明るく観測されるのだろう」．この答はそう簡単ではない．ブラックホールという底なしの重力ポテンシャルの井戸にガスを放り込むだけなら，ガスは落ち込むにしたがって速度を増すだけで決して明るく輝かないからだ．この場合，エネルギーの流れは

$$\text{重力エネルギー} \longrightarrow \text{運動エネルギー} \tag{2.2}$$

である．つまり解放された重力エネルギーは，放射エネルギーにではなく，主として運動エネルギーへと転化されている．これは球対称降着流[*2]の基本的性質で，ボンディ（H. Bondi）が解を見つけたのでボンディ流（Bondi Flow）とも呼ばれる．

ガスからの放射効率は，その密度の 2 乗に比例するので，重力エネルギーを効率よく放射へと転化するにはガス密度が高くなる必要がある．それには，降着速度が下がればよい．ガスが角運動量を持てば，自由落下でなく中心天体の周りを楕円運動するようになる．その角運動量が少しずつ失われていけば，遠心力に打ち勝ってガスはゆっくり降着する．ガス流体に粘性があれば，その摩擦で角運動量が失われていくが，通常の粘性（分子粘性）はまるで効かない．代わりに何が働くのか．降着円盤の標準モデルがシャクラ（N.I. Shakura）とスニアエフ（R.A. Sunyaev）によって構築されたときの最大の懸案であった．

2.2.2 円盤における粘性

一般に，質量 M の点源のまわりを円運動するテスト粒子の回転速度，角速度，角運動量は，遠心力と重力とのつりあいの式より，

$$v_{\mathrm{K}} = \sqrt{GM/r}, \quad \Omega_{\mathrm{K}} = \sqrt{GM/r^3}, \quad \ell_{\mathrm{K}} \equiv r v_{\mathrm{K}} = \sqrt{GMr} \tag{2.3}$$

[*2] 降着するガスは角運動量を持つため，回転軸対称になると考えるのが自然であるが，さらに単純化して，球対称と仮定した質量降着．

と書ける．この回転をケプラー回転という．ここでrは中心までの距離で，円盤の自己重力は無視した．速度，角速度とも，中心に近づくほど大きく，角運動量は逆に外側ほど大きい．内側ほど速くまわっている回転円盤において粘性が働くと，内側のリングが外側のリングに対し回転方向にトルクを及ぼす．これで角運動量は内から外へと輸送される．角運動量を失ったガスは遠心力が減少するため，内側へと降着する．粘性はまた，（回転運動の）運動エネルギーを熱エネルギーに転化させて円盤ガスを加熱する．こうして暖まったガスが電磁波を出す．以上まとめると，粘性の働きは二つある．

（1）　**角運動量輸送**：角運動量を外向きに輸送することによりガス降着を可能にする．

（2）　**摩擦熱発生**：摩擦熱が発生することにより重力エネルギーが効率よく熱エネルギーに転化される．

この二つの効果でガスは順にポテンシャルの井戸を落ちていき，重力エネルギーは熱エネルギーに，そして放射エネルギーにと転化して，円盤は明るく光り続けることができる．すなわち，粘性の働く円盤においてエネルギーの流れは

$$重力エネルギー \longrightarrow 熱エネルギー \longrightarrow 放射エネルギー \tag{2.4}$$

となる．

ここで先の懸案に戻る．上記の議論では粘性が働くことを仮定したが，現実に粘性は働くのだろうか？粘性（運動論的粘性）の大きさは平均自由行程と分子運動の速度の積で表されるが，平均自由行程は円盤の厚みに比べ何桁も小さいため運動量を輸送する効率が悪すぎる．つまり分子粘性はまるで効かない．この問題を解決するためシャクラとスニヤエフは円盤に乱流状態を考えた．すると粘性の大きさは乱流の渦のサイズ（円盤の厚み程度）と乱流運動の速さで決まるので，粘性は十分大きくなり，観測を説明する．乱流に加えて磁場も有効である．この考えが電磁流体力学（MHD; Magnetohydrodynamics）シミュレーションにより検証されつつある．

2.2.3　降着円盤の光度

降着するガスが円盤内縁（r_*）に達するまでに解放するポテンシャルエネルギーの半分は放射エネルギーに転換され，残りの半分はガスの回転運動エネル

ギーにいく. ガス降着率を $\dot{M}$ として円盤光度は

$$L_{\text{disk}} \simeq \frac{1}{2}\frac{GM\dot{M}}{r_*} \tag{2.5}$$

で表される. ポテンシャルの井戸が深ければ深いほど, また r_* が小さいほど, たくさんのエネルギーを外部に放出できる. 円盤の光度を, エネルギーの変換効率 (η) を使って

$$L_{\text{disk}} = \eta\dot{M}c^2 \tag{2.6}$$

と書き換えると, η は落ち込むガスの持つ静止質量エネルギーのうち何％が放射するか (放射効率) を表す. 一般相対性理論の計算では, ブラックホールが回転していない場合 (シュバルツシルト・ブラックホール) で $\eta \sim 0.06$, ブラックホールが最大限に回転している場合 (カー・ブラックホール) で $\eta \sim 0.42$ となる[*3]. 核反応の場合 (水素燃焼でおよそ 0.007) をも凌駕する大きな効率である. さらにブラックホールは, 電磁波だけでなく. 物質 (や磁場) も放出する (3章参照). まわりの宇宙空間に与える影響は大きい.

円盤へのガス流入率として半分離型連星系の場合に典型的な値, 毎秒 $10^{12\text{-}14}\,\text{kg}$ を用いると, 放射エネルギー量は, 白色矮星 ($r_* \sim 10^7\,\text{m}$) の場合で $10^{25\text{-}27}\,\text{W}$, 中性子星 ($r_* \sim 10^4\,\text{m}$) やブラックホールの場合で $10^{28\text{-}30}\,\text{W}$ となる. 太陽光度は $L_\odot = 4 \times 10^{26}\,\text{W}$ なので, 激変星で太陽程度, X線連星系ではその 2–3 桁明るく光る. ただし, 可視光で明るく光る太陽 (第 10 巻) とは異なり, X線連星系は文字通り X 線領域にスペクトルのピークが見られ, 激変星のスペクトルは可視光–紫外線にピークを持つ.

クェーサーやセイファート銀河など活動銀河核の場合は, ガス降着率はいくらなのか, それはどんな物理が決めているのか, まだよく分かっていない. そこで, 光度から逆にガス降着率を求める. 典型的な光度を $L \sim 10^{39}\,\text{W}$, 効率を $\eta \sim 0.1$ とすると, 降着率は, $\dot{M} \sim L/(\eta c^2) \sim 1\,M_\odot\,\text{yr}^{-1}$ となる. 毎年, 平均太陽 1 個分のガスがブラックホールに飲み込まれている勘定である.

[*3] これは回転 (スピン) が大きいほど円盤内縁半径が小さくなることが主要因である. 円盤内縁半径は最内縁安定円軌道 (innermost stable circular orbit, ISCO) 半径に相当し, その値はスピン 0 で $3R_S$, スピン最大で $0.5R_S$ である.

46 | 第 2 章 高密度天体への物質降着と進化

2.2.4 標準円盤モデル

いわゆる「標準円盤モデル」は 1970 年代初頭に確立した．ガス降着に伴って解放された重力エネルギーが効率よく放射エネルギーに転化され，円盤は明るく光るというモデルである．放射でよく冷えるため圧力が下がり，円盤は面に垂直方向に縮んで幾何学的に薄くなる．標準円盤モデルは，粘性項を含んだ流体の方程式（ナビエ–ストークス方程式）をもとに基本方程式がたてられ，それを解いて得られる．標準円盤の基本仮定と特徴は，

- 円盤の構造は回転軸のまわりに軸対称．
- 円盤中のガスは，中心天体のまわりを高速回転しながらゆっくりと中心天体に向かって落ちていく．
- 円盤上のガスはケプラー回転する（式（2.3））．
- 円盤は薄っぺらい．すなわち，円盤の厚みを H として $H \ll r$ である．
- 円盤は黒体放射をする．
- 重力エネルギーは，効率よく放射エネルギーに転化される．
- 運動論的粘性の値は，パラメータ α を用いて，$\nu = \alpha c_{\mathrm{s}} H$ と書く．ここで c_{s} は音速であり，α は 1 以下の定数とおく．

である．

これらから，降着円盤モデルでもっとも重要な関係式が得られる．すなわち，ブラックホール質量 M，ガス降着率 $\dot{M}$ とすると，円盤表面からの単位面積あたりのエネルギーフラックス F は中心からの距離 r の関数として，

$$F \equiv \sigma T_{\mathrm{s}}^4 = \frac{3}{8\pi} \frac{GM\dot{M}}{r^3} \left(1 - \sqrt{\frac{r_*}{r}} \right) \tag{2.7}$$

で与えられる．ここで σ, T_{s}, r_* はそれぞれ，シュテファン–ボルツマン定数，円盤表面温度，円盤内縁の半径であり，トルクはゼロという境界条件を採用した．

式（2.7）の左辺は放射冷却率（単位面積からの放射量），右辺は重力エネルギーの解放率であり，この式は，重力エネルギーが効率よく放射エネルギーに転化されることを示している（この式に $4\pi r\, dr$ をかけて r で積分すると，式（2.5）が得られる）．粘性は一種の触媒としての働きをするが，それ自体がエネルギーを生み出すわけではないので式（2.7）には粘性の値 α は現れない．式（2.7）か

表 2.1 高密度天体の周りの標準円盤.

天体	中心天体	内縁の半径 r_* (m)	最高温度 $T_{\max}$ (K)	光度 $(L_\odot)$
激変星	白色矮星	$\sim 10^7$	$\sim 10^5$	$\sim 10^{0-2}$
X線連星	中性子星	$\sim 10^4$	$\sim 10^7$	$\sim 10^{1-5}$
	ブラックホール	$\sim 10^5 M_1$	$\sim 10^7 M_1^{-1/4}$	$\sim 10^{0-5} M_1$
活動銀河核	ブラックホール	$\sim 10^{12} M_8$	$\sim 10^5 M_8^{-1/4}$	$< 10^{13} M_8$

$M_1 \equiv M_{\mathrm{BH}}/10\,M_\odot$, $M_8 \equiv M_{\mathrm{BH}}/10^8\,M_\odot$ (M_{BH} はブラックホール質量).

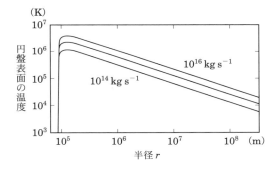

図 2.3 標準円盤の表面温度分布(ブラックホール連星の場合).
十分に遠方で温度は $r^{-3/4}$ に比例する(式 (2.7)).

ら,円盤表面温度は中心から十分離れたところで,$r^{-3/4}$ に比例することが分かる(図 2.3).さまざまな天体における標準円盤の諸量を表 2.1 にまとめた.

円盤の表面温度が与えられ,円盤の各部分が黒体放射すると仮定すると,円盤全体からのスペクトルが計算できる.標準円盤スペクトルは,さまざまな温度の黒体放射スペクトルの重ね合わせとなる(図 2.4).多温度円盤モデル (Multi-Color Disk Model) とも呼ばれるゆえんである.高振動数側のスペクトルの折れ曲がりは円盤の最高温度(連星系ブラックホールの場合およそ 10^7 K)で決まり,ソフト[*4]状態に観測された温度 1 keV の X 線黒体放射[*5]を見事に説

[*4] 一般にスペクトルが長波長側で強いときをソフト(柔らかい),その逆をハード(硬い)という.

[*5] 温度 (T) は通常絶対温度(K: ケルビン)で定義されるが,高エネルギー天文学ではエネルギーの単位 (keV) がよく用いられる.両者はボルツマン定数 (k) で,$k \times 10^7$ K $= 0.86$ keV のように結ばれる.

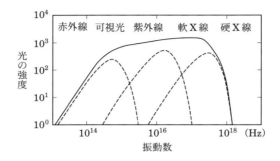

図 2.4 標準円盤の典型的スペクトル．破線は，円盤外縁部（左），中間部（中），内縁部（右），それぞれの部分からの寄与を表す．放射は低振動数（低エネルギー）側で ν^2，中間振動数で $\nu^{1/3}$，高振動数側で $\exp(-h\nu/kT_{\max})$ に比例する．ここで $T_{\max}$ は円盤の最高温度を表す．

明する（2.5.3 節）．

この標準円盤モデルにも大問題がある．標準円盤モデルを解くと，円盤は内側の放射圧が効く領域で熱的に不安定であることが，1975 年に蓬茨霊運と柴崎徳明によって示された．その結果，何が起こるのか．今もって定説はない．

2.2.5 高温降着流モデル

標準円盤モデルは降着円盤の理解に多大な貢献をしてきたが，高エネルギー放射や激しい時間変動など，説明できないことも多い．そこで，高エネルギー放射の起源として相補的な高温降着流のモデルがいろいろと提案されている．現在有望視されているのは，放射が非効率的な降着流というモデルで，英語の頭文字をとって RIAF (Radiatively Inefficient Accretion Flow) とも呼ばれる，高温で低密度（あまり放射が出ない）のガス流である．放射を出さないと放射冷却が効かないのでガスは高温になる．高温になると，粘性が大きくなり，角運動量の輸送効率が高まり，降着速度は $\alpha\times$（自由落下速度）くらいまで大きくなる．重力エネルギーの解放により発生した熱は，この高速ガス流にのって，中心天体へと運ばれる．

歴史的には，RIAF の原型は，移流優勢流（ADAF; Advection-Dominated Accretion Flow）モデルである．一丸節夫によって 1977 年にすでに提唱され

たが，一部の人を除いてほどんど知られていなかった．それがナラヤン（R. Narayan）らによって独立に再発見され，真価が評価されたのはじつに 20 年後であった．この ADAF も含め，放射が非効率な流れ全般を統合して，現在は RIAF と呼んでいる．以下，理解の進んだ ADAF モデルを基に，標準円盤モデルと対比させながら，RIAF 全般の特徴をみていこう．

- 円盤の構造は回転軸のまわりに回転対称（標準円盤と同じ）．
- 円盤中のガスは，中心に向かってらせん状に高速で落ちていく（標準円盤ではガスはゆっくりと落ちていく）．
- ガスはケプラー回転の速度 v_{K} よりやや遅い速度 v_φ で回転する，すなわち $v_\varphi < v_{\mathrm{K}}$（標準円盤はケプラー回転している）．換言すると，中心天体からの重力はつねに遠心力にまさっている．
- 円盤は回転軸方向に膨らむ（標準円盤は薄っぺらい）．
- 円盤はシンクロトロン放射や逆コンプトン散乱など，さまざまな放射過程で光る（標準円盤は黒体放射する）．
- 重力エネルギーは，おもにガスの中に溜められる（標準円盤では，放射エネルギーに転化される）．
- 粘性は α モデル[*6]を用いる（標準円盤と同じ）．

放射冷却が効かなくとも，円盤温度には上限がある．大まかな目安としてビリアル温度，すなわち重力エネルギーがそのまま原子を暖めたときに達する温度は，

$$T_{\mathrm{vir}} = \frac{2}{3}\frac{GMm_{\mathrm{p}}}{kr} \sim 4 \times 10^{12}(r/R_{\mathrm{S}})^{-1}\ [\mathrm{K}] \tag{2.8}$$

である．ここで，$k, m_{\mathrm{p}}, R_{\mathrm{S}} \equiv 2GM/c^2$ は，それぞれボルツマン定数，陽子質量，シュバルツシルト半径である．式（2.8）で分かるようにビリアル温度はブラックホール質量によらずブラックホール近傍（シュバルツシルト半径付近）ではガスは $10^{12}\ \mathrm{K}$ もの高温になる．ただし電子と陽子の相互作用が弱いと，電子は放射を出してどんどん冷えることができるので，電子温度はずっと低く $10^{10}\ \mathrm{K}$ 前後となる（図 2.5）．

ADAF においては，電子の最高温度は $10^{9\text{-}10}\ \mathrm{K}$ にも達するので，スペクトル

[*6] 粘性の大きさをパラメータ α で記述する降着円盤モデル．

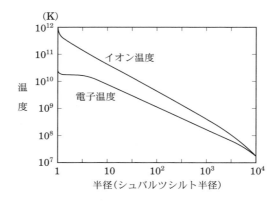

図 2.5 ADAF の温度分布．十分遠方で温度はほぼ r^{-1} に比例する．ブラックホール近傍ではイオン温度と電子温度の分離が起こる．

は数百 keV（図 2.6 で振動数 10^{20} Hz あたり）で折れ曲がりを示す．図 2.6 に典型的な ADAF のスペクトルをあげた．電波からガンマ線に至るまで幅広い波長域での放射を示す．低振動数側（電波領域）のべき型スペクトルは，シンクロトロン放射が自己吸収されてできるレーリー–ジーンズ放射である．この低エネルギー光子が 1 回コンプトン散乱されて中央に山をつくり，さらに散乱された光子および熱的制動放射（Thermal Bremsstrahlung）[*7]が X – ガンマ線を生み出す．

　光度が大きくなると，すなわち降着率が大きくなると，密度が増大し，放射が効率的になるので，RIAF 解は存在しなくなる．ADAF 解が存在する限界光度はエディントン限界光度のおよそ 10%と見積もられている．そこで光度が大きいときを標準円盤（ソフト状態），小さいときを高温降着流（ハード状態）とするシナリオが描ける．標準円盤と高温降着流の対照を表 2.2 に示した．

　RIAF の典型として ADAF モデルを説明したが，このモデルには重大な欠点がある．第 1 は ADAF 内では対流が起きることである．粘性加熱によりエントロピーが発生するが放射冷却は効かないため，降着に伴い，ガスのエントロピーはどんどん増加する．重力の方向にエントロピーが増大することは，対流発生の条件である．

[*7] 高温プラズマ中の電子とイオンが衝突して起こす制動放射をいう．

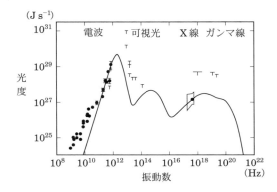

図 2.6 ADAF のスペクトル（黒丸はいて座 A* の観測）（Manmoto *et al.* 1997, *APJ*, 489, 791 をもとに改変）．

表 2.2 標準円盤と高温降着流との対照．

円盤の諸量	標準円盤	高温降着流
放射	よく出る	あまり出ない
最高温度	$\sim 10^7 M_1^{-1/4}$ K	イオン温度 $\sim 10^{12}$ K，電子温度 $\sim 10^9$ K
光度	$\propto$ 降着率	$\propto$（降着率）^{2}
幾何学的厚み（H）	$H \ll r$	$H < r$
光学的厚み（τ）	$\tau > 1$	$\tau < 1$
放射機構	黒体放射	シンクロトロン，逆コンプトン散乱，および熱的制動放射

　第2は，ADAFはアウトフロー（3章）が起きやすいことである．降着ガスが高温になり，その圧力が重力とぎりぎりつりあうほど大きくなるためである．動径方向の1次元モデルであるADAFでは，このふるまいを取り扱うことはできない．数値シミュレーションにより，流体は激しく2次元・3次元運動をしていることが示された．以上からADAFはもはや現実的な解とはいえない．そこでより一般的な用語である「RIAF」が最近用いられるようになった．

　磁場起源の粘性を考えるからには，円盤磁場のふるまいを解く必要がある．磁場はさまざまなプロセスで増幅される．差動回転は[*8]磁場のr成分からφ成

[*8] 半径ごとに回転角速度が異なる回転のこと．

分を，磁気回転不安定性[*9]は φ 成分や z 成分から r 成分を，パーカー不安定性[*10]は r 成分や φ 成分から z 成分を，それぞれつくり出す．

激しい時間変動や高速ジェットを説明するためにも，磁場は不可欠である．そこで，今世紀に入ったころから，2–3 次元電磁流体（MHD）シミュレーションが盛んになった．世界で最初の，降着円盤の 3 次元 MHD シミュレーションは松元亮治によってなされ，磁場は初期に弱くてもすぐ増幅されることや，磁場も流れもじつに複雑なふるまいや空間パターンを示すことが判明した．最近では，一般相対論に基づくシミュレーションや，宇宙ジェット，超新星爆発やガンマ線バースト（5 章）に関連したシミュレーションも盛んに実行されている．しかし磁気降着流・噴出流（ジェット）の総合理解にはまだまだ長い道のりがある．

2.2.6 低温円盤のリミットサイクル

近接連星系の降着円盤は，ときとしてアウトバースト（爆発的増光）を起こす．矮新星は激変星の爆発現象で，数週間から数か月の準周期で，2–5 等の可視光域での増光を示す（2.3.2 節）．X 線新星（あるいは X 線トランジェント）は X 線連星系の爆発現象で，可視光域で 6 等以上，X 線領域ではじつに 5–7 桁もの増光を示すことがある（2.5.7 節）．

それらの爆発を起こすメカニズムについては，1970 年代から 90 年代にかけて激しい論争があった．その物理的原因が，質量降着を起こす伴星側にあるのか，降着円盤側にあるのかが論争の焦点で，長年にわたってさまざまな方面からの議論がなされた．激しい論争の結果，現在では，円盤不安定モデルが広く受け入れられている．円盤がガスを溜める状態とガスを流す状態との間を遷移するというモデルであり，1974 年に尾崎洋二によって基本アイディアが提唱され，1980 年前後に蓬茨やマイヤー夫妻（F. Meyer, E. Meyer-Hofmeister）によって理論が確立した．

円盤不安定モデルを理解する鍵は，水素の部分電離にある．標準円盤では，円盤は十分高温で，円盤中の水素やヘリウムは完全電離状態が仮定されている．ところが矮新星の円盤の外縁あたりでは円盤温度が数千 K となり，水素イオンは電

[*9] 差動回転する円盤において，磁場の動径方向成分が成長する不安定性．

[*10] 重力がかかっている層において，重力の向きの方向の磁場の成分が成長する不安定性．

表 2.3 低温円盤の三つのブランチ.

ブランチ	温度	水素の状態	安定性
高温	数万 K	完全電離	安定
中間	1 万 K	部分電離	不安定
低温	数千 K	中性	安定

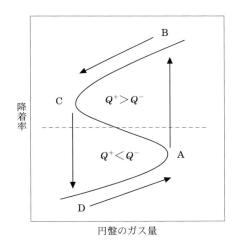

図 2.7 S 字型熱平衡曲線.縦軸は円盤から中心天体へのガス降着率,横軸はガス量(密度を ρ として $\int \rho\, dz$.ここで z は円盤垂直方向の座標),破線は円盤へのガス供給率と降着率がつりあう線,Q^+ は粘性加熱率,Q^- は放射冷却率をそれぞれ表す.

子を捉えて中性水素となる.蓬茨は簡単なモデルをたてて,そのような低温円盤の構造を解き,標準円盤とは別に,二つの解の系列(ブランチ)を発見した(表2.3).この結果,熱平衡解における降着率と円盤のガス量との関係を描いてみると,その形は S 字となる(図 2.7).すると,円盤はリミットサイクルを描く.

円盤が下のブランチ(D)にあるとき(静穏時)には円盤から中心天体へのガス降着率は,伴星から円盤へのガス供給率より小さい状態にある.ガスは円盤に溜められて明るく光らない.円盤ガス量は増加し,平衡曲線上を右上へとゆっくり進化する.A 点に達すると,それより先,下のブランチは存在しないので円盤は $Q^+ > Q^-$ の領域に突入する.ここで円盤温度は急上昇する.これが爆発の

始まりである．こうして，やがて円盤は点 B へと達する．一方，上のブランチ（B）では，円盤に溜められたガスがどんどん流れて，中心天体へと落ちていく．円盤質量は減少し，円盤は上のブランチを左下へと辿る．円盤が点 C に達したところで，温度が急激に降下し，円盤は再び下のブランチへと戻ってくる．アウトバーストの終結である．

この熱平衡曲線をもとに円盤シミュレーションが行われ，観測の光度曲線が見事に再現された．また，モデルと観測との比較から，理論的に不明であった粘性パラメータ α の値は，$\alpha \simeq 0.02$–0.1 となった．円盤不安定モデルは，現在のところ，観測との対応で時間依存性が議論できる唯一の円盤モデルである．

2.2.7 超臨界降着流モデル

標準円盤モデルは，低光度の場合のみならず，エディントン限界光度近くの高光度においても破綻する．つまり高降着率，すなわち大きな光学的厚み[*11]を持つ流れでは，その中でつくられた光子は，何回も吸収・散乱がくりかえされ，なかなか表面に出られない．そのうちに光子は降着ガスもろともブラックホールに飲み込まれ（光子捕捉現象），重力エネルギーから放射エネルギーへの変換効率が悪くなる．

標準モデルを母体に，光子捕捉効果を取り入れたスリム円盤モデルがポーランドのアブラモウィッツ（M. Abramowicz）らにより 1988 年に提唱された[*12]．スリム円盤の構造は光子が出ていきにくいという点で RIAF に似ているが，降着流表面付近からつねに放射が出ている点は大きく異なる．RIAF ほど高温にならないしスペクトルもむしろ標準円盤に近い．

スリム円盤の観測的特徴を図 2.8 に示す．縦軸に光度を，横軸に降着ガスの温度をとり（X 線 HR 図），その上にいくつかのブラックホール候補天体のデータをプロットした．同じ天体で複数個の点は，複数回の観測結果である．データ点は，円盤光度が上昇してエディントン限界光度（図 2.8 の $L = L_{\mathrm{E}}$ の線）近くになると，見かけ上，内縁の半径が小さくなることを示す．標準円盤の内縁の半径

[*11] 無次元の単位で吸収・散乱断面積（単位質量当たり）× 物質の密度 × 長さ，通常 τ で表す．$\tau > 1$，$\tau < 1$ でそれぞれ「光学的に厚い」，「光学的に薄い」というように区別する．

[*12] （幾何学的に）「薄い」（thin）と「厚い」（thick）の中間という意味で「スリム」と命名したらしい．

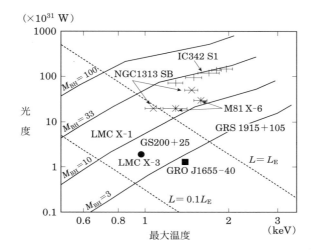

図 2.8 X 線 HR 図. 縦軸は全放射光度, 横軸は X 線温度. 実線はスリム円盤モデルによる, ブラックホール質量 (M_{BH}) 一定の線. 破線は降着率一定の線を示す(渡会兼也氏提供).

は, ぎりぎり安定である最内縁安定円軌道[*13]の半径に一致して一定のはずだが, この原則が高光度になると破れている. これは, 高光度, すなわち降着率が十分に高まると, 安定円軌道の内側で高速落下するガス流の密度も十分に高まって光学的に厚くなり, 黒体放射をするからである.

図 2.8 の左下から右上に走る実線は理論の予測で, たしかに高光度の領域で, 直線からずれて右下がりの方向に曲がっているのが分かる. これは, 光度上昇とともに円盤内縁の半径が小さくなることを表し, 観測の傾向を再現する. スリム円盤モデルは ADAF と同じく 1 次元モデルである. その多次元性を理解するには, 2 次元, 3 次元の放射流体シミュレーションが必要となる. 今後の進展に期待したい.

2.3 白色矮星への質量降着

白色矮星のような高密度天体を主星とする連星系では, 主星はサイズが小さすぎてロッシュローブを満たすことができない (2.1 節) ため, そのような連星系

[*13] 2.2.3 節の脚注 18 参照.

は分離型，もしくは半分離型となる．典型的な分離型であるシリウスは，主系列星のシリウスAと白色矮星のシリウスBが，互いの回りを約50年の周期で回る連星系である．2星の距離は一軌道周期の間に8.2から31.5天文単位の間で変化するが，シリウスAは，その半径がこの距離はよりも遥かに小さいため，ロッシュローブを満たすことができない．これに対して，白色矮星を主星とし，伴星がロッシュローブを満たす半分離型の連星系（2.1節）を激変星と呼んでいる．この節では，激変星における白色矮星への質量降着の様子を解説する．

2.3.1 激変星

激変星（Cataclysmic Variable）は変光星の一種であり，その名のとおり，明るさが数秒から数年で激しく変動する．激変星では，普通の星（伴星）の表面のガスが白色矮星（主星）の重力によって引きはがされ，白色矮星に降り積もる．この現象を質量降着という．赤外線から可視光，紫外線を経てX線に至る広い波長帯で観測される電磁放射は，おもにこの質量降着の過程で生み出されており，明るさが激しく変動するのは，白色矮星への質量降着の割合が時間とともに変化しているためである．

図2.9に激変星の模式図を示す．伴星（左）のロッシュローブからあふれ出た

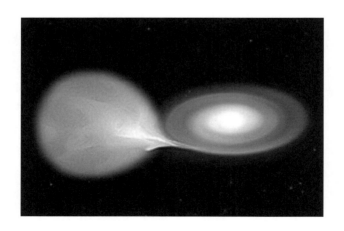

図 **2.9** 激変星の模式図 （https://www.nasa.gov/images/content/62486main_Making_a_Nova.jpg より転載）．

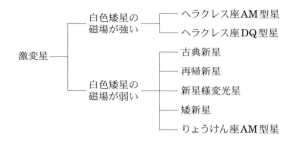

図 **2.10** 激変星の分類.

物質は角運動量を持っているため,降着円盤を形成しながら (2.2 節) 白色矮星に落ちて行く.降着物質は白色矮星の重力によって運動エネルギーを獲得し,これが降着円盤の中での摩擦により熱エネルギーに転換され,そのエネルギーが黒体放射として解放される.我々が観測している可視光や紫外線はこの黒体放射である.激変星の伴星は,多くの場合,太陽よりも軽い主系列星である.連星の軌道周期は,おおむね 80 分–9 時間と驚くほど短い.二つの星の距離は 10^8–10^9 m 程度しかないので,激変星は連星系でありながら,全体が太陽直径の中にすっぽりと収まってしまうほどのきわめて小さな系である.

激変星は,白色矮星の性質や質量降着率の違いなどによって,さまざまな特徴を示す.図 2.10 に激変星の分類をまとめる.ただし,白色矮星の磁場は強いものの,矮新星や新星の性質を併せ持つ天体もあり,すべての激変星が,この図の通りに完全に縦割りに扱えるわけではない.

以下の節ではこの分類に従って,激変星の性質を説明する.

2.3.2 磁場の弱い激変星

白色矮星の磁場が弱い場合には,降着円盤は白色矮星の表面にまで達する.このような激変星には古典新星,再帰新星,新星様変光星,矮新星,りょうけん座 AM 型星がある.

古典新星

激変星の中で,もっとも古くから知られているのが古典新星 (Classical Nova) である.新星は,夜空の何もなかった場所に突然明るい星が現れる現象であり,

あたかも新しい星が生まれたように見えることから，新星と名づけられた．中国では紀元前 1500 年頃から，日本でも西暦 7 世紀頃から，歴史書に記録が残されている．

新星の正体は長い間謎であったが，1960 年代に入り，伴星からの質量降着によって白色矮星の表面に降り積もった水素が，白色矮星の強い重力によって圧縮され，暴走的な熱核反応を起こす現象であることが明らかになった．近年の観測によれば，増光の幅は可視光の等級で平均的に 8–16 等，明るいものだと 20 等に及ぶものもある．初期の増光はきわめて急激であり，おおむね 3 日以内に最大光度に達する．一方，その後の減光の様子は天体によってまちまちであり，1 か月から数年程度で暗くなり見えなくなる．新星の原因物質は伴星からの質量降着で供給されるので，新星爆発は原理的に繰り返し起こりうる．しかし古典新星ではその名の通り，新星爆発が過去に 1 回しか報告されていない．爆発の頻度は，熱核反応を起こすのに必要な水素の量と，それを供給する伴星からの質量降着率の関係で決まり，古典新星では充分な量の水素が溜まるのに数千–1 万年の時間が必要と見積もられている．1 回しか新星爆発の記録がないのは，この爆発間隔の長さのためと考えられる．

新星爆発が起きるためには，質量降着によって白色矮星の表面に充分な量の水素が溜まりさえすればよく，白色矮星の磁場の強さにはよらないはずである．実際，ペルセウス座 GK 星，はくちょう座 1500 番星のように，白色矮星が強い磁場を持っているのに新星爆発を起こしたケースもある．

再帰新星

過去に 2 回以上の新星爆発が観測されている新星を再帰新星と呼んでいる．最新の変光星のカタログ[*14]によれば，再帰新星はこれまでに 10 個ほどみつかっており，観測された再帰の間隔は 20–80 年である．これは古典新星で期待される再帰の間隔（$\sim 10^4$ 年）に比べて非常に短い．再帰新星の軌道周期は一例を除けば 18 時間–460 日と，普通の激変星よりもかなり長い．このように軌道周期の長い激変星では，伴星は主系列星ではなく赤色巨星であり，伴星からの質量降着率が普通の激変星に比べて 1 桁以上大きいことが知られている．このため熱核

[*14] http://www.sai.msu.su/gcvs/gcvs/index.htm

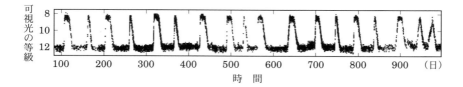

図 2.11 はくちょう座 SS 星の可視等級の変遷 (Wheatley et al. 2003, MNRAS, 345, 49 より転載).

反応に必要な量の水素が溜まるまでの時間が古典新星よりも短く,新星爆発の間隔も短くなっていると考えられる.

矮新星

矮新星 (Dwarf Nova) もアウトバーストを示す激変星である.ただしその増光幅は可視等級で 2–5 等と,新星に比べてかなり小さい.また矮新星爆発の間隔は典型的には 1–3 か月であり,再帰新星よりもはるかに短い.

図 2.11 に矮新星の代表格であるはくちょう座 SS 星の 2.5 年分の可視等級の変動を示す.はくちょう座 SS 星では,爆発が起きてから最大光度 8 等級に達するまでの時間はほぼ 1 日であり,その後,数週間かけてもとの 12 等級に戻る.爆発から次の爆発までの時間は一定ではないが,平均的するとおよそ 50 日である.

1855 年に最初の矮新星として ふたご座 U 星が発見されたが,それから 100 年あまりの間,矮新星爆発の原因はわかっていなかった.1960 年代に新星の爆発のメカニズムが熱核反応の暴走であることが判明すると,矮新星爆発は,それの小型版ではないかと考えられた.しかし,蝕[*15]を起こす矮新星などの詳しい観測の結果,矮新星爆発が起きているときに明るくなっているのは,白色矮星本体ではなく,それを取り巻く降着円盤であることが分かった.

1970 年代に入り,尾崎,蓬茨により,降着円盤の熱不安定モデルが提唱された (2.2.6 節).このモデルによると,矮新星のような質量降着率が低い円盤の外縁部には,温度が数千 K で水素が中性の状態と,温度が 10^4 K で水素が電離した状態の二つの安定状態がある.外縁部が低温の状態から高温の状態に遷移するときに,円盤を満たしているガスの粘性が上がり,白色矮星への質量降着率が一

[*15] 我々から見て,ある星が別の星を隠す現象をいう.日食(日蝕)はその例である.

気に増えることが矮新星爆発の原因である．この考えは，多様な矮新星爆発現象を広く説明できるモデルとして認められている．

これまで述べたとおり，矮新星の可視光から紫外線にかけての電磁放射は，爆発時，静穏時を問わず，おもに降着円盤から来ている．降着円盤の中のガスは局所的にはケプラー回転をしており，異なる半径では異なる速さで回転している（2.2.2 節）．したがってある半径に存在するガスは，その内側と外側のガスとの摩擦で加熱され，その場の温度に対応した黒体放射を出しながら落ちていき，白色矮星の近くに達する頃には温度が 10^5 K ほどになる．この温度の円盤からは強い紫外線が放射される．このように矮新星の降着円盤は，外側では可視光を，もっとも内側では紫外線を放射している．

ケプラー速度は遠心力が重力とつりあう速度であるから，白色矮星は，表面の回転速度がケプラー速度以下になるように自転しているはずである．実際，もっとも速く自転している白色矮星でも，表面の回転速度はケプラー速度の高々 1/3 である．したがって，ケプラー速度で回転している降着円盤が白色矮星表面に到達するときには，円盤内で働いているよりもはるかに強い摩擦力が働く．このため円盤のガスは，ケプラー速度から急激に減速され，爆発と爆発の間の静穏時には，10^8 K 程度まで加熱されることで紫外線よりもさらに波長の短い X 線を放射する．このように円盤の回転速度がケプラー速度よりも遅くなる高温領域を境界層（Boundary Layer）と呼んでいる．境界層の半径方向の厚さは，蝕を起こす矮新星カシオペア座 HT 星の静穏時では，白色矮星の半径の 15% と見積もられている[16]．

図 2.12 に，はくちょう座 SS 星が矮新星爆発を起こしたときの可視光，紫外線，X 線での明るさの変化を示す．爆発が起きると，可視光，紫外線，X 線の強度はいずれも上昇するが外側の円盤から落ちてくる物質の量がさらに増えると，境界層の粒子の密度は急激に上昇する．降着物質の冷却効率は粒子密度の 2 乗に比例して上がるため，境界層の温度は急激に下がって，X 線の代わりに紫外線を放射するようになる．図 2.12 では，この境界層の相転移は横軸 367 日のあたりで起きている．相転移にかかる時間はわずか数時間ときわめて短い．

---

[16] たとえば K. Mukai *et al.* 1997, *ApJ*, 475, 812.

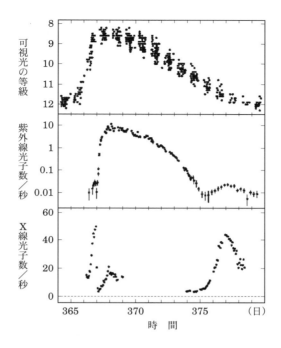

図 **2.12** はくちょう座 SS 星の矮新星爆発時の光度曲線．上から，可視等級，紫外線強度，X 線強度の変化を示す（Wheatley et al. 2003, *MNRAS*, 345, 49 より転載）．

新星様変光星

　白色矮星への質量降着率がじゅうぶん高い激変星の降着円盤は，矮新星の降着円盤のように二つの状態の間を行ったり来たりせず，矮新星爆発時の状態にとどまり続けることになる．常に矮新星の爆発状態にあることから，このような天体を新星様変光星（Nova-Like Variable）という．

りょうけん座 AM 型星（AM CVn 型星）

　りょうけん座 AM 型星は，激変星の中でも特に軌道周期が短く，長いものでも 65 分，もっとも短いものに至っては 5 分で二つの星が連星軌道を 1 周してしまう．これほど軌道周期が短い連星系では，二つの星の距離も小さいため，伴星が普通の水素核燃焼を起こしている主系列星とは考えられない．残された可能性

62　第 2 章　高密度天体への物質降着と進化

は二つあり，一つは白色矮星（つまり白色矮星どうしの連星系），もう一つは水
素の核融合が終わった後，中心核でヘリウムの核融合が起きている，いわゆるヘ
リウム主系列星である．りょうけん座 AM 型星は 2018 年までに全天で 56 個が
見つかっている[*17]．

2.3.3　磁場の強い激変星

　白色矮星の磁場が 10 T を超える場合，その激変星を強磁場激変星（Magnetic
Cataclysmic Variable）という．このグループの激変星は，白色矮星の磁場の強
さによって，さらにヘルクレス座 AM 型星，ヘルクレス座 DQ 型星の 2 種類に
細分される．簡単のため，以下ではヘルクレス座 AM 型星を AM Her 型星，ヘ
ルクレス座 DQ 型星を DQ Her 型星と表記することにする．

　AM Her 型星の白色矮星の磁場は，磁場によって原子のエネルギー準位が分
岐する効果（ゼーマン効果）や，自由電子の運動が磁場中で量子化[*18]される効
果（ランダウ準位，2.4.2 節）を利用して，1000 T から 23000 T と測定されてい
る．一方の DQ Her 型星では，白色矮星の磁場の強さが実際に測定されている
ものは少ないが，おおよそ 10–1000 T の範囲であると考えられている．

ヘルクレス座 DQ 型星（DQ Her 型星）

　白色矮星の磁場が強い激変星の質量降着の様子は，磁場が弱い激変星の場合と
かなり異なっている．降着円盤の中の物質は摩擦で暖められるため，物質の原子
は電離している．このような電離ガスが白色矮星へと落下し，白色矮星の強い磁
場に遭遇すると，原子や電子は磁力線の回りに旋回運動（ラーモア運動）をして
しまい，それ以上白色矮星に近づくことができない．行き場を失った降着物質
は，磁場の弱い激変星の場合と異なり，連星の軌道面を離れ，白色矮星の磁力線
に沿って磁極付近に集中的に降着する．このような天体を DQ Her 型星という．
DQ Her 型星での質量降着の様子を図 2.13（a）に示す．降着円盤は白色矮星の
表面まで到達することができず，円盤の内縁と白色矮星の間には空洞ができる．

[*17] G. Ramsay *et al.* 2018, *A&A*, 620, A141.

[*18] 強い磁場では電子は小さい半径で磁力線のまわりを回転するため，あたかも水素原子のような
構造になり，量子力学に従って，軌道半径は離散的な値をとる．したがってエネルギー準位も離散的
になる．これをランダウ準位と呼ぶ（2.4.2 節）．

(a) ヘラクレス座DQ型星

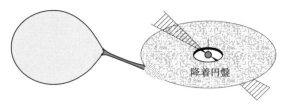

(b) ヘラクレス座AM型星

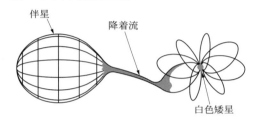

図 2.13 強磁場激変星の模式図 (Patterson 1994, *Publ. Astron. Soc. Pacific*, 108, 209: Figure 1, Cropper 1991, *Space Science Review*, 54, 195 より転載).

　白色矮星の磁極付近に集中した降着物質は，白色矮星の表面付近で柱状になる．これを降着柱（accreton column）という．降着柱の様子を模式的に表したのが図 2.14 である．物質は降着柱の中でほぼ自由落下し，白色矮星表面に達する頃には数千 $\mathrm{km\,s^{-1}}$ の超音速流になる．このような流れの中には定在衝撃波が形成され，降着物質の自由落下の運動エネルギーは，そこで一気に熱エネルギーに転換される．衝撃波のすぐ下流側の降着物質の温度は 10^8 K を超えるため，エネルギー 10 keV 以上の硬 X 線[19]が放射される．降着物質はこの放射によって冷却され，温度を下げながら白色矮星へと降着してゆく．硬 X 線放射のうちの半分ほどは白色矮星表面を照らすため，降着柱の根元は温度 10^5 K ほどに暖められ，数十 eV 程度の軟 X 線が放射される．ただし DQ Her 型星は，おもに硬 X 線領域で放射を出しており，このような軟 X 線放射が観測されている系はむしろ少数派である．諸説あるものの，その理由は未だ不明である．

---

[19] 波長の長い（$\gtrsim 10^{-9}$ m）X 線を軟 X 線（soft X-ray），短いもの（$\lesssim 10^{-9}$ m）を硬 X 線（hard X-ray）という．

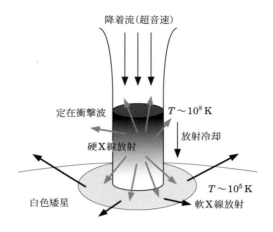

図 2.14　強磁場激変星の模式図.

X線放射領域はこのように白色矮星の磁極付近のみに形成されるため，白色矮星の自転によって観測者から見え隠れする．このためDQ Her型星のX線強度は，白色矮星の自転に同期して変動する．図 2.15 は，DQ Her型星のうお座 AO 星のX線光度曲線である．X線強度が白色矮星の自転周期 805 秒で変動している様子が見てとれる．DQ Her型星の白色矮星の自転周期は 33 秒から 4000 秒までの範囲に分布している．

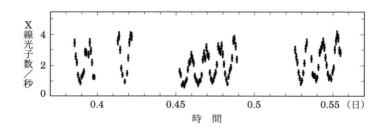

図 2.15　「あすか」が観測した「うお座 AO 星」のX線強度変動．データがとぎれているのは「あすか」から見て「うお座 AO 星」が地球の影に入ったため．

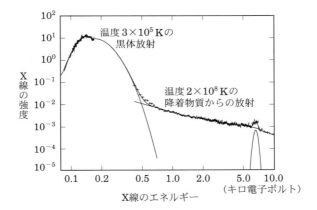

図 2.16 AM Her の X 線スペクトル (Ishida *et al.* 1997, *MNRAS*, 287, 651 より転載).

ヘルクレス座 AM 型星（AM Her 型星）

AM Her 型星では，白色矮星の磁場がきわめて強いため，伴星のロッシュローブをあふれ出た物質は，図 2.13 (b) のように，降着円盤を形成することなく，直接白色矮星の磁極付近へ降着する．降着柱ができ，白色矮星表面付近で定在衝撃波が形成されて硬 X 線が放射されること，その硬 X 線強度が白色矮星の自転に同期して変動することは DQ Her 型星と同じである．AM Her 型星からの X 線放射に見られる大きな特徴は，硬 X 線よりも軟 X 線の強度の方が強いことである．図 2.16 に，AM Her 星の X 線スペクトルを示す．DQ Her 型星との共通の特徴である，降着柱からのエネルギー 1–10 keV の硬 X 線放射の他に，0.5 keV 以下のエネルギーで卓越する黒体放射の形をした別の放射成分が観測されている．この黒体放射は降着柱の根元付近からの軟 X 線放射であり（図 2.14），その温度は 3×10^5 K である．注目すべきはその放射の強さで，降着柱からの硬 X 線放射の実に 20 倍もの光度を示す．

AM Her 型星にはこの他にもヘルクレス座 DQ 型星と異なる点がいくつかある．AM Her 型星では，白色矮星の磁場が極端に強いため，白色矮星と伴星が磁力線で繋がっており，白色矮星の自転，伴星の自転，および連星系の公転がすべて同期している．白色矮星の自転周期（= 連星系の公転周期）は半数以上が 2

66 第 2 章 高密度天体への物質降着と進化

時間以下に集中している．いっぽうの DQ Her 型星の公転周期は，大半が 3 時間以上になっている．AM Her 型星からは，例外なく，強い磁場によって偏光した可視光が観測されているが，DQ Her 型星でそのような特徴を示す天体はごく一部である．

2.4 中性子星への質量降着

我々の銀河系には X 線を多量に放射する天体（X 線星）が数百個ほど存在する．その多くは中性子星と恒星の近接連星系である．相手の恒星から中性子星に質量が降着すると重力エネルギーを解放して X 線を放射する．したがって X 線連星系ともいう[20]．

2.4.1 中性子星連星系

中性子星連星系から放射される X 線は典型的には 1–10 keV のエネルギーを持ち，その光度は太陽の全波長を積分した光度の 10^3–10^5 倍にも達する．さらに短時間（たとえば 1 ミリ秒以下）で大幅に変動する場合もある．変動の時間幅が 1 ミリ秒とすると，光速 × 1 ミリ秒 = 300 km から，放射源のサイズは 300 km より小さくなる．

相手の星から溢れ出たガスあるいは吹き出たガスの一部は中性子星の重力圏に捉えられ，その重力で加速される．陽子が中性子星表面まで落下したときの運動エネルギーは約 100 MeV，水素の核融合で核子 1 個あたり解放されるエネルギーは 7 MeV 程度だから，核エネルギーの 10 倍以上の重力エネルギーが解放されている．質量降着率 $\dot{M}$ の割合でガスが中性子星に落ち込むとき，放出される放射の光度 L は

$$L = \frac{GM\dot{M}}{R}$$
$$= 8.4 \times 10^{30} \left(\frac{M}{M_\odot} \right) \left(\frac{R}{10\,\mathrm{km}} \right)^{-1} \left(\frac{\dot{M}}{10^{-8}\,M_\odot\,\mathrm{y}^{-1}} \right) \quad [\mathrm{W}] \qquad (2.9)$$

となる．

---

[20] この節ではこのような系を「中性子性連星系」とよぶ．中性子星同士の連星系（4.5 節参照）とは異なることに注意．

星から放出された放射（光子）はガス中の電子に散乱され，ガスに外向きの力を与える．一方，星の重力はガスに内向きの力を及ぼす．放射による力（放射圧という）と重力がつりあう光度をエディントン限界光度と呼び，星はエディントン限界光度 L_{E} 以上には，球対称かつ定常的に光ることができない．L_{E} は，放射による力と重力とのつりあいから，

$$L_{\mathrm{E}} = \frac{4\pi c G M m_{\mathrm{p}}}{\sigma_{\mathrm{T}}} = 1.2 \times 10^{31} \left(\frac{M}{M_{\odot}} \right) \quad [\mathrm{W}] \qquad (2.10)$$

で与えられる[*21]．ここで m_{p} は陽子の質量，σ_{T} はトムソン散乱の断面積である．光度がわずかでもエディントン限界光度を超えると放射圧が重力を上回り，ガスは外向きの運動をはじめる．つまりガスの降着量が減少する．すると光度も減少しエディントン限界光度以下に戻る．

中性子星連星系は相手の星の質量により二つに大別できる．一つは大質量 X 線連星で，相手の星は太陽質量の 10 倍以上の OB 型星である．OB 型星の年齢は 10^7 年以下であるから，大質量 X 線連星は若い種族といえる．一方，相手の星は暗くて見えないほど小さく，太陽質量以下の場合を小質量 X 線連星という．小質量星の年齢は $(5\text{--}10) \times 10^9$ 年だから，古い種族である．X 線連星はそれぞれのタイプに特徴的な現象を示す．以下ではそのいくつかを紹介する．

2.4.2 X 線パルサー

大質量 X 線連星のほとんどは X 線強度が周期的に変動する X 線パルサーである（図 2.17）．周期は 69 ミリ秒から 1000 秒近くの範囲でいろいろな値に分布している．後で述べるサイクロトロン吸収線の観測からも明らかなように，中性子星は $(1\text{--}10) \times 10^8$ T と強く磁化している．X 線パルサーの構造は次のように理解されている（図 2.18，69 ページ）．降着ガスはケプラー速度で円運動をしながら，

円盤に沿い中性子星に向かって流れ込む．磁場の圧力がガスの圧力とつりあう点 r_{A}（アルベーン半径）

[*21] エディントン限界光度を与えるこの式は，中性子星に限らず，球対称に電磁波を放射する球対称天体になりたつ．したがって観測的にエディントン限界光度が決定できれば，逆にその天体の質量を推定することができる．

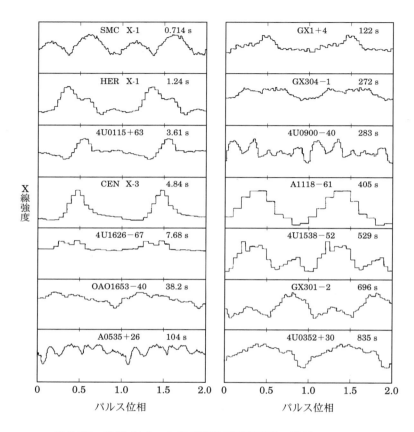

図 2.17 X線パルサーのX線強度の周期的変化の例 (Rappaport & Joss 1981, X-ray Astronomy with the Einstein Satellite, Reidel より転載).

$$r_{\rm A} = 1.9 \times 10^3 \left(\frac{B}{10^8\,{\rm T}}\right)^{4/7} \left(\frac{R}{10\,{\rm km}}\right)^{12/7}$$
$$\times \left(\frac{M}{M_\odot}\right)^{-1/7} \left(\frac{\dot{M}}{10^{-8}\,M_\odot\,{\rm y}^{-1}}\right)^{-2/7} \quad [{\rm km}] \qquad (2.11)$$

で，降着円盤に沿ったガスの流れはせきとめられる．その後，ガスは磁力線に沿って移動し両磁極に流れ込む．磁極付近に落ち込んだ物質は加熱され，X線を

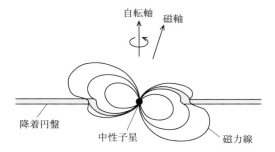

図 2.18 降着円盤と X 線パルサーの概念図．強い磁場を持つ中性子星へ質量降着するガス（灰色の部分）は円盤からやがて強い磁力線（実線）にガイドされ，中性子星（黒丸）の磁極に落ち込む．自転につれ熱い磁極が見え隠れし，X 線パルサーとなる．

放射する．磁軸が中性子星の回転軸に対し傾いていると，中性子星の回転とともに磁極が見え隠れし，そこから放射される X 線がパルスとして観測される．

図 2.19 は X 線パルサー X 0331+53 のスペクトルである．連続成分は低エネルギー側ではべき関数型であるが，〜10 keV 以上では指数関数的に急速に落ちている．これを再現する放射メカニズムは，まだよく分かっていない．20–40 keV

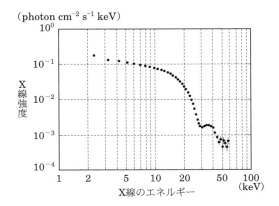

図 2.19 X 線パルサー X 0331+53 の X 線スペクトル（Makishima *et al.* 1990, *ApJ* (Letters), 365, L59 より転載）．

あたりのへこみ構造は，サイクロトロン共鳴散乱による吸収と解釈されている．磁力線の周りをまわる電子のエネルギーは強磁場中では量子化される．可能なエネルギーは離散的な準位，いわゆるランダウ準位 E_n となる．

$$E_n = 11.6n \left(\frac{B}{10^8 \text{ T}} \right) \quad [\text{keV}] \quad (n = 0, 1, 2, 3, \cdots) \tag{2.12}$$

基底状態と励起状態の差に相当するエネルギーの X 線は吸収され，へこみの構造を与える．これがサイクロトロン吸収である．そのエネルギーから中性子星の磁場を求めることができ，その値は標準的な電波パルサーと同様 $(1\text{--}3) \times 10^8$ T である．

小質量 X 線連星では中性子星の磁場が弱く，降着物質を磁極付近に集めることが困難なため，X 線パルサーになりにくい．X 線パルスがあっても，その振幅は小さく，検出は難しいと考えられてきた．しかし，最近，観測器の感度，時間分解能が向上し，微弱で速い変動も捉えられるようになってきた．その結果，小質量 X 線連星から X 線強度に周期的な振動が検出されている．X 線のパルス周期は 2–5 ミリ秒で，中性子星は高速で回転している．これは，ミリ秒パルサー成因のリサイクル説（1.2.5 節）が期待する小質量 X 線連星のパルス周期に一致する．

2.4.3 X 線バースト

小質量 X 線連星では中性子星のまわりに降着円盤ができる（2.2 節）．降着ガスは重力エネルギーを解放しながら円盤に沿って流れ込む．解放された重力エネルギーは熱に変換され円盤の表面から黒体放射として放出される．円盤は中性子星の表面近くまで延び，中性子星に近づくにつれその温度は高くなる．円盤中を中性子星の表面すれすれまで降着してきたガスは最初持っていた重力エネルギーの半分を黒体放射として解放している．最後に表面へ落下すると残りの半分の重力エネルギーが解放され星表面の降着ガスは一気に加熱，そして黒体放射で X 線を放出する．小質量 X 線連星のスペクトルは星表面と円盤表面からの黒体放射の重ね合わせで説明できる．

中性子星の小質量 X 線連星に特有な現象に X 線バーストがある．数秒から数十秒の間，X 線で爆発的に輝く現象である（図 2.20）．典型的なバーストの間隔は数時間から 1 日の範囲にある．バーストのスペクトルは黒体放射のスペクト

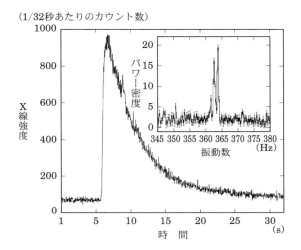

図 2.20 4U 1728–34 から観測された X 線バースト．挿入図はバーストのフーリエパワースペクトル（Strohmayer *et al.* 1996, *ApJ* (Letters), 469, L9 より転載）．

ルによく合う．黒体の温度はバーストのピーク時で $(2\text{--}3) \times 10^7$ K に達し，X 線強度が弱くなるにつれ温度も下がる．1 回のバーストで放出されるエネルギーは，10^{32} J にも及ぶ．観測された黒体の温度 T，X 線強度 F_X を用いると，

$$R = d \left(\frac{F_\mathrm{X}}{\sigma T^4} \right)^{1/2} \tag{2.13}$$

から黒体のサイズ R が導出できる．ここで d はバースト源までの距離，σ はシュテファン–ボルツマン定数である．距離が推定できるバースト源で R を求めると，どれもほぼ 10 km という値になった．中性子星の半径と同じである．

X 線バーストの原因は中性子星表面で起こる熱核融合反応である．降着した水素とヘリウムが星表面に堆積していくにつれ，堆積物質はその上に新たに加わる物質の重みで圧縮される．圧縮が進むと堆積物の温度，密度が上昇し，ある臨界点に達したとき，熱核融合反応に火がつく．この着火が引き金となり，核融合反応が暴走し多量の熱を瞬時に発生させる．加熱された表面層から X 線が放射され，X 線バーストとなる．

関与する核融合反応は，水素燃焼（4H $\longrightarrow$ He）およびヘリウム燃焼（3He $\longrightarrow$

C）である．質量降着率により，核融合反応の進行は次の三つの場合に分類される．

（1）　$\dot{M} < 2 \times 10^{-10}\,M_\odot\,\mathrm{y}^{-1}$．まず熱的に不安定な水素燃焼が着火し，それが引き金となり水素燃焼とヘリウム燃焼が同時に進行する．

（2）　$2 \times 10^{-10}\,M_\odot\,\mathrm{y}^{-1} < \dot{M} < 4.4 \times 10^{-10}\,M_\odot\,\mathrm{y}^{-1}$．水素が安定に燃え，反応生成物のヘリウムが水素層の下に蓄積していく．ヘリウムの量がある臨界値に達すると，温度にきわめて敏感なヘリウム燃焼に火がつき核融合反応が暴走する．

（3）　$\dot{M} > 4.4 \times 10^{-10}\,M_\odot\,\mathrm{y}^{-1}$．熱的に不安定なヘリウム燃焼が着火し，それが引き金となり水素燃焼とヘリウム燃焼が同時に進行する．

核融合反応で核子1個あたりに解放されるエネルギーは約1 MeVである．したがって観測されたX線バーストのエネルギー量から，1回のバーストで約10^{18} kg の降着物質が燃焼したことになる．

明るいX線バーストでは中性子星の大気に膨張がみられる．バーストの立ち上がり直後，黒体の半径（光球半径）が急速に増大し，続いて徐々に減少して一定値に落ち着く．黒体温度は大気の膨張とともにいったんは急速に下がり，その後は大気が収縮するにつれ上昇する．この間，X線光度はほぼ一定値のエディントン限界光度に保たれている．エディントン限界光度を超過した放射のエネルギーは星の大気の膨張と質量放出に費やされ，結局はエディントン限界光度になってしまう．

X線パルスを示す大質量X線連星ではX線バーストは起きない．中性子星が強く磁化しているためであろう．磁場が強いと降着物質は磁力線に沿って狭い磁極域に集まるので，降着ガスの温度，密度が高くなり，水素やヘリウムが安定に燃えてしまうためと考えられる．小質量X線連星ではミリ秒X線パルサーでありながら，X線バーストを示す例が報告されている．磁場が弱く降着物質の絞り込みが不十分なため，バーストが起きうるのだろう．

図 2.20 の挿入図は X 線バーストの時間変動を周波数成分で表示したものでフーリエパワースペクトル[*22]という．振動数363 Hz のピークは周期的な振動の

[*22] ある周波数バンド内の振動エネルギーをフーリエパワー，周波数あたりのエネルギーをフーリエパワー密度，その周波数分布をフーリエパワースペクトルという．なおフーリエは省略されることもある．

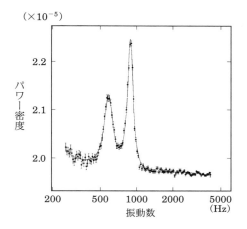

図 2.21　さそり座 X-1 の X 線強度のフーリエパワースペクトル（van der Klis *et al.* 1997, *ApJ* (Letters), 481, L97 より転載）.

存在を示している．このようなバースト中の周期振動はすでに 10 個を超えるバースト源から報告されており，振動数は 272–619 Hz にわたっている．ミリ秒 X 線パルサーでかつバーストを起こした例では，バースト中の振動数はパルス振動数と一致している．バースト中の周期振動は中性子星の回転に違いない．中性子星の回転は質量降着で加速が進み，ほぼ平衡回転の状態に達している．ここでも，リサイクル説の正しさを証明している．

2.4.4　準周期的振動

図 2.21 はさそり座 X-1（Sco X-1）の X 線強度のフーリエパワースペクトルである．振動数が 600 Hz と 900 Hz あたりにかなりの幅を持ったピークが二つみられる．ピークは X 線強度のうちその周波数成分が強いことを意味する．電波パルサーや X 線パルサーのように変動が完全に周期的であれば，ピークは針のように鋭いものになる．図 2.21 のピークは幅がある．これは周期振動の周期がその幅内で変動しているか，周期振動がわずかな回数しかくりかえしていないことを意味する．そこでこの現象を準周期的振動（QPO; Quasi-Periodic Oscillation）と呼ぶ．QPO は X 線で特に明るい小質量 X 線連星から見つかっ

ており，その振動数は mHz–kHz にわたっている[*23]．

QPO の起源についていろいろな可能性が指摘されている．その多くは降着円盤内のガスの運動やそこに励起される波に求めている．振動数の大きな QPO（kHz-QPO という）は，中性子星の円盤内縁付近のケプラー回転の周期に近い．

2.4.5 ULX パルサー

超大光度 X 線源（Ultra Luminous X-ray source; ULX）は，球対称を仮定した X 線光度が $10^{39}\,\mathrm{erg\,s^{-1}}$（$10^{32}\,\mathrm{W}$）を超える，銀河中心核からは外れた領域に見つかるコンパクトな X 線源である（1.3.5 節参照）．その大多数が渦巻銀河の渦状腕やアンテナ銀河などの合体銀河など，星形成が活発な領域で見つかっているのも特徴である．恒星質量ブラックホールのエディントン光度を超えるため，太陽質量の百倍を超える中間質量ブラックホールへの亜臨界降着か，太陽質量の数十倍程度までのブラックホールへの超臨界降着なのかの論争が続いてきた．

2014 年に，12 Mpc ほどの距離にある銀河 M82 の ULX 天体 M82 X-2 から，2.5 日周期で軌道変調を受けた 1.37 秒のコヒーレントな X 線パルスが検出された．M82 X-2 はピーク光度 $10^{40}\,\mathrm{erg\,s^{-1}}$（$10^{33}\,\mathrm{W}$）に達するトランジェントな X 線源で，この天体からのパルス検出であったことから，中性子星へのエディントン光度を超える質量降着が起きていることが明らかになった．その後，サブ秒から数秒のパルス周期をもつ ULX 天体が他にも複数見つかり，ULX パルサー（ULX pulsar, ULXP）と呼ばれている．これらの天体は光度が大きく変動し，ピークでは 10^{40}–$10^{41}\,\mathrm{erg\,s^{-1}}$（$10^{33}$–$10^{34}\,\mathrm{W}$）に達する．

他方で国際宇宙ステーション日本実験棟「きぼう」の曝露部に搭載された全天 X 線監視装置「MAXI」（Monitor of All-sky X-ray Image）により，銀河系内でトランジェントな X 線パルサーがいくつも発見され，その中に，中性子星のエディントン限界光度の約 10 倍に達する例が観測された．よって通常の X 線パルサーと ULX パルサーは，異なる種族ではなく，銀河系内にも ULX 天体が存在しうること，また中性子星に質量降着が激しくなると，エディントン限界光度を大きく超えうることなどが分かってきた．

依然として ULX の大部分の正体は不明であるが，ULX に中性子星が含まれ

[*23] 同様の振動現象はブラックホールにも見られる（2.5.5 節）．

ることがわかったことで，超臨界降着流の描像を解明する手がかりとなることが
期待でき，いかなる連星進化を経て ULX パルサーの連星系が形成されたかな
ど，今後の興味深い研究テーマである．

2.5 恒星質量ブラックホールへの質量降着

単独のブラックホールは電磁波では輝かず，質量が降着して初めて高エネル
ギー光子を放出する．これらの光子を用いてブラックホールとその近傍の物理に
せまることは，現代の天文学の大きな課題であり，ここではその概要を説明する．

2.5.1 ブラックホール連星

白色矮星や中性子星は，数多くが同定されている．他方で恒星質量ブラック
ホールに関しては，その実在は実証されているものの（1.3.3 節），銀河系内で知
られている個数は数十個にすぎず，既知の白色矮星や中性子星の総数に比べ，1
桁もしくはそれ以上も少ない．そのため，それらの質量分布（図 1.15）や銀河系
内での空間分布は，まだ精度が低く，角運動量（スピン）にいたっては，ほとんど
推定できていない．質量降着の物理（2.2 節）に関しても，未解明の部分が残る．

こうした研究を進めるうえで重要となる対象天体が，図 1.15 で示したブラッ
クホール連星，すなわち恒星質量ブラックホールと恒星が近接連星をなし，質量
降着が起きている系で，大部分が銀河系内の天体である．1.3.3 節で述べたよう
に，そうした系は X 線源となるから，X 線はブラックホール候補を探し出す絶
好の目印となる．X 線の位置を頼りに，それらの天体の光学同定を行い，光学主
星の軌道ドップラー速度を計測できれば，X 線天体の質量が推定でき，それが $\gtrsim$
$3\,M_\odot$ ならブラックホールと認定できる．X 線はまた，こうして認定されたブ
ラックホールが，物質の降着に対してどう応答するかという，根幹の情報を提供
してくれる．これらの研究では，既知の恒星質量ブラックホールを詳しく観測す
ると同時に，新たな候補天体を発見し総数を増やすことも大切となる．

こうした研究でまず問われるのは，観測している X 線天体が，中性子星ではな
く確かにブラックホールを含む連星か，という点である．それを検証するには，
コンパクト天体の質量が $\gtrsim 3M_\odot$ であれば良く，その最良の方法は上に述べた光
学的な質量推定法である．しかし，つねに光学同定が可能とは限らないため，X

線の性質だけから，中性子星とブラックホールを識別することも重要で[*24]，その指標の1つがX線光度である．天体の光度は通常，エディントン限界光度 L_E (2.4.1 節) を超えないことが多く，L_E は天体の質量に比例する．よってある天体のX線光度が，$\sim 3\,M_\odot$ に対応する $L_\mathrm{E} \sim 4\times 10^{31}\,\mathrm{W}$ を大きく超えていれば，ブラックホールの可能性がある．以下，この予想を検証してみよう．

大マゼラン雲には3つの明るいX線源，LMC X-1, LMC X-2, LMC X-3 がある．いずれも光学同定され，LMC X-1 と LMC X-3 は図1.15のように，質量 $\gtrsim 4\,M_\odot$ のコンパクト天体を擁し，ブラックホール連星であるのに対し，LMC X-2 は中性子星連星である．3 天体の距離は，大マゼラン雲の距離 50 kpc と同じとみなせるから，それらのX線光度は観測から正確に推定でき，図 2.22 に示すような頻度分布を示す（分布の幅は降着流の変動に起因する）．LMC X-2 のX線光度が，臨界値である $\sim 4\times 10^{31}\,\mathrm{W}$ をほぼ超えないのに対し，LMC X-3 では予想どおり，分布の上限がこの値を超えている．このようにX線光度はブラックホールを認定する1つの目安にはなる．ただし光度推定には天体の距離情報が不可欠だし，ブラックホールでも質量降着率が低ければ L_E よりずっと暗

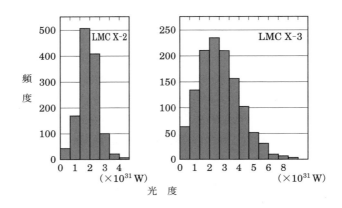

図 **2.22** 「RXTE」に搭載された全天モニター装置（ASM）が，数年にわたり観測した LMC X-2 と LMC X-3 の光度の頻度分布．1.5–6 keV のカウント数を，放射光度に換算してある．

[*24] 強い磁場をもつ中性子星であればパルスが受かるから，問題となるのは，弱磁場中性子星とブラックホールとの識別である．

く，逆に 1.3.5 節で述べたように，中性子星が L_E を大きく超える光度を示すこともある．よって X 線光度だけに頼ることはできない．

2.5.2 X 線スペクトルの概論

X 線光度以上に重要な役目を果たすのが X 線のスペクトルであり，その観測は，ブラックホール連星を弱磁場中性子星の連星と区別する上でも，また 2.2 節で説明された降着円盤の理論描像を検証する上でも，重要な手がかりとなる．一般にブラックホール連星のスペクトルは，図 2.23 のはくちょう座 X-1 の例でわかるように，表 2.2（51 ページ）の分類に対応して，ハード状態とソフト状態という二つの典型的な形を持つ[*25]．

ハード状態のスペクトルは，質量降着率が低く X 線光度が L_E の数%未満のときに観測される．光子数スペクトル $f_\mathrm{p}(E)$ は硬 X 線から軟ガンマ線の帯域まで延び，エネルギー E の関数として，数 keV から数百 keV の範囲で

$$f_\mathrm{p}(E) \propto E^{-1.7} \exp(-E/k_\mathrm{B}T), \quad k_\mathrm{B}T = 50\text{--}150\,\mathrm{keV} \qquad (2.14)$$

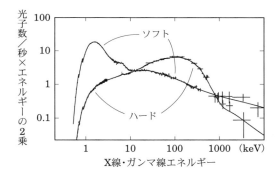

図 2.23 はくちょう座 X-1 の X 線・ガンマ線スペクトル．観測データを理論的モデルで合わせたもので，ソフト状態とハード状態を示す．縦軸は，式 (2.14) の光子フラックス f_p にエネルギーの 2 乗を掛けたもの (Zdziarski & Gierlinski 2002, *Prog. Theor. Phys.*, 155, 99 より転載).

[*25] 脚注 19（63 ページ）に対応して，軟 X 線が強い状態をソフト状態，硬 X 線が強い状態をハード状態と呼んでいる．

と近似できる．これは数 keV–20 keV では光子指数 $\Gamma \sim 1.7$ の「べき関数」の形をもち，数十 keV より上では $\exp(-E/k_\mathrm{B}T)$ 因子のため折れ曲がる．

ハード状態では，R_S の数百倍より内側での降着流は，光学的に薄く，幾何学的には膨れた形状をもち，2.2.5 節で説明された「高温降着流」の状態にあると考えられる．円盤中のイオンは，式（2.8）のビリアル温度（半径 $100R_\mathrm{S}$ で $k_\mathrm{B}T$ にして数 MeV）に近い高温に達する．電子はイオンによりクーロン散乱で加熱される一方，円盤外側からくる紫外線などをコンプトン散乱することでエネルギーを失うため，イオンよりずっと低温で，$k_\mathrm{B}T$ にして 100 keV 程度である（図 2.5）．これが式（2.14）に現れる温度パラメータ T であり，それら高温電子で叩き上げられた光子が，硬 X 線領域まで延びる連続成分として観測される．

降着率が上がり X 線光度がエディントン限界光度の数％を超えると，降着円盤の密度が上がり放射冷却が効くため，円盤は平たく潰れ，幾何学的に薄く光学的に厚い標準円盤（2.2.4 節）へと変貌する．結果としてブラックホール連星は，図 2.7 に示すジャンプに対応して，ほぼ数日以内の時間スケールでソフト状態へ遷移する．このとき図 2.23 のようにスペクトルは一気に柔らかくなり，$\sim$ 10 keV 以下の軟 X 線領域に強い超過成分が現れる．次の 2.5.3 節で説明するように，この軟 X 線成分は標準円盤からの放射と解釈され，ブラックホールの質量を推定する手がかりとなる．同時に $\sim$ 10 keV 以上では，光子指数 ~ 2.3 のハード成分（ハードテイル，図 2.23）が見られる．この成分はハード状態の連続成分よりやや傾きが急で，数 MeV まで真直ぐに延びるが，その起源はまだ十分に解明されておらず，$3R_\mathrm{S}$ より内側で発生する可能性などが論じられている．

経験的にハード/ソフトという 2 状態の間の遷移は，ブラックホール連星に広く見られ，中性子星連星ではずっと目立たない．よって X 線新星が現れたとき（最初は通常ハード状態），X 線強度の増加に伴いソフト状態への遷移が見られたら，質量の推定を待たずにブラックホール連星と認定できる．

2.5.3 標準円盤からの X 線スペクトル

ソフト状態にあるブラックホール連星では，降着物質は標準円盤（2.2.4 節）を形成すると考えられる．その温度は図 2.3 に示すように，重力ポテンシャルの深い中心部ほど高いので，異なる半径から異なる温度の黒体放射が発生する．そ

れらを円盤の全体で加算した「多温度黒体放射」が，ソフト状態で見られる強い軟 X 線成分の正体と考えられる．定量的に，円盤の内縁半径を R_{in}，そこでの温度を T_{in} とすると，ブラックホールから半径 r での円盤の温度 $T(r)$ は，

$$T(r) = T_{in}(r/R_{in})^{-3/4} \tag{2.15}$$

と近似できる．このスペクトルを円盤の全体について積分すると，標準円盤の全体から放射される X 線の光度が，シュテファン–ボルツマン定数 σ を用い

$$4\pi R_{in}^2 \sigma T_{in}^4 = L_{disk} \tag{2.16}$$

と与えられ，シュテファン–ボルツマンの法則とそっくりな形になる．

　では，円盤の内縁半径 R_{in} は，どう決まるのだろう．降着円盤は，放射を出しつつゆっくり落下するが，徐々に一般相対論の効果が効きはじめ，$3R_S$ より内側では安定な円軌道は存在しなくなる（最小安定円軌道[*26]という）．物質は高速で回転しても，一般相対論的効果によって強まった重力に拮抗するだけの遠心力を発生できず，ブラックホールに落ち込むためと理解できる．半径 $3R_S$ に達すると，物質は X 線を放射する間もなく事象の地平面めがけて自由落下するから，X 線で見ると降着円盤の $3R_S$ より内側は穴があいたように見える．つまり以下が成り立つ；

$$R_{in} = 3R_S. \tag{2.17}$$

この式（2.17）と式（1.16）を式（2.16）の左辺の R_{in} に代入し，右辺では L_{disk} を L_E で規格化すると，式（2.16）を数値的に書き換えた表式として

$$kT_{in} = 1.2 \left(\frac{M}{10\,M_\odot}\right)^{-1/4} \left(\frac{L_{disk}}{L_E}\right)^{1/4} \quad [\text{keV}] \tag{2.18}$$

が求まる．$10\,M_\odot$ の恒星質量ブラックホールでは T_{in} がまさに X 線放射の温度になること，降着率が増えると円盤温度が上がること，$M \sim 10^7\,M_\odot$ の大質量ブラックホールでは円盤温度が低く，紫外線領域にくることなどがわかる．またこれらの T_{in} が式（2.8）のビリアル温度よりはるかに低温なのは，降着物質が解放した重力エネルギーのうち，半分が円盤の温度に応じた黒体放射として放射

[*26] 2.2.3 節の脚注 3 参照.

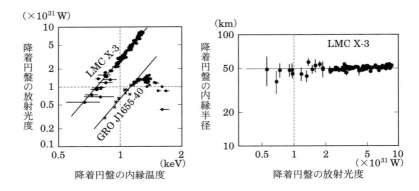

図 2.24 （左）X 線衛星「RXTE」(Rossi X-Ray Timing Explorer) で観測されたブラックホール連星 LMC X-3 および GRO J1655−40 のスペクトルから，降着円盤の内縁温度 $k_B T_{\rm in}$ および円盤の放射光度 $L_{\rm disk}$ を求め，図示した（Kubota et al. 2001, ApJ (Letters), 560, L147 より転載）．右上がりの直線は $L_{\rm disk} \propto T_{\rm in}^4$ を示す．（右）左図のデータから，LMC X-3 の降着円盤の内縁半径 $R_{\rm in}$ を式（2.16）で求め，円盤の放射光度に対して図示した．

され，強く冷却が効くからである．残り半分は物質のケプラー回転の運動エネルギーに蓄えられたまま，事象の地平面のかなたに消える．

　観測と比べてみよう．ソフト状態にあるブラックホール連星のスペクトルの軟 X 線成分は，互いに似た形を持ち，両対数で表示し上下左右に平行移動すると，よく重なる．左右の移動から $T_{\rm in}$ が求まり，相手の距離を既知として上下の平行移動から $L_{\rm disk}$ が決まる．図 2.24（左）は，二つのブラックホール連星について，こうして求めた $T_{\rm in}$ と $L_{\rm disk}$ の関係を示したものである[*27]（より一般的には図 2.8 になる）．LMC X-3 は，X 線衛星「RXTE」で繰り返し観測された結果であり，円盤の温度は $k_B T_{\rm in} = 0.5\text{–}1.5\,{\rm keV}$ にあり，式（2.16）や式（2.18）の予言通り，$T_{\rm in}^4$ と $L_{\rm disk}$ の間にはみごとな比例関係が成り立つ．この結果を用いて LMC X-3 の $R_{\rm in}$ を計算すると，図 2.24（右）に示すように，1 桁以上も光度（すなわち降着率）が変動しても，円盤の内縁半径は約 50 km で一定に保たれる．これは標準円盤の描像を観測から検証した結果の一つである．

[*27] 真上から 30° 傾いた方向から円盤を観測していると仮定する．

図 2.24（右）で求めた $R_{in} \sim 50\,\mathrm{km}$ を式（2.17）に入れると，$R_S \sim 17\,\mathrm{km}$ が求まる．これを 1.3.1 節の式（1.16）に代入すると，LMC X-3 のブラックホールの質量として，$M \sim 6\,M_\odot$ が導かれる．この結果は，図 2.8 から直接に読み取ることもできる．得られた質量の推定値は，光学観測から求めた LMC X-3 の質量 $(6\text{–}9)\,M_\odot$（図 1.15）と合っている．こうして X 線のデータと相手の距離だけから，ブラックホールの質量を推定することが可能になった．はくちょう座 X-1 の質量を「あすか」の X 線データから推定するさい（1.3.3 節）にも，この手法が用いられた．

弱磁場の中性子星連星でも，スペクトルには，降着円盤からの多温度黒体放射が見られる．ただしこの場合，物質のケプラー回転のエネルギーは，最後に中性子星の表面にぶつかって熱化し，温められた表面から式（2.18）より高温（$k_B T \sim 2\,\mathrm{keV}$）の，単一温度の黒体放射として放射され，その光度は円盤放射の光度と拮抗する．この高温の黒体放射は，ソフト状態のブラックホール連星には見られない（図 2.23 のハードテールは別物である）．このことは，ブラックホールが硬い表面を持たず，よって事象の地平面が存在することを支持する．

2.5.4　回転するブラックホール

図 2.24（左）で，ブラックホール連星 GRO J1655–40 の光度は，同じ円盤温度での LMC X-3 の値に比べ 1/5 ほどなので，式（2.16）から円盤の内縁半径は約 $1/\sqrt{5} = 0.45$ 倍となる．すると式（2.17）から，GRO J1655–40 の R_S，したがってブラックホール質量は，LMC X-3 のものの約 45% となる．ところが光学観測によれば，この二つの天体に含まれるブラックホールの質量は，ともに $7\,M_\odot$ で大差なく，また円盤を見込む角度も軸方向から約 30° と大差ない．

そこで光度の違いの説明として，LMC X-3 はスピンがほぼ 0 のシュバルツシルト・ブラックホールであり，他方 GRO J1655–40 は大きなスピンを持つ，カー・ブラックホール（1.3.1 節）であるという可能性が考えられる．式（2.17）は，シュバルツシルト・ブラックホールについてのみ成り立つ関係であり，カー・ブラックホールの場合，それと同じ向きで回転運動する質点は，最大 $0.5R_S$ まで安定にブラックホールに接近できる．直観的には，カー・ブラックホールの周辺では時空そのものが回転しているため，遠心力がより強められて，強い重力に

も拮抗できるようになるためと思えばよい．その結果，GRO J1655–40 では円盤の内縁半径が $3R_{\mathrm{S}}$ より小さくなり，他方で円盤の内縁温度が高くなったと考えると，図 2.24（左）での 2 天体の違いが説明できる．

GRO J1655–40 は電波ジェットを放射する特異な天体であり，ジェットは回転と密接に関係している（3 章）ので，カー・ブラックホールの可能性に説得力がある．図 2.24（左）でもう一つ注目すべきなのは，GRO J1655–40 のデータ点が高温になると，$L_{\mathrm{disk}} \propto T_{\mathrm{in}}^4$ の関係から大きくずれることである（図 2.8 も参照）．このときはハードテイルがソフト成分を覆い隠すほど強くなる．光度が L_{E} に近づき，円盤の状態が標準状態から変化したためであろう（2.2.7 節を参照）．

最近の重力波の観測によると，合体を起こすブラックホールたちの多くは，最大スピンの 6 割程度をもつ，カー・ブラックホールであるようだ．詳細は 4.5 節を参照されたい．

2.5.5　X 線の時間変動

ブラックホール連星からの X 線は一般に，ミリ秒から数時間の広いタイムスケールで，強いランダム（非周期的）な変動を示す．図 2.25（左）に例示するように，ハード状態では変動が顕著なのに対し，ソフト状態の放射は，はるかに静穏である．はくちょう座 X-1 は，ほぼ半々の滞在確率でハード状態とソフト状態を行き来するが，1971 年に「ウフル」で観測されたときは，たまたまハード状態にあっため，1.3.3 節の図 1.14（左）のように速い変動が検出できた．当時，天体が秒スケールで変動するという認識はほとんどなかったから，小田らは「これはただごとでない」と気づき，そこからブラックホールの観測的研究が一気に開花したのである．

時間変動するデータをフーリエ変換し，どの周波数で変動が大きいかを示す量をパワー密度と呼び，パワー密度を周波数の関数として示した図をパワースペクトル密度と呼ぶ．宮本重徳らは，X 線衛星「ぎんが」で観測されたブラックホール連星の X 線変動を，パワースペクトルを用いて詳しく研究した．図 2.25（右）にその一例として，ハード状態で観測された，はくちょう座 X-1 のパワースペクトルを示す．変動は非周期的で，100 Hz を越える速い周波数まで延びる．パワースペクトルは約 0.1 Hz（周期およそ 10 秒）という特徴的な値で明確に折れ

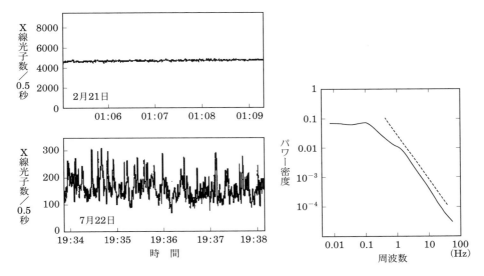

図 2.25 （左）X 線衛星「ぎんが」の観測で得られた，新星型ブラックホール連星 GS 1124–68 の X 線光度曲線．上はソフト状態，下はハード状態である（Ebisawa et al. 1994, *Publ. Astr. Soc. Japan*, 46, 375 より転載）．（右）「ぎんが」による観測で得られた，はくちょう座 X-1 の 2–20 keV のパワースペクトル（Negoro et al. 2001, *ApJ*, 554, 528 より転載）．両対数表示を用い，比較のため周波数の −1.5 乗を右下がりの破線で示す．

曲がり，それより高周波では，パワー密度は近似的に周波数の −1.5 乗で減衰する赤色雑音，低周波側で白色雑音となっている[*28]．この他，異なるエネルギー帯での変動に，位相のずれが見えたり，いろいろな周波数帯に，2.4.4 節で述べた準周期的変動が出現したりすることもある．

速い変動の原因は，まだ十分に理解できてはいない．$10\,M_\odot$ のブラックホールから半径 $10R_{\rm S}$ のところでは，円盤のケプラー回転の周期はわずか 25 ミリ秒であり，それに比べると，パワースペクトルの折れ曲がる特徴的な時定数は，3桁ちかくも長い．図 2.25（左）のように，ランダムな変動はハード状態で顕著に

[*28] 雑音をフーリエパワースペクトルに分解したとき，高周波に向けて減衰する成分を赤色雑音，すべての周波数に一様に現れる成分を白色雑音と呼ぶ．

なり，そのとき円盤は光学的に薄く幾何学的に厚い（2.5.2 節）と考えられるので，円盤内部でのさまざまな乱流状態が，X 線の変動として現れているのかもしれない．最近ではいくつかのブラックホール連星から，可視光や赤外線などでも，X 線の変動によく似た速い変動が検出され始めている．これらは光学的に薄い降着円盤の中で，高温の電子が出すサイクロトロン放射かもしれない．

2.5.6　ブラックホール連星の形成過程

　中性子星やブラックホールは，大質量星の超新星爆発で中心部が重力崩壊した産物で，残されたブラックホールは星の放出物を捕獲して X 線を放射すると期待される．ところが「チャンドラ」の探査で，いろいろな超新星残骸の中心に発見された微弱な X 線源たちは，中性子星ばかりで，ブラックホールは見つかっていない．この謎は未解決で，たとえば星の中心部がブラックホールへ崩壊しても，外層部が放出されない場合（超新星残骸がない）があるのかもしれない．

　ブラックホールの親星は，若い種族に属する，大質量で短寿命の星のはずである．ところが既知のブラックホール連星（図 1.15）は，はくちょう座 X-1,LMC X-1, LMC X-3 の三つを除き，小質量（$< 1\,M_\odot$）で長寿命の，古い種族の星と連星をなしている．ブラックホールの親星が初めから，古い種族の星と連星を組む可能性は低い．とすると，大質量星どうしの連星が質量交換を行い，重くなった方が先に重力崩壊しブラックホールとなり，相手は軽くなったという可能性がある．しかし既知のブラックホール連星は，さほど強い銀河面への集中は示さないので，この可能性も高いとはいえない．別の可能性として，単独のブラックホールが潮汐力で小質量星を捕獲し，連星系をつくった，という説明が考えられる．しかし星の密度が高くて捕獲の確率の高いはずの球状星団の中には，多くの中性子星連星は見つかっているが，これまでブラックホール連星は一つも発見されていない．このようにブラックホール連星の形成は，十分に理解できたわけではなく，今後の解明が待たれる．

2.5.7　ブラックホールの X 線トランジェント

　図 1.15 に示したブラックホール連星は，はくちょう座 X-1, LMC X-1,LMC X-3 など少数例を除き，通常は X 線をほとんど放射せず，数年ないし数十

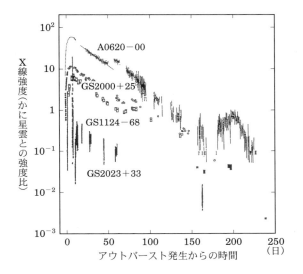

図 **2.26** ブラックホールを含む X 線トランジェント（X 線新星）の X 線光度曲線．「ぎんが」などで測定されたもの (Tanaka 1992, in Ginga Memorial Symposium, *ISAS*, p.19 より転載)．

年ごとに X 線で数千倍から数万倍も明るくなり，その照り返しで可視光でも増光する「突発（トランジェント）天体」である．図 2.26 に，その数例を示す．

X 線トランジェント天体の出現頻度から推定すると，銀河系にはざっと 1000 個程度のブラックホール連星が存在し，その大部分が休眠状態にあると考えられる．じっさい国際宇宙ステーション日本実験棟「きぼう」の船外実験プラットフォームに搭載された日本の全天 X 線監視装置「MAXI」は，2009 年の観測開始から 2023 年までに，15 例（不確かなものを含めると 18 例）ものトランジェント型ブラックホール連星を新たに発見し，既知のブラックホール連星たちの再帰も，約 25 回ほど検出した[29]．こうした現象は，相手の星からの物質が降着円盤の周辺に蓄積され，ある段階で不安定性が起きて一気に降着が起きるとして説明できる（2.2.6 節）．ブラックホール連星に比べ，中性子星連星がトランジェ

---

[29] 同一天体が複数回の増光をしたものは重複して数えている．

86 第 2 章 高密度天体への物質降着と進化

ントになりにくいのは，中性子星の表面からの放射が円盤を暖めてガスをつねに
電離させ，円盤の熱的不安定性を抑えるためかもしれない．

2.6 大質量ブラックホールへの質量降着

大質量ブラックホールは多くの銀河の中心に存在する．そこに質量が降着す
ると，明るく輝く活動銀河核になる（1.3.4 節）．その X 線強度は 10^{34}–10^{40} W
にもなり，母銀河の全波長の光度すらしのぐものもある．この節では近傍の活動
銀河核を例にとり，その周辺の物質分布や空間構造と関連させながら，大質量ブ
ラックホールへの質量降着現象を概観する．

2.6.1 1型セイファート銀河

セイファート銀河核は，我々から数千万光年と比較的近傍にも存在する活動銀
河核である．1 型と 2 型の二つに分類[*30]され，前者は銀河核からの放射に大き
な減光がないので，銀河核の中心部分の特徴を調べるのに適している．1 型セイ
ファート銀河核の X 線光度は 10^{34}–10^{37} W である．スペクトルはエネルギー
（E）のべき関数（$E^{-\alpha}$, $\alpha = 1.9$）で表すことができ，α の天体ごとのばらつき
は 0.1 と小さい．このべき関数は数十 keV から数百 keV で折れ曲がりを持ち，
この成分以外に銀河核の構造を反映した，いくつかの成分が付け加わる．

図 2.27（上）は，「ぎんが」で観測した 1 型セイファート銀河 12 個を集め，
それを平均したものである．X 線衛星「あすか」と「すざく」等の結果も総合す
ると，1 型セイファート銀河からの放射成分は次のようになる．

（i） エネルギー（E）のべき関数（$E^{-\alpha}$）で特徴づけられる連続成分．

（ii） 数 keV 以上で見られる高エネルギー側の連続成分（反射成分）．

（iii） 低電離した鉄元素からの輝線．

（iv） 2 keV 以下の低エネルギー側で見られる超過成分．

成分（ii）は，成分（i）が光学的に厚い低温物質によって反射されたものであ
る（反射成分）．X 線が物質の中に入ると，一部は原子に光電吸収されるが，吸

[*30] セイファート銀河や活動銀河核の型を，ローマ数字（I, II）で表すこともあるが，1 型と 2 型の
中間の型（たとえば，1.8 型等）が見つかったため，アラビア数字（1, 2）を使う場合が多くなった．

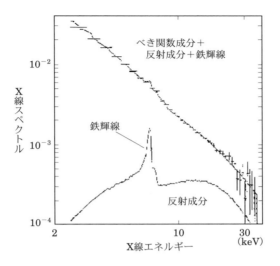

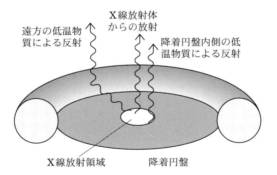

図 2.27 1型セイファート銀河の平均 X 線スペクトル（上）と放射領域の概念図（下）．平均 X 線スペクトルの中に占める鉄輝線と反射成分のスペクトルを図示してある（Pounds et al. 1990, *Nature*, 344, 132）．Copyright© 1990, Nature Publishing Group

収されずに，散乱されて出てきたものが反射成分である．散乱の確率はエネルギーに依存しないトムソン散乱の断面積でほぼ決まる．しかし，吸収の確率はエネルギーに大きく依存し，低エネルギー側で大きい．このため，エネルギーの低いX線ほど吸収されやすく，反射成分のスペクトルは図中のような形状になる．

原子はX線を光電吸収すると，内殻電子を空席にする．その席に外殻電子が落ち込み，ある確率（蛍光収率）で蛍光X線が放射される．この蛍光収率は原子番号が大きいほど高い．また鉄元素は宇宙元素組成量が大きいため，それからの輝線が目立つ．これが成分（iii）である．鉄輝線の中心エネルギーはほぼ6.4 keVであり，低電離の鉄原子から放射されている．強度は等価幅*31にして100–200 eVであり，大量の低温物質がX線放射体を大きく覆っていることを示唆する．この輝線は本来単色であるが，輝線を放射している物質の運動やブラックホールの重力場等によってその形状が変化するので，輝線の形状を調べることで低温物質の存在場所が推定できる．

「あすか」，「チャンドラ」，「XMM-Newton」，「すざく」などのX線衛星は，強い重力場によって輝線の形状が非対称にゆがめられた鉄輝線（2.6.5節）と幅の狭い（半値幅 2000–10000 km^{-1}）鉄輝線を発見し，低温物質がブラックホールのごく近傍と 0.1 pc またはそれ以上離れた場所に大量に存在していることを明らかにした．図 2.27（下）に概念図を示す．

成分（iv）の起源については，降着円盤からの黒体放射が，円盤表面付近の温度 100 万度程度のガスで逆コンプトン散乱されている説（warn corona 説）などが考えられている．

放射以外にも，視線方向にある高電離した酸素（O VII, O VIII）*32などによる吸収構造が見つかっている．中心からの強い放射によって電離した周辺の原子による吸収と考えられる．したがって，「暖かい吸収体（Warm Absorber）」と呼んでいる．中には，高電離した鉄（Fe XXV, Fe XXVI）*33による吸収線が大きく青方偏移して見られるものもあり，光速の 3–30% にも達する速度で物質が噴出していることを示している．そのような吸収体を「超高速アウトフロー

---

*31 輝線や吸収線の強度を，そのエネルギーでの連続成分の強度比で表したもの．

*32 O VII, O VIII はそれぞれ 6, 7 階電離の酸素原子を表す．

*33 Fe XXV, Fe XXVI はそれぞれ，24, 25 階電離の鉄原子を表す．

（Ultra-Fast Outflow）」と呼んでいる（3.1.7 節）[34].

2.6.2　2 型セイファート銀河

　2 型セイファート銀河は，可視分光観測で幅の狭い輝線のみが検出されるセイファート銀河である．軟 X 線帯で 1 型セイファート銀河核に比べ，1 桁以上暗い．粟木久光らは透過力の優れた高エネルギー X 線を「ぎんが」で観測し，2 型セイファート銀河，Mkn 3 から濃い物質によって隠された明るい銀河核を発見した．その X 線光度 2×10^{36} W は 1 型セイファート銀河とほぼ同じである．そのような明るい銀河核が，水素の柱密度[35]で $7 \times 10^{27} \mathrm{m}^{-2}$ にもなる濃い物質によって隠されていたのである．見かけ上のスペクトルのべき α は 1.5 と小さいが，これは 1 型セイファート銀河で見られた成分（i）が減光により小さくなり，高エネルギー側で強度の大きい成分（ii）が相対的に目立ったためである．さらに非常に強い鉄輝線（成分（iii））も検出された．濃い物質が視線方向だけでなく，X 線の放射領域周辺を覆うように存在していることを表している．

　その後の「あすか」による 0.5–10 keV の広帯域分光観測で，吸収を受けた銀河核の観測例がさらに増え，2 型セイファート銀河が隠された銀河核を持っているという描像が確立してきた．この描像に従えば，中心核からの強い放射場によって光電離したプラズマが周辺に存在するはずである．「あすか」は微弱な軟 X 線成分の分光観測に成功し，中心核からの X 線がこのプラズマによって散乱された様子を浮かび上がらせた．

　図 2.28（上）は「すざく」がとらえた Mkn 3 の X 線スペクトルである．吸収を受けた成分に加え，反射成分，光電離したプラズマによる散乱成分と，それを起源とする高電離元素からの輝線が検出されている．これらの成分を同時にとらえたのは「すざく」が初めてで，X 線スペクトルから 2 型セイファート銀河核の構造を明らかにした（図 2.28（下））．

　さらに $1.5 \times 10^{28} \mathrm{m}^{-2}$ を超えるような，吸収体を持つ 2 型セイファート銀河も存在する．この量になるとコンプトン散乱により 10 keV 以下の X 線は透過で

---

[34]　アウトフローについては第 3 章で詳しく論じる.

[35]　ある方向の物質量を単位面積を底面とした仮想的な柱の中に入る水素原子の個数．標準的な単位は m^{-2} である.

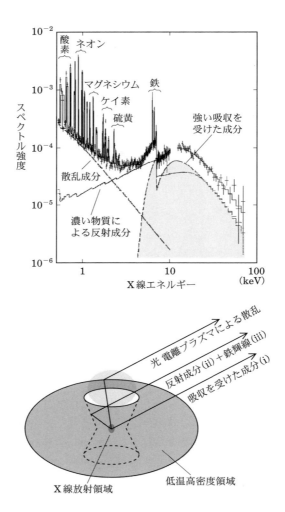

図 2.28 「すざく」による 2 型セイファート銀河 Mkn 3 の X 線スペクトル（上）と 2 型セイファート銀河からの X 線放射の概念図（下）.

きなくなるので「コンプトン厚（Compton Thick）」天体と呼び，この値より柱密度の小さい天体を「コンプトン薄（Compton Thin）」天体と呼ぶ．「コンプトン厚」天体の 10 keV 以下の X 線には，銀河核からの直接放射（成分 (i)）はほとんどなく，その他の成分が目立つ．特に等価幅 1 keV 以上の非常に強い鉄輝線が検出される．

どのような天体が「コンプトン厚」になるのであろうか？　この問題は活動銀河核の構造や進化，さらには宇宙 X 線背景放射（2.7.3 節）を説明する上でも重要である．これまで知られている「コンプトン厚」天体には NGC 1068, コンパス座銀河，NGC 4945, NGC 6240 など活発な星生成活動を伴っているものが多い．また，「コンプトン厚」から「薄」状態に数年間で変化する 2 型セイファート銀河（NGC 6300, Mkn 1210 など）も発見され，吸収物質の構造が単純ではないことも分かってきた．いずれにせよ「コンプトン厚」天体の観測例はまだ少なく，謎の多い天体である．

2.6.3　狭輝線 1 型セイファート銀河

1 型セイファート銀河のうち Hβ 線[*36]の輝線幅が通常より狭く 2000 km s^{-1} 以下のグループを狭輝線 1 型セイファート銀河という．これらは [O III]λ5007[*37] と Hβ の強度比（[O III]λ5007/Hβ）が 3 以下，強い Fe II 輝線を持つ，等の特徴がある．この銀河の 2–10 keV 領域の X 線スペクトルも $E^{-\alpha}$ で表すことができるが，α は 2.2 であり，1 型セイファート銀河に比べて有意に大きい．1 keV 以下のエネルギー帯の超過が検出されており，そのスペクトルを黒体放射モデルで再現すると温度は約 100 万度になる．また通常の 1 型セイファート銀河に比べて速い時間変動があり，わずか数百秒の間に強度が 2 倍も変化することもある．このような短時間で強度が変動することから，中心のブラックホール質量は小さいと予想される．じっさい，可視光を用いた推定で，1 型セイファート銀河に比べてブラックホール質量が小さい傾向があることがわかっている．狭輝線 1 型セイファート銀河の降着率とエディントン限界光度をつくる降着率 $\dot{M}_{\rm E}(\equiv$

[*36]　水素元素のバルマー系列の一つ．主量子数 $n = 2$ と $n = 4$ の遷移．

[*37]　O III は 2 階電離酸素イオンを表し，[ ] は禁制線（禁制遷移に伴って放射される輝線．第 4 巻 4.3.1 節に詳しい説明がある）を示す．λ5007 は波長（500.7 nm）を表す．

$L_E/(\eta c^2)$ との比は 0.3 以上になり，セイファート銀河よりも大きい．狭輝線 1型セイファート銀河では，降着可能な限界に近い大量の物質がブラックホールへ落ち込んでおり，そのブラックホールの質量が現在小さいこともあわせると，ブラックホールが成長途中にあるといえる．

2.6.4　X 線光度の時間変動

活動銀河核の X 線は短時間で強度変動する．図 2.29（上）は，「あすか」と「RXTE」で観測した活動銀河核 MCG–6-30-15 の X 線強度変動である．約 1時間程度（図 2.29 の横軸で $\leqq 10^5$ 秒）で強度が 2 倍変化している．このように短い時間での強度変化は他の波長では見つかっていない．情報の伝達速度の上限は光速だから，強度変動の時間とエネルギーを放射する領域の大きさには次の関係がある．

$$\text{放射領域の大きさ} < \text{光速} \times \text{変動の時間} \tag{2.19}$$

光速で 1 時間に進む距離はおよそ 1×10^{12} m，太陽から木星と土星の中間の距離に相当する．つまり MCG–6-30-15 の X 線放射領域は太陽系よりも小さいことが分かる．この観測事実は，活動銀河核のエネルギー源は大質量ブラックホールに物質が降着するときに解放される重力エネルギーであるという考えを支持している．

時間変動を定量化するパラメータには，X 線強度の分散を平均強度の 2 乗で割った規格化分散（σ_{rms}^2）と，時間変動曲線をフーリエ変換し，周波数ごとの変動の強度を示したパワー密度がある（2.5.5 節参照）．通常，このパワー密度を平均強度の 2 乗で割ったものが使われる．図 2.29（下）は MCG–6-30-15 の X 線強度のパワースペクトルである．これは振動数 f に対し $1/f^\beta$（$\beta = 1.5$–2.0）の形をしており，低周波数側で折れ曲がっている．$1/f$ は，我々の身のまわりの自然界でも，よく見られる変動のパターンである．また図 2.25 の恒星質量ブラックホールの時間変動パターンと酷似している．この形の変動がどうして生じるのか，いまだ明らかになっていないが，磁場活動がこの変動に寄与している可能性が指摘されている（2.2 節参照）．

一方，パワースペクトルの形（たとえば，折れ曲がりが生じている周波数）や変動の大きさ（たとえば同じ σ_{rms}^2 を与える周波数）から，ブラックホールの質

2.6 大質量ブラックホールへの質量降着　93

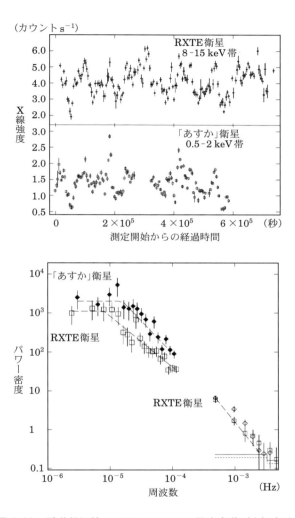

図 2.29 活動銀河核 MCG–6-30-15 の強度変動（上）とそのパワー密度（下）．パワー密度は平均強度の 2 乗で割ってある（Nowak & Chiang 2000, *ApJ* (Letters), 531, L13 より転載）．

94 第 2 章 高密度天体への物質降着と進化

量を推定することが試みられている．これはブラックホール質量がそれらの値の
大きさに比例しており，X 線の放射領域がブラックホールの近傍であるという考
えに基づいている．この手法は，他のブラックホール質量の推定法と 1 桁程度の
範囲内で一致している．

2.6.5　膨大なエネルギーをつくる

活動銀河核は，太陽系ほどの大きさから，銀河全体に匹敵するほどの莫大なエ
ネルギーを放射していることが分かった．中心にブラックホールを考えること
でこれが可能だろうか？　2.2.3 節で述べたように，円盤光度はおよそ $L_{disk} = \eta \dot{M} c^2$ ($\eta \sim 0.1$) と書ける．一つの銀河と同程度の明るさで輝くには，ブラック
ホールに毎秒 4.3×10^{21} kg の物質が降着すればよい．この量は 1 時間に地球 2.6
個がブラックホールに飲み込まれることに相当する．太陽の 1 億倍の質量を持つ
大質量ブラックホールのシュバルツシルト半径は 2.95×10^8 $(M_{BH}/10^8 \, M_\odot)$ km
となり，太陽–火星間の 1.3 倍の距離に相当する．時間変動から予想される放射
領域の大きさと矛盾しない．

このように活動銀河核の活動源としてブラックホールを考えると都合はよい
が，ブラックホール存在の証拠はあるのであろうか？　ブラックホールは強い重
力場を持っているため，周辺から出る光子のエネルギーは低い方に移動する．重
力赤方偏移である（1.3.1 節参照）．田中靖郎らは，「あすか」を使い活動銀河核
から出る鉄の特性 X 線を観測し，低エネルギー側にずれた幅の広い輝線を検出
した．図 2.30 は「すざく」が捉えた 1 型セイファート銀河 MCG–6-30-15 の鉄
輝線である．鉄輝線は非対称な形をしており，かつ低エネルギー側に裾を引いて
いる．この裾は重力赤方偏移によって生じたものかもしれない．もしそうなら，
この裾の位置から降着円盤がどれくらいブラックホールの近傍にまで迫っている
かが分かる．そしてこの降着円盤の内縁半径とブラックホールのスピンとの密接
な関係が分かる（2.2.3 節，2.5.3 節参照[38]）．

---

[38] 図 2.30 などの結果から，多くの大質量ブラックホールが最大値に近いスピンを持つとする学
説もあるが，必ずしも確立されたものではない．

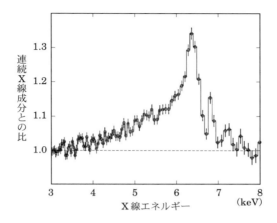

図 **2.30** 「すざく」で観測した 1 型セイファート銀河 MCG–6–30-15 の鉄輝線（Miniutti *et al.* 2007, *PASJ*, 59, S315 より転載）.

2.6.6 放射のメカニズム

活動銀河核からの高エネルギー領域で連続放射成分の物理過程にはおもに次の三つが考えられている.

(1) 高エネルギー電子の制動放射（核子と電子の相互作用）.

(2) 高エネルギー電子と磁場の相互作用によるシンクロトロン放射（磁場と電子の相互作用）.

(3) 低エネルギー光子が, 高エネルギー電子と逆コンプトン散乱した放射（光子と電子の相互作用）.

電波の弱い活動銀河核の場合, (3) の放射が X 線の領域で主となる. 低エネルギー光子が複数回逆コンプトン散乱することで, X 線光子になる. $\gamma m_e c^2$ のエネルギーを持つ電子に低エネルギー光子が 1 回散乱した場合, 光子に移る平均エネルギーは約 γ^2 倍である. ここで, $m_e c^2$ は電子の静止質量エネルギー, γ はローレンツ因子[39]である. 熱的な分布を持つ高エネルギー電子がブラックホー

---

[39] 光速 (c) に近い速度 (v) の運動体に関わる時間と空間の相対論的変換因子. $\beta = v/c$ とすると $\gamma = 1/\sqrt{1-\beta^2}$ である. 本書では, マクロな物体には Γ, 電子や陽子などミクロな粒子には γ を用いる.

ルの近傍に存在すると仮定しよう．低エネルギー光子がこの電子と逆コンプトン
散乱する場合，散乱後に出てくる放射は電子温度と散乱回数の積で決まる．その
結果，放射のスペクトルは電子温度で折れ曲がりを持つべき関数となる．このモ
デルは観測結果をうまく説明する．

2.7 活動銀河核とX線背景放射

2.7.1 ブラックホールと銀河の共進化

おもに1990年代以降，大型地上望遠鏡やハッブル宇宙望遠鏡の観測により，
近傍銀河の中心パーセクスケールでの星やガスの速度場が測定されるようになっ
た．その結果，ほとんどの銀河の中心には大質量ブラックホール[40]が存在し，
その質量が銀河バルジ成分（楕円銀河の場合は銀河全体）の光度や質量とよい相
関を持つことが明らかになってきた．

1998年，マゴリアン（J. Magorrian）らは，近傍銀河36天体の観測データ
に対して簡単な力学モデルを適用し，大質量ブラックホールの質量（M_{BH}）と
バルジ成分の質量（M_{bulge}）がほぼ比例していることを報告した．2000年，
フェラレーゼ（L. Ferrarese）とメリット（D. Meritt），およびゲプハルト（K.
Gebhardt）らの2チームは，大質量ブラックホールの質量と星の視線方向の
速度分散（σ）との間に，より強い相関があることを見つけた（M_{BH}–σ関係）．
コーメンディ（J. Kormendy）とホー（L. Ho）らによる最新のキャリブレー
ションによると，銀河バルジ質量$M_{bulge} = 10^{11} M_\odot$における$M_{BH}/M_{bulge}$比
は，およそ1/200である（図2.31）．なお，大質量ブラックホールの質量と銀河
円盤成分の質量との間には相関は見られない．

この事実は，過去においてブラックホール形成と銀河バルジ形成が，密接に関
係して起こったこと（ブラックホールと銀河の共進化）を強く示唆する．空間ス
ケールにしておよそ10桁も小さいブラックホールが，母銀河の成長に重要な影
響を与えている可能性が高いことは，非常に興味深い．大質量ブラックホールの
形成史の解明は，銀河形成の全体像を理解するうえで欠かすことのできない，現
代天文学に課された重要課題の一つである．

---

[40] 1990年代に出版された論文では，まだブラックホールと結論づける証拠が不十分であるとい
う理由で，「重くて暗い天体」（Massive Dark Object）と呼ばれている場合もある．

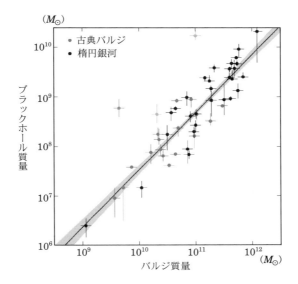

図 **2.31** 近傍銀河におけるバルジ質量と銀河中心ブラックホール質量との相関(Kormendy and Ho 2013, *Annual Review of Astronomy and Astrophysics*, 51, 511 より転載).

2.7.2 活動銀河核の宇宙論的意義

活動銀河核(AGN)とは銀河中心ブラックホールへの降着現象であり,その光度は質量降着率を反映する.質量降着の結果ブラックホール質量は増加する.活動銀河核の数が赤方偏移パラメータ (z)[*41]とともにどのように変化してきたか,それは質量降着による大質量ブラックホール成長史を解き明かすことである.活動銀河核は強いX線源であり,硬X線観測は,塵やガスに埋もれた活動銀河核を探し出すために非常に強力な手段となる(2.6節).宇宙に存在するすべての活動銀河核からのX線放射の総和は,2.7.3節で述べるX線背景放射(X-Ray Background あるいは Cosmic X-Ray Background)として観測される.X線背景放射の起源を理解することは,構成する活動銀河核の宇宙論的進化を知ることである.

[*41] 光の波長の赤方偏移の割合を示し,赤方偏移 z の天体観測は,宇宙が現在の大きさの $1/(1+z)$ だったころの天体を見ていることに相当する.

2.7.3 X線背景放射

X線天文学の幕開けとなったジャコーニ（R. Giacconi）らによる 1962 年の
ロケット実験は，X線で空がほぼ一様に明るく光っていることを発見した．これ
をX線背景放射と呼ぶ．X線背景放射の強度は非常に大きく，全天からの総放
射強度は銀河系内天体からのX線強度の総和の 10 倍にも達する．2 keV 以上で
見たX線背景放射の強度分布は，銀河面付近を除けばきわめて一様である．こ
の等方性は，X線背景放射が銀河系外起源であることを意味する[*42]．

マーシャル（F. Marshall）らはX線衛星「HEAO-1」を用いてX線背景放射
のスペクトルの形を 3–100 keV の範囲で精度よく測定し，その形が 40 keV の光
学的に薄いプラズマからの熱的制動放射に酷似していることを発見した．そのた
めX線背景放射の起源を，宇宙を一様に満たす温度 40 keV のプラズマとする
説が提案された．「HEAO-1」の観測結果を図 2.32 に示す．ところが，マザー
（J.C. Mather）らは宇宙背景放射観測衛星「COBE」を用いて宇宙マイクロ波
背景放射[*43]を精密測定し，そのスペクトルは 2.7 K の黒体放射に一致すること
を確定した．もしX線背景放射が高温プラズマによるものなら，プラズマ中の
高速電子による逆コンプトン散乱で宇宙マイクロ波背景放射の黒体放射スペクト
ルはゆがむはずである（スニヤエフ–ゼルドビッチ効果という）．こうして高温
プラズマ説は否定され，X線背景放射は個々のX線源の重ね合わせとする説が
有力になった．

図 2.33 は，それぞれアメリカの「チャンドラ」および欧州の「XMM-Newton」
で撮像された，ハッブルディープフィールド北およびロックマンホール領域のX
線画像である．ここではX線背景放射の大部分が個々のX線源に分解されて見
えている．現存するもっとも深いX線広域探査観測で検出されたX線源（その
約半数は活動銀河核）の空間数密度は $\approx 50500\,\mathrm{deg}^{-2}$ に達する．

[*42] 2 keV 以下になると，この等方的な成分に加え，銀河系内に存在する高温プラズマからの放射
の影響が無視できなくなる．

[*43] 宇宙背景放射ともいう．3 K （正確には 2.7 K）の黒体放射のスペクトルを持つので，
3 K (2.7 K) 放射ともいう．

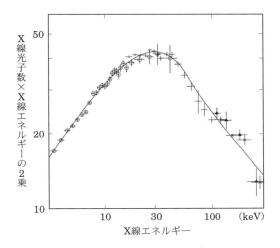

図 **2.32** X線背景放射のエネルギースペクトル (Gruber *et al.* 1999, *ApJ*, 520, 124 より転載).

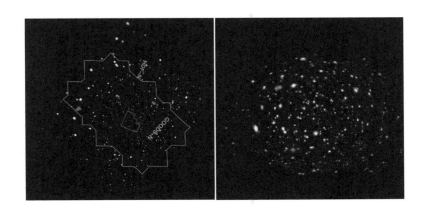

図 **2.33** (左) ハッブルディープフィールド北領域の「チャンドラ」による X 線画像, (右) ロックマンホール領域の「XMM-Newton」による X 線画像 (口絵4参照, Brandt & Hasinger 2005, *Ann. Rev. Astr. Ap.*, 43, 827 より転載).

2.7.4 銀河系外 X 線広域探査の歴史

X 線背景放射の起源を解明し，それを構成する X 線源の宇宙論的進化を知るには，まず X 線で広く天空を観測する．次に X 線背景放射を個々の X 線源の放射に空間的に分解し，それら X 線源を一つひとつ可視光などで追加観測してその性質（種族や赤方偏移）を決定する．X 線強度に対して，それより明るい天体の表面数密度を両対数で表示した関係を $\log N$–$\log S$ 関係（いわゆる「数かぞえ」）と呼ぶ．検出感度が向上するほど，より表面密度の大きな，暗い X 線源まで検出できるようになり，X 線背景放射の強度のうち個々の X 線源の和として説明できる割合（分解された割合）が増える．

おもに技術的な理由により，X 線広域探査はまず軟 X 線において大きく進展した．ジャコーニらはアメリカの「アインシュタイン」を，ハージンガー（G. Hasinger）らはドイツの X 線衛星「ROSAT」を用いて軟 X 線バンド（3 keV 以下）で深い観測を行い，それぞれ軟 X 線背景放射の 35%, 80% 近くを個々の X 線源に分解した．シュミット（M. Schmidt）らはロックマンホール領域で見つかった軟 X 線源を光学同定し，それらの大部分が 1 型活動銀河核であることを明らかにした．明るい X 線源では銀河系内の星や銀河団の寄与も無視できない．

これらの軟 X 線だけで X 線背景放射の謎が解かれたわけではない．図 2.32 に示したように，X 線背景放射のスペクトルエネルギー分布はおよそ 30 keV に強度ピークを持ち，2 keV 以上の硬 X 線帯における放射（硬 X 線背景放射）がその大部分のエネルギーを占めている．2–10 keV の範囲での単位エネルギーあたりの光子数は指数 1.4 （式（2.14））のべき関数で近似される．いっぽう X 線衛星「EXOSAT」や「ぎんが」などによる明るい 1 型活動銀河核の観測では 2–10 keV 帯域での X 線スペクトルは X 線背景放射のそれよりずっと軟らかく，光子指数が 1.7–2.0 程度であることが分かった．つまり，この種族の足し合わせで，X 線背景放射の主要成分である硬 X 線背景放射の起源を説明することは不可能である．これをスペクトル・パラドックスと呼ぶ．X 線背景放射を再現するには 1 型活動銀河核よりも硬いスペクトルを持つ X 線源が必要である．

粟木久光らは「ぎんが」を用いて近傍の 2 型セイファート銀河から大きな吸収を受けた X 線スペクトルを検出し，2 型の活動銀河核が X 線背景放射に寄与している可能性を示した．コマストリ（A. Comastri）らのモデル計算によると，

X線背景放射のスペクトルを説明するためには，いままでに知られていた1型活動銀河核よりもずっと多く2型活動銀河核が存在しなければならない．

これら吸収を受けたX線源を検出するために，硬X線バンドでより感度の高い観測が必要である．「あすか」は，多重薄板型X線反射鏡を採用し，2–10 keVのエネルギー範囲で撮像能力を有した世界初のX線天文衛星であり，以前のX線衛星「HEAO-1」の3桁上の検出感度を持つ．上田佳宏らは「あすか」を用い2 keV以上のバンドで撮像観測を行い，その30%をX線源に分解することに成功し，同時に，X線背景放射の主要な構成要素と考えられる硬いX線スペクトルを持つ種族を発見した．秋山正幸らは光学観測から，それらがおもに近傍宇宙に存在する2型活動銀河核であることを明らかにした．

その後，「チャンドラ」，「XMM-Newton」は「あすか」の2桁上回る感度で観測を行い，「あすか」で分解できなかった残りの硬X線背景放射（2–8 keV）についても，その大部分を個々のX線源に分解することに成功した．一部のX線源については，可視光では非常に暗いため分光による同定は難航しているが，本質的には，X線背景放射が吸収を受けていない活動銀河核（1型活動銀河核）と吸収を受けた活動銀河核（2型活動銀河核）とで構成されている事実が確認された．

2.7.5 活動銀河核の宇宙論的進化

活動銀河核の宇宙論的進化を記述するもっとも基本的な観測量が，光度関数，すなわち活動銀河核の空間数密度を光度および赤方偏移（z）の関数として記述した量である．上田らは「Swift」，「MAXI」，「あすか」，「XMM-Newton」，「チャンドラ」，「ROSAT」によって検出された活動銀河核の硬X線光度関数の宇宙論的進化を定量的に導いた．図2.34は，1型と2型を含めた活動銀河核の空間数密度を，四つの異なる光度範囲において，赤方偏移パラメータ（z）の関数として示している．現在から過去へ時代をさかのぼっていくと，活動銀河核の数密度はほぼ $(1+z)^5$ に比例して増加していくが，ある赤方偏移で頭打ちとなる．高光度の活動銀河核（2–10 keVのX線光度にして $L_X > 10^{37}$ W）では $z \approx 2$ でピークに達するが，より低光度の活動銀河核（$L_X < 10^{37}$ W）では $z \approx 0.5$–1 で最大となり，光度が低いほどピーク赤方偏移が低いことが分かる．

一般にX線光度はブラックホール質量を反映するため，上の結果は，宇宙の

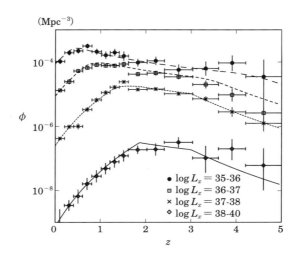

図 2.34 活動銀河核の空間数密度の赤方偏移パラメータ (z) 依存性. それぞれ図中で示した硬 X 線光度の範囲で積分したもの (X 線光度は吸収補正されている). 図中の X 線光度 L_X の単位は W (ワット) (Ueda *et al.* 2014, *ApJ*, 786, 104 より転載).

歴史において大きな質量のブラックホールほど早く形成され,小さい質量のブラックホールほど後につくられたことを示唆する.この傾向をダウンサイジング (あるいは反階層的進化) と呼ぶ.一方,宇宙の構造形成論では,小さな天体が最初に作られ,それらが合体によって徐々に大きな天体がつくられる「ボトムアップ」説が主流である.活動銀河核の進化は,ブラックホールの成長が一見,このシナリオとは逆に見えることを意味する.類似の結果が,銀河形成についても報告されている.ダウンサイジングを,星とブラックホールの共進化の観点から解明することは現代天文学に残された大きな課題である.

上田らは,1 型活動銀河核と 2 型活動銀河核の存在比を光度の関数として定量化し,吸収された活動銀河核 (2 型活動銀河核) の割合は,光度が大きくなるほど減ることを発見した.その後,リッチ (C. Ricci) らは,「Swift」による全天硬 X 線探査で見つかった活動銀河核サンプルを詳細に解析し,吸収された割合がエディントン比 (光度をエディントン限界光度で規格化した値) によって決まることを示した.これは,トーラスを構成するガスがブラックホールからの重力

圏内に存在し，中心核からの放射圧の影響を受けていることを示唆する．

吸収量の分布と，硬 X 線光度関数とを組み合わせることで，X 線背景放射のスペクトルの形を再現でき，その起源の大部分は定量的に説明がつく．光度で分けると $L_X \approx 10^{37}$ W 程度の活動銀河核が，赤方偏移で分けると $z \approx 0.8$ 程度の活動銀河核が，2–10 keV の X 線背景放射にもっとも多く寄与していることが分かった．10 keV 以上の X 線背景放射に関しては，「コンプトン厚」（2.6.2 節）になる，水素柱密度が 10^{28} m^{-2} を越える吸収を受けた活動銀河核が寄与するだろう．このような活動銀河核の宇宙論的進化を知るためには，将来の 10 keV 以上での高感度観測を待たなければならない．

2.7.6 大質量ブラックホール成長史

活動銀河核のボロメトリック光度（全波長で積分した光度）$L_{\rm bol}$ は，放射効率 η を通して質量降着率 $\dot{M}$ に

$$L_{\rm bol} = \eta \dot{M} c^2 \tag{2.20}$$

と関係づけられる（2.2.3 節）．シュバルツシルト・ブラックホールのまわりの標準降着円盤の場合，$\eta \approx 0.1$ である．質量降着率はブラックホールの質量増加率を表す．よって，光度関数を用いて単位体積あたりの全活動銀河核の光度（光度密度）が計算できると，その赤方偏移におけるブラックホール質量密度の増加率（ブラックホール成長率）が分かる．

降着質量全体には数の多い 2 型活動銀河核が大きく寄与するため，宇宙における降着史を正しく理解するには，2 型活動銀河核も含めた光度関数を用いることが本質的である．図 2.35 は，上の硬 X 線光度関数を用いて得られたブラックホール成長率を赤方偏移の関数として示す（$\eta = 0.04$ を仮定）．低赤方偏移で低光度の 2 型活動銀河核が多く存在するため，高光度の活動銀河核の数が急減する $z < 1.5$ においても，ブラックホール質量密度が増加し続ける様子が分かる．

ブラックホールと銀河の共進化を理解する上で，ブラックホール成長史と星形成史とを比較することは大変興味深い．図 2.35 の短破線は，単位体積あたりの星形成率を 0.002 倍した曲線を示す．ブラックホール成長率と星形成率の進化を比べると，ともに $z \sim 2$ にピークをもち，形がよく似ていることがわかる．このことは，ブラックホールと銀河がおおまかには共進化してきたことを裏付ける．

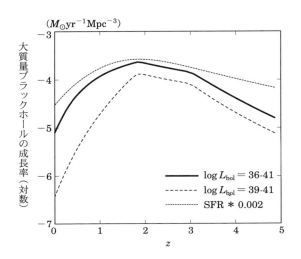

図 2.35 大質量ブラックホールの成長率(赤方偏移の関数として,ブラックホール質量密度の増加率を示したもの).実線:硬X線光度関数に基づいた計算結果.長破線:そのうち高光度の活動銀河核による寄与.図中のボロメトリック光度 L_bol の単位は W(ワット).短破線:星形成率密度を 0.002 倍したもの(Ueda 2015, Proceedings of the Japan Academy, Series B, 91, 175 より転載).

一方,$z > 3$ で両者に乖離が見られる.この原因として,(1)宇宙初期においてブラックホールは銀河と完全同時ではなく少し遅れて成長する,(2)$z > 3$ においてまだ見つかっていない深く隠された活動銀河核が多数存在する,のいずれかまたは両方の可能性が残っており,その解明には今後の研究が待たれる.

--- **X 線トモグラフィーでブラックホールを診断する** ---

　私たちは X 線の強い透過力を用いて,人体内部のいろいろな方向から透視写真をとって,たとえば癌細胞の有無,大きさや形を診断する(X 線トモグラフィー).一つの活動銀河核をいろいろな方向から X 線観測するのは不可能だが,幸い,私たちから見ていろいろな向きにいる多くの活動銀河核がある.したがってこれらの活動銀河核を系統的に観測すれば,一つの活動銀河核をいろいろな方向から観測するのと等価である.つまりガス雲や銀河本体に隠された活動銀

河核(ブラックホール)の素顔をさぐるのにX線トモグラフィーが応用できる．そのX線診断の結果，1型と2型セイファート銀河は下図のような統一的な構造を持つことが分かった．

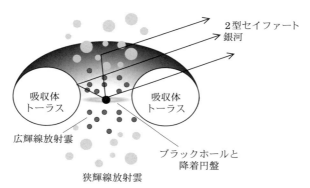

図 **2.36** 活動銀河核の中心部分とその周辺構造．1型と2型の二つのセイファート銀河は，この活動銀河核を見る方向による違いであると考えられる．上から見た場合は1型，トーラス越しに見た場合が2型である．

X線の放射領域は，太陽系程度の大きさであるが，非常に強い放射により周辺が電離され，光電離領域や輝線放射雲がつくられる．そして，この周りには降着トーラスと呼ばれる低温で光学的に厚い物質が分布している．この銀河核の中心部分を上から，あるいはトーラス越しに観測していると考えると，1型と2型セイファート銀河，それぞれの観測的特徴をうまく説明できる．この描像はクェーサーなどにも普遍化でき，1型と2型活動銀河核の統一描像が描ける．X線トモグラフィーの威力であろう．

2.8　ブラックホールシャドウの撮像

ブラックホールという特異な天体の存在を観測的に検証する上で，最も直接的な手法の一つがブラックホールシャドウの撮影である．ブラックホールは光さえ抜け出せない天体であるから，その事象の地平面内からは物質や電磁波などが一切放射されず，そのために暗黒の天体となる．このような天体を写真に撮影するには，ブラックホール周辺を飛び交う電磁波を背景として，ブラックホールを影

106 第 2 章 高密度天体への物質降着と進化

絵として浮かび上がらせればよい．このような方法で観測されるブラックホール
の影を「ブラックホールシャドウ」という．ブラックホールシャドウが撮影され
れば，ブラックホールが光さえ吸い込んでしまう暗黒の天体であることを視覚的
に示すことができ，また，ブラックホール近傍から到来する電磁波の観測からブ
ラックホール周辺の時空構造を詳しく調べることも可能となる．このような理由
から，これまで理論および観測双方からブラックホールシャドウの研究が精力的
に行われ，ついに 2019 年，国際プロジェクト Event Horizon Telescope（EHT，
世界各地のミリ波帯の電波望遠鏡を結合した地球サイズの電波干渉計，詳しくは
2.8.2 節参照）が楕円銀河 M87 の中心にある巨大ブラックホール M87*のシャ
ドウをとらえた画像を公表した[*44]．さらに 2022 年には，同プロジェクトが天の
川銀河の中心にある巨大ブラックホールいて座 A*のシャドウの写真も公開し
た．以下に，ブラックホールシャドウの撮影について背景や観測手法，意義につ
いてまとめる．

2.8.1 予想されるブラックホールシャドウの形状

自転していないシュバルツシルトブラックホールでは，シュバルツシルト半径
の 1.5 倍のところに光子の不安定円軌道が存在する．この領域から出てくる光が
重力による屈折で見かけ上拡がってリング状に見えるのが「光子リング」であ
る．光子リングの内側にブラックホールが影絵として浮かびあるというのが，ブ
ラックホールを観測した場合の基本的な予想である（図 2.37 参照）．

一般相対性理論によれば，シュバルツシルトブラックホールの場合，光子リン
グの半径 R_{pr} は解析的に

$$R_{\mathrm{pr}} = \frac{3\sqrt{3}}{2} R_{\mathrm{S}} = \frac{3\sqrt{3}\,GM}{c^2} \tag{2.21}$$

と得られる．図 2.37 に，スピンを持たない（$a = 0$）[*45]シュバルツシルトブラッ
クホールの場合，およびきわめて大きなスピン（$a = 0.998$）を持つカーブラッ

[*44] 本巻では観測の立場から，いて座 A*，M87* はともにブラックホール本体（その近辺からの
電波放射を含む）を指すと定義する．

[*45] ブラックホールの角運動量を J として（無次元）スピンパラメータは $a \equiv Jc/(GM^2)$ で定
義される．1.3.1 節の式（1.18）から $|a| < 1$ である．

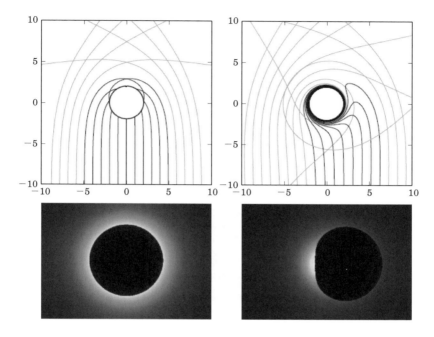

図 2.37 ブラックホール周辺の光の軌跡（上）と，ブラックホールシャドウの予想図（下）．左はスピンのないシュバルツシルトブラックホール（$a = 0$）の場合，右は $a = 0.998$ のカーブラックホールの場合に対応する．ブラックホールのスピンを大きく変えても，観測されるシャドウには非対称性にわずかな差が出る程度である．

クホールの場合について，ブラックホールの周辺での光の軌跡（上）とブラックホールシャドウの予想図（下）を示してある．この図が示すように，ブラックホール近傍を十分高い分解能で観測することができれば，光子リングを背景としてブラックホールの姿が影として浮かびあがると期待される．光子リングの見かけの大きさは式（2.21）に従ってブラックホールの質量 M に比例するので，ブラックホールシャドウの撮影からその存在が確認できるだけでなく，ブラックホールの質量を直接に求めることができる．一方，図 2.37 の右図が示すように，ブラックホールが最大自転に近い場合（$a = 0.998$）でも，回転していない場合に比べて光子リングの大きさや形の変化はたかだか 1 割程度である．つまり画

108 | 第 2 章 高密度天体への物質降着と進化

像のスピンによる依存性は大きくないので，非常に高い分解能で観測をしない限り，ブラックホールシャドウの観測からスピンを測定することは難しい．

なお，このようなブラックホールシャドウの観測を実現するためには，観測者からブラックホールの事象の地平面に至るまでの経路上が光学的に薄い状況でなければならないが，放射非効率降着流（RIAF，2.2.5 節）を持つようなブラックホールであれば，適切に観測波長を選ぶことでこれが実現可能になる（具体的にはミリ波サブミリ波帯の電波が望まれる）．もしブラックホール周辺に標準降着円盤のような光学的に厚いガスがあった場合，ガスによりブラックホールシャドウが一部または全部隠されて見た目が変わってくるので注意が必要である．

2.8.2 ブラックホールシャドウの撮影に必要な分解能と装置

地球から距離 d にあるブラックホールのシャドウの見かけの大きさ（半径）θ_{pr} は，$\theta_{pr} = R_{pr}/d$ で与えられる．具体的な撮影対象としては，なるべく θ_{pr} が大きいものが観測しやすいので，天の川銀河の中心にある巨大ブラックホールいて座 A*や，近傍で最も大きな楕円銀河である，おとめ座の楕円銀河 M87 の巨大ブラックホール M87*がその最有力候補になる．両天体の質量や距離，光子リングのサイズを表 2.4 にまとめる．表からわかるとおり，期待される光子リングの視直径は 40–50 μas 程度という非常に小さい値になる．なお，2 天体の見かけの大きさは偶然にも近い値になっているが，これは距離が約 2000 倍違うことと，質量が約 1500 倍違うことがほぼキャンセルしているからである．どちらの天体を観測するにせよ，光子リングとブラックホールのシャドウを分解して撮影するためには，光子リング半径程度かそれ以下の分解能が必要である．

一般に望遠鏡の角度分解能 θ_{res} は以下の式で表される．

$$\theta_{res} \approx \frac{\lambda}{D}. \tag{2.22}$$

表 **2.4** ブラックホールシャドウの撮像対象天体.

天体名	質量	距離	光子リング視半径[46]
いて座 A*	$4 \times 10^6 M_\odot$	8 kpc	26 μas
M87*	$6.5 \times 10^9 M_\odot$	17 Mpc	20 μas

---

[46] 1 μas $= 10^{-6}$ 秒角.

ここで λ は観測波長であり，D は望遠鏡の口径である．つまり，θ_{res} を小さくするには波長を短くすることと，望遠鏡を大きくすることが本質的である．電波干渉計の一種である超長基線干渉法（VLBI; Very Long Baseline Interferometry）用いると，D を非常に大きくとることができ，地球サイズの $10000\,km$ 規模にすることが可能である．これを望遠鏡サイズに設定すると，表 2.4 に示した光子リング半径と同程度の角度分解能 $20\,\mu as$ を得るには，波長 λ を $1\,mm$ 程度にすればよいことがわかる（$1\,mm/10000\,km \sim 10^{-10} = 20\,\mu as$）．ブラックホールの撮影を実行した EHT が，波長 $1.3\,mm$ のミリ波帯で観測を実施した最大の理由は，この分解能を達成するためにほかならない．また，$1\,mm$ 前後のミリ波・サブミリ波が観測に適切な理由は他にもあり，ブラックホールの電波スペクトルからその波長帯での光学的厚みが薄いと期待されること，さらにいて座 A*の場合には，天の川の円盤内のプラズマによる揺らぎを避ける意味でも，ミリ波帯域での観測が必要であることも，この波長を選んだ理由の一つである．

21 世紀初頭までに，いて座 A*の質量がその周囲の星の運動から正確に求まり，それによって期待されるブラックホールの大きさが表 2.4 で述べた $25\,\mu as$ 程度と得られたことで，地球規模の VLBI 観測ネットワークを構築して観測を実現しようという機運が世界中で高まった．そのような流れの中で，日本を含む国際協力で 10 年がかりで実現したのが，EHT である．EHT の 2017 年の初観測では，南米チリの ALMA 望遠鏡を含む世界 6 箇所 8 台のアンテナで VLBI 観測を実施し，最長基線 $11000\,km$ というまさに地球サイズの電波望遠鏡を VLBI の手法を用いて合成して，これまでにない最も高い角度分解能を達成した．そして詳しい解析の結果，M87*およびいて座 A*のブラックホールシャドウ撮影に成功した．

2.8.3 ブラックホールシャドウの観測結果とその意義

図 2.38 に EHT が撮影した M87*およびいて座 A*のブラックホールシャドウの写真を示す．両者に共通するのはリング状の構造の内側に暗い部分が写っていることで，リング状の部分は光子リングおよびその周辺のガスからの放射，そして，その中心の暗い部分がブラックホールシャドウである．ブラックホールの姿が影として写真にとらえられたことにより，ブラックホールが光や物質を出さない天体であることが，シュバルツシルト解の発見（1916 年）以来 100 年を経て

110 第 2 章 高密度天体への物質降着と進化

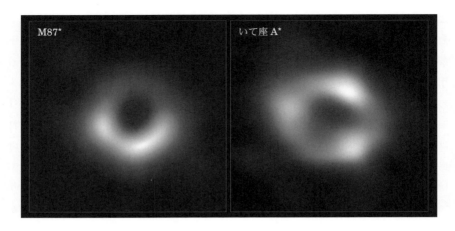

図 **2.38** EHT が撮影した M87 の中心の巨大ブラックホール M87*（左，the EHT Collaborartion 2019, *ApJL*, 875, L1）および天の川銀河の中心の巨大ブラックホールいて座 A*（右，the EHT Collaboration 2022, *ApJL*, 930, L12）．どちらもブラックホールの周辺を飛び交う電波を背景に，ブラックホールシャドウが中心部に映し出されている（裏表紙画像を参照）．

初めて視覚的に確認された．また，この二つの銀河の中心が巨大ブラックホールであると確認されたことで，20 世紀初頭の活動銀河中心核の発見以来，100 年を経て銀河の中心が巨大ブラックホールであることも視覚的に示された．

ここで，いて座 A*の写真については時間変動を平均した画像になっているため，リング状の詳細な構造の物理的解釈が難しいことに注意が必要である．実際，ブラックホールの直径に相当する距離を光が横断するのに要する時間 t_d は，

$$t_d = \frac{2R_{\rm s}}{c} = \frac{4GM}{c^3}, \tag{2.23}$$

で与えられる．この式にそれぞれのブラックホールの質量を代入すると，M87* の場合 t_d は約 1.5 日，いて座 A*の場合は約 80 秒となる．ブラックホールの周辺を周回するガスは光速の数十％程度まで加速されるので，ブラックホール周辺の輝度分布が変化する時間スケールも同程度ないしこれよりやや大きい値になる．

一方，VLBI を含む電波干渉計では，一枚の写真を撮影するために対象天体を 8–10 時間程度観測し，地球回転で基線が変化することも活用して画像を得てい

る．その際，M87*の場合には天体の構造は観測時間内で一定であるとみなせるが，いて座 A*の場合は観測時間内にブラックホール周辺のガスが何周も運動することになるため，激しくぶれた画像になってしまう．図 2.38 のいて座 A*の画像はまさにこのような画像であり，8 時間程度で時間平均した，ぶれた写真になっている．しかし，ガスの動きによらず，光子リングに対応する場所は明るくなり，また中心のブラックホールから光が放射されないという事実も不変のため，このようなブラックホールシャドウの写真を得ることができるのである．

　すでに述べたように，リングの見かけの大きさはスピンへの依存性が弱くほぼ質量のみによって決まるので，リングのサイズ測定からブラックホールの質量を測定することができる．このような方法で得られた M87*といて座 A*の質量はそれぞれ太陽の 65 億倍，400 万倍で，その誤差は 10%程度である．M87*については，シャドウ撮影以前には，その質量について太陽の 30 億倍程度という説（中心部のガス観測による）と，60 億倍程度という説（中心部の星の観測による）が存在したが，EHT の観測によって後者が正しいと判明した．

　一方，いて座 A*については，その周囲の恒星の運動からブラックホール質量があらかじめ太陽の 400 万倍と求まっており，EHT によるリングのサイズ測定から求めた質量もこれと一致している．これは，巨大ブラックホール周辺の強重力場中でも一般相対性理論が成り立っていることを表している．ブラックホール近傍でも一般相対性理論が成り立つことはこれまで連星ブラックホールの合体からの重力波の観測でも確認されていたが，それよりも数万倍大きな質量レンジでも同様に一般相対性理論が成り立つことが，EHT の観測から改めて確認されたことになる．

　さらに，図 2.38 において電波の輝度温度（ある周波数の電波強度が，何度の黒体放射に相当するかを表す量）は最大で数十億 K と求められた．現在の段階では分解能が不足しており，光子リングとガスを分離できていないため輝度温度の精密な値は不明であるが，実際の輝度温度はこの値を超える可能性がある．この放射が熱的シンクロトロン放射だとすると，この輝度温度のオーダーは，非常に高い電子温度を持つと予想される放射非効率降着流（RIAF，2.2.5 節）の場合と合致している[*47]．一方，標準円盤（2.2.4 節）における熱的電子では上記の輝

[*47] 電波領域では自己吸収が効いてレーリー–ジーンズ放射となる（図 2.6）．

度温度を説明することは難しい．これらの事実は，M87*やいて座 A*などの低光度活動銀河核における降着流が RIAF となり，非常に高い温度を持つ，という理論的予測と一致していて，降着円盤に関してこれまでの理論研究で得られた描像を支持している．

　ブラックホールシャドウの撮影によりブラックホールの存在は確定的になった一方で，今後の課題も複数残されている．まずはブラックホール周囲の時空構造を決めるために欠かせないスピンの測定が次の重要なステップである．すでに図2.37 などで示したように，光子リングの形状へのスピンの影響は小さく，現在の分解能ではブラックホールシャドウの形状からスピンを測定することは難しい．その実現のためには，より短い波長を用いるか，あるいは人工衛星に搭載した電波望遠鏡も含めた観測を実施してより高い分解能で光子リングを観測することが必要である．また，周囲のガスの運動の精密計測など，光子リング計測以外の方法でもブラックホールのスピンを計測し，複数の方法の測定結果が一致することを確認していくことが重要である．また，シャドウ周辺の領域をさらに詳しく観測することにより，降着円盤やジェットの根元が今後の観測で検出できると期待されており，さらにモニター観測を行ってその時間変動までとらえることができれば，活動銀河核のより詳しい理解につながると期待される．

第3章

高密度天体からの質量放出

3.1　宇宙ジェットとウィンド

　ブラックホールを代表とする高密度天体の重力によって，ガス物質が引き寄せられ降着することは自然だろう．しかし，意外なことに，降着円盤や降着流をまとった降着天体は，光輝くだけではなく，しばしば外向きにガス物質の流れを引き起こしている（アウトフロー，Outflow）．ごく中心部に起源を持つ細く絞られた高速噴流を宇宙ジェット（Astrophysical Jets）と呼び，降着円盤から吹き出す流れを降着円盤風・ウィンド（Accretion Disk Winds）と呼ぶこともあるが，もとよりジェットとウィンドは不可分で不可思議な天体現象である（図 3.1）．

3.1.1　宇宙ジェットの発見

　アウトフロー全般の観測については後述するが（3.1.4–7 節），ここではまず宇宙ジェットの発見について簡単に紹介したい．「宇宙ジェット」とは，中心の天体システムから双方向に吹き出す細く絞られたガス流である．その中心には，原始星，白色矮星，中性子星やブラックホールなど重力を及ぼす天体が存在し，中

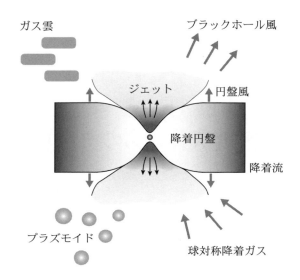

図 3.1 ブラックホール周辺環境の模式図. 中心には重力を及ぼす天体が存在し, そのまわりに降着円盤・降着流が渦巻いている. ジェットやウィンドは降着円盤に垂直な方向に吹き出している.

表 3.1 宇宙ジェットの類別.

物理量	活動銀河ジェット	系内ジェット	原始星ジェット
母天体	活動銀河核	近接連星系	原始星
中心天体	大質量ブラックホール	コンパクト天体	原始星
サイズ	数光年–数百万光年	数光年	数光年
主速度	相対論的 ($> 0.1c$)	相対論的 ($> 0.1c$)	数十–数百 $\mathrm{km\,s^{-1}}$
成分	通常プラズマ	通常プラズマ	通常ガス
	電子・陽電子プラズマ	電子・陽電子プラズマ	
例	クェーサー 3C 273	特異星 SS 433	分子流 L 1551
	電波銀河 M 87	GRS 1915+105	HH 30
	電波銀河はくちょう座 A	GRO J1655–40	おうし座 T 型星

心天体のまわりにはしばしば降着円盤が渦巻いている (図 3.2, 表 3.1).

宇宙ジェットは, クェーサーや電波銀河などのいわゆる活動銀河においてはじめて発見された. 最初の発見はかなり古く, 1918 年, おとめ座銀河団の中心に位置する巨大楕円銀河 M 87 の光学ジェットをリック天文台のカーティス (H.D.

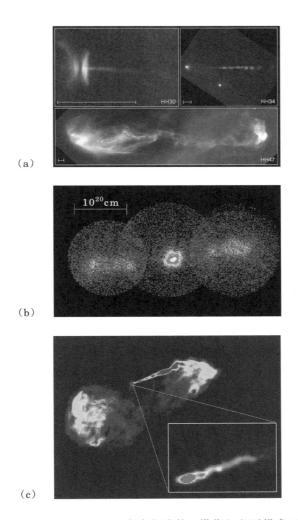

図 **3.2** (a) ハッブル宇宙望遠鏡で撮像した可視光で見た原始星ジェット (http://hubblesite.org/gallery/), (b) 「あすか」が撮像した特異星 SS 433 の相対論的ジェット (http://www-cr.scphys.kyoto-u.ac.jp/), (c) 電波干渉計で見た巨大楕円銀河 M 87 のジェット. 中心部は「はるか」衛星による (http://www.oal.ul.pt/oobservatorio/vol5/n9/M87-VLAd.jpg) (口絵 5 参照).

Curtis）が見つけている．第2次世界大戦後に電波干渉計が発明されて，1950年代に「電波ローブ」（二つ目玉電波源）が発見された．その後，大型電波干渉計VLAが稼働した1970年代末頃から，電波銀河の中心と電波ローブを結ぶ銀河間空間の細い橋「電波ビーム」が発見され，100万光年もの長さにわたって銀河間の虚空に伸びる「活動銀河ジェット（AGN Jets）」の全体像が明らかになった．

　銀河系内では，電波観測によって，さそり座X-1やみずがめ座R星などでジェットが発見されていたが（1970年頃），1978年にマーゴン（B. Margon）らによって発見されたSS 433の詳細な解析によって，一挙に観測的・物理的な理解が進んだ．SS 433は通常の恒星とおそらくブラックホールからなる近接連星系で，ブラックホール周辺の超臨界降着円盤から吹き出すジェットの速度は光速の26%にもなる．他のブラックホール連星でもジェットが見つかっている（マイクロクェーサー（Microquasar），3.1.4節）．また，激変星や超軟X線源など，白色矮星を含む近接連星系でも，$3000\,\mathrm{km\,s^{-1}}$ から $5000\,\mathrm{km\,s^{-1}}$（白色矮星の脱出速度程度）の速度のアウトフローが見つかっている．銀河系内の高密度星を含む近接連星系から噴出するジェットを「系内ジェット（Galactic Jets）」と呼ぶ．

　一方，スネル（R.L. Snell）らにより，おうし座分子雲中に双極流天体L 1551が発見された．根元には，原始星と考えられる赤外線源IRS 5が存在している．原始星近傍から双方向に流れ出る高速ガス流が「原始星ジェット（Protostellar Jets）」で，ミリ波COスペクトル観測などによって，数多く発見されている．

　最後に，ガンマ線バーストは，核実験探知衛星「VELA」により1960年代に発見された．1991年に軌道投入されたガンマ線観測衛星「CGRO」（Compton Gamma-Ray Observatory）によって詳細な研究が始まり，1997年になって，X線，可視光や電波の領域で残光を伴っていることが発見された．このガンマ線バーストも相対論的高温プラズマジェットだと推測されている（第5章参照）．

　なお，ジェットほど顕著な姿は見せていないが，分光観測などから，さまざまな活動天体からのアウトフロー「ウィンド」も数多く検出されている．アウトフロー天体の例を表3.2に示しておく．

3.1.2　宇宙ジェットとウィンドの特徴

　宇宙ジェットに代表される天体アウトフローは，天体のさまざまな階層に存在し多岐にわたっているが，その特徴には共通点も相違点もある．

表 3.2 宇宙ジェット・ウィンド天体の例.

名前	距離 [kpc]	光度 [W]	速度	特徴 †	中心 ††
RX J0513.9–6951	50	10^{31}	$3800\,\mathrm{km\,s^{-1}}$	超軟 X 線源	WD
RX J0019.8+2156	2	10^{30}	$815\,\mathrm{km\,s^{-1}}$	超軟 X 線源	WD
Sco X-1	0.5	10^{30}		電波ジェット	NS
Cir X-1	6.5	10^{31}		電波ジェット	NS
Cyg X-3	8.5	10^{30}	$0.3c$		?
SS 433	4.85	$10^{32\text{–}33}$	$0.26c$	歳差ジェット	BH?
1E 1740.7–2942	8.5	3×10^{30}	$0.27c$?	$e^{\pm}$ ジェット ?	BH
GRS 1915+105	12.5	3×10^{31}	$0.92c$	超光速現象	BH
GRO J1655–40	4	$10^{30\text{–}31}$	$0.92c$	超光速現象	BH
PG 0946+301			$\sim 0.1c$	BAL クェーサー	SMBH
PG 0935+417			$\sim 0.2c$	BAL クェーサー	SMBH
PG 0844+349			$\sim 0.2c$	UFO	SMBH
PG 1211+143			$\sim 0.4c$	UFO	SMBH

† BAL : Broad Absorption Line, UFO : Ultra-Fast Outflow.
†† WD : 白色矮星, NS : 中性子星, BH : ブラックホール, SMBH : 超大質量 BH.

　まずアウトフローの構成物質に関しては, SS 433 ジェットでは, 水素ガスや他の元素のスペクトル線が観測されていることから, ジェット自体は電子と陽子(イオン)からなる通常のプラズマガスであることは間違いない. 白色矮星周辺の降着円盤から吹き出す流れも通常プラズマである. マイクロクェーサーや活動銀河のジェットについては, 通常のプラズマガスなのか, 電子とその反粒子の陽電子からなる電子・陽電子プラズマなのか, まだよく分かっていない.

　つぎにアウトフローの速度に関しては, 原始星から吹き出すジェットは数十 $\mathrm{km\,s^{-1}}$ から数百 $\mathrm{km\,s^{-1}}$ 程度の低速だが, 高密度天体では軒並み高速である. たとえば, 中心天体が白色矮星である超軟 X 線源では, アウトフローの速度は, 数千 $\mathrm{km\,s^{-1}}$ もあり, これは白色矮星の脱出速度ぐらいである. SS 433 ジェットの速度は光速の 26% (ローレンツ因子 Γ で 1.04) で, 中程度に相対論的だが, マイクロクェーサー GRS 1915+105 や GRO J1655–40 では, ジェットの速度は光速の 92% ($\Gamma = 2.55$) にもなる. 活動銀河などのジェットについては, 強い吸収線の存在する BAL クェーサー[*1]や UFO[*2] (3.1.7 節) では, 比較

[*1] Broad Absorption Line Quasar のこと. N V, C IV など高電離原子の幅が広く大きく青方偏移した吸収線が見られ, 高速 (約 $0.1c$) でアウトフローしているガスに起因すると考えられている.

的低速で光速の数割ほどだが，他の多くの場合，電波観測による統計的な性質から，しばしば光速の 99%（$\Gamma \sim 10$）ぐらいが推定され，超相対論的である．ガンマ線バーストにいたっては，光速の 99.99%（$\Gamma \sim 100$）の速度が推測され，極度に超相対論的といえる．いずれにせよ，ジェットの速度は中心天体の脱出速度程度であり，ウィンドの速度は脱出速度より低めなのが共通点になっている．

アウトフローの噴出の仕方については，つねに定常的にガスを噴出しているもの，規則正しく周期的にガス塊を吹き出しているもの，爆発的・間歇的にガスを吐き出しているものなど，いろいろなパターンがある．

観測的な事実から，細かいことは別にして，アウトフローの加速機構，収束機構，そしてエネルギー源に対して，いくつかの制約が課せられる．

（1）加速機構： 宇宙ジェット・ウィンドの噴出速度は光速に近いことも珍しくない．どうしてそのような高速にまでプラズマガスを加速できるのか．アウトフローを駆動するメカニズムが第一の謎である．

（2）収束機構： 広がったウィンドはともかく，細く絞られた宇宙ジェットは収束機構も重要な問題である．ホースで水を撒いたときに，長さ 10 km もの水流の先端で 10 m から 100 m ぐらいしか広がっていないほどの細さなのだ．どうしたらそんなことが可能なのだろうか．

（3）エネルギー源： 活動天体からのアウトフローのエネルギー源が，重力エネルギーである[*3]アウトフローの中心には重力天体が存在しており，周辺領域からガスの供給を受けて重力エネルギーを解放し，熱エネルギー，放射エネルギーあるいは電磁エネルギーなどに転換している．そして一部を排気ガス＝ジェット・ウィンドとして外界に放出している（図 3.3）．この重力エネルギー転換炉のしくみ，エネルギー解放の詳細なメカニズムが最大の問題である．

3.1.3　宇宙ジェットおよびウィンドの意義

重力天体からのアウトフローはその存在自体が不可思議で面白い天体現象だが，宇宙的にはどのような意義があるのだろうか．まず，アウトフローの駆動源だと考えられている降着円盤は，周囲の環境から低エントロピーのガスを吸収

[*2]（117 ページ）Ultra-Fast Outflow（超高速アウトフロー天体）のこと．Fe XXVI などの青方偏移した幅広い吸収線が観測されており，0.2–0.4c ぐらいでウィンドが吹いていると考えられている．

[*3] マグネターフレア（1.2.6 節）など，若干の例外もある．

3.1 宇宙ジェットとウィンド 119

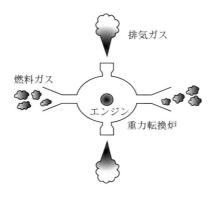

図 **3.3** 中心の重力エネルギー転換炉.

し，降着円盤の内部でガスの重力エネルギーを変換処理して，高エントロピーのガスや放射として外界に捨てている．降着円盤の中心がブラックホールの場合は，ガスは最終的にブラックホールに吸い込まれてしまうので，ガスがもともと持っていただろう情報のほとんどは失われてしまう（質量と角運動量だけが残される）．このような状況のなかで，ジェットやウィンドは唯一，多くの情報を持ったガスとして環境に戻される実体なのである．しかも元素の組成や磁場などの情報だけでなく，アウトフローの形態や太さなどいろいろな情報を伴っている．

降着円盤からはさまざまな波長の電磁波が放射されており，そのスペクトルも膨大な情報を運んでいるが，アウトフローは実体を持ったものなので，直接的な影響が大きい．実際，活動銀河ジェットは数百万光年の長さにわたって銀河間空間に伸びており，銀河と銀河の間の虚空に影響を与えている．SS 433 ジェットでは，周囲の超新星残骸 W 50 の形を変えるほどの影響を与えている（図 3.2 (b)）．そして原始星の周辺では，原始星ジェットが星間分子雲の構造と進化に多大な影響を与えている．アウトフローが周囲の環境を大きく変化させ，その結果，中心天体への降着流も変動するだろう．中心天体と周辺環境とは，降着流とアウトフロー（および電磁放射）によって互いに相互作用しながら，全体として「共進化（Co-Evolution）」していると考えられる．

最後に，相対論的天体現象としてのアウトフローとくに宇宙ジェットの重要性も指摘しておきたい．後の章で述べるように，中心の天体がブラックホールの場

合，光速の数割程度のアウトフローを形成することはそれほど難しくはない．しかし，光速の99.99%にもなる超高速の宇宙ジェットを生み出すのは簡単ではない．その謎を解き明かすためには宇宙流体力学，宇宙電磁流体力学や宇宙放射流体力学などを駆使して臨まなければならないだろう．

3.1.4　マイクロクェーサー

SS 433は約$2° \times 1°$と東西に双葉状に広がった電波星雲W 50の中心天体である．マーゴンらはSS 433からの水素$H\alpha$線の両側にあった未同定輝線の位置が日ごとに変わることを発見した．その位置は162.5日の周期で元にもどる．これらは$H\alpha$線を放出するガスがSS 433から双方向に光速の26% もの速度でジェット状に飛び出し，ドップラー効果で一方のジェットは長波長側に他方は短波長側にずれる．それらジェットの方向は162.5日周期の「味噌すり」運動をしている．このように考えるとすべてが見事に説明できる．銀河系内の相対論的ジェットの最初の発見になった．

「あすか」でみたSS 433のX線ジェットを図3.2（b）に示した．中心のSS 433から左右に飛び出したジェットが約40分角（50 pc）にもおよぶ空間を走り，超高温に熱した軌跡がX線放射として見られる．その運動エネルギーは太陽の全放射エネルギーの10^7倍以上に達する（10^{34} W）．中心天体がブラックホールか中性子星かはまだ決着はついていないが，SS 433は発見後13年間にわたり，相対論的（$v > 0.1c$）ジェットが確認された唯一の銀河系内天体だった．したがって，例外的に特異な天体とみなされていた．

ところが1990年代になって，ミラベル（I.F. Mirabel）らはブラックホール連星1E 1740.7–2942とGRS 1758–258から電波ジェットを発見した．これを皮切りに，X線で発見された天体に対して他の波長（おもに電波）で追求観測が行われ，続々と銀河系内X線連星から相対論的ジェットが発見された．現在，10個以上の銀河系内ジェット天体が確認されており（表3.2），近傍銀河の超大光度X線源（ULX，1.3.5節）の一部でもジェットとみられる構造が検出されている．

活動銀河核からしばしば観測される相対論的ジェットが銀河系内ブラックホール天体においても存在する事実は，太陽質量の数倍から10億倍，8桁以上の質量範囲にわたって共通の物理が働いていることを強く示唆する．これらの銀河系

内ジェット天体は，活動銀河核との類似性からクェーサーのミニチュア版という意味で「マイクロクェーサー」と呼ばれる．オリジナルの命名はミラベルらによる．厳密な意味ではブラックホールに限られるが，実際は中性子星も含めて，相対論的ジェット天体の総称として用いられることが多い．

ミラベルとロドリゲス（L.F. Rodriguez）は，X 線衛星「GRANAT」で見つかった X 線トランジェント天体 GRS 1915+105 から対方向に放出された電波ブロブが広がっていく様子をとらえ，銀河系内での初めての超光速運動を検出した（図 3.4）．超光速運動とは，観測者の方向に向かって放射源が相対論的速度で動いているときに，光速が有限なため生じる見かけの現象である（3.2.1 節）．双対ジェットの性質が対称であると仮定すると，両者の速度と光度の比から，ジェットの真の速度は $0.92c$，見込み角は 70 度と推定される．同じような超光速運動が 1997 年にも観測された．グライナー（J. Greinter）らは赤外線バンドで伴星の運動を観測して連星パラメータを求め，主星を $14 \pm 4\, M_\odot$ のブラックホールと決定した．

GRS 1915+105 に引き続き，ブラックホール連星 GRO J1655–40, XTE J1748–288 と XTE J1550–564 から，そして中性子星連星コンパス座 X-1 からも超光速運動が報告された．また，これらの大規模ジェットとは別に，ハード状態（2.5.2 節参照）のブラックホール連星にはほぼ普遍的に，光学的に厚いコンパクトなジェット（10 au 程度のサイズ）が付随していることも分かってきた．

マイクロクェーサーは，質量降着とジェット放出との関連を探るうえで理想的な実験場を提供する．X 線領域では降着円盤の最内縁部からの放射が，電波・赤外領域ではジェットからのシンクロトロン放射が卓越するため，多波長同時観測を行うことで，質量降着と放出の関係を調べることが可能である．ブラックホール周囲の物理現象は，シュバルツシルト半径で規格化して議論することができる．その変動のタイムスケールはブラックホール質量に比例する．よって，マイクロクェーサーでは降着円盤とジェットの時間発展を，クェーサーよりも現実的な時間内で効率的に調べることができる．たとえば，M 87 銀河で 1000 年かかる現象も，マイクロクェーサーでは数分で追跡できる勘定である．

GRS 1915+105 は，もっとも詳しく研究されているマイクロクェーサーであり，他のブラックホール連星には見られない際だった特徴を持つ．この天体は X 線でさまざまなパターンの特異な変光を示す．ベローニ（T. Belloni）らは，現

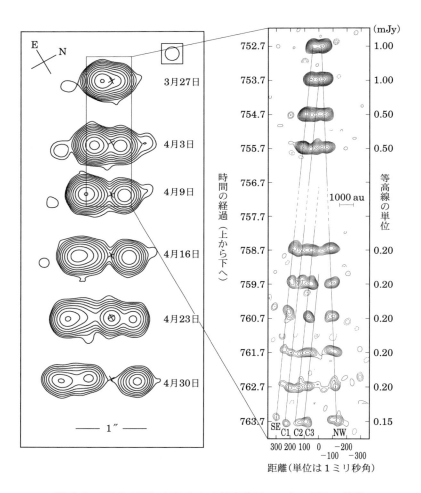

図 3.4 GRS 1915+105 からの超光速ジェット. 電波の等強度線図の時間発展 ((左) 1994 年の増光, (右) 1997 年の増光) (Fender & Belloni 2004, *Ann. Rev. Astr. Ap.*, 42, 317 より転載).

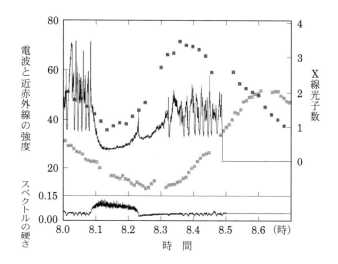

図 3.5 GRS 1915+105 の電波（$\lambda = 3.6\,\mathrm{cm}$; 薄い四角），近赤外（$\lambda = 2.2\,\mu\mathrm{m}$; 濃い四角），X 線（2–60 keV; 実線）の強度の時間変化（Mirabel et al. 1998, Astr. Ap., 330, L9 より転載）．

象論的にそれらが三つの基本状態の間の行き来として理解できることを指摘した．その 3 状態は，普通のブラックホール連星の標準的な状態（2.5 節参照）とは必ずしも対応しない．図 3.5 に X 線光度曲線の例を示す．1 分程度のタイムスケールでくりかえされる振幅の大きな変動（振動）と，それに続く強度の落ち込み（ディップ）のパターンが，準周期的に見られる．強度変動に対応してスペクトルも変化し，ディップ状態においてはスペクトルが硬くなる．

GRS 1915+105 の光度はエディントン限界光度に近く，非常に高い質量降着率を持つ系であると考えられる．その結果，降着円盤の内縁部で熱的な不安定が生じ，降着ガスがある場所で溜り，密度が臨界点に達した段階で一気に落ちるというプロセスのくりかえし（リミットサイクル）が起こっているものと推察される[*4]．

さらに重要なことに，円盤の状態遷移がジェット放出の引き金になっているよ

[*4] これは 2.2.6 節で述べた低温円盤のリミットサイクルとは別もので，標準円盤と 2.2.7 節のスリム円盤との間の振動が原因である．

うだ．図 3.5 は電波と近赤外の強度曲線も重ねて示している．X 線と同じ周期
で，増光（フレア）が観測されている．電波のピークが近赤外よりも遅れている
のは，シンクロトロン放射を出すプラズマがジェットの運動とともに広がってい
くために，放射強度が最大となる波長がだんだん長くなっていると考えればだい
たい説明がつく．ミラベルらは，ディップから回復して X 線スペクトルがソフ
トになった瞬間（光度曲線上にスパイクが現れている）にプラズマ放出が起きて
いると解釈している．さらにエネルギーの大きな超光速ジェットについて調べて
みると，やはり X 線スペクトルがハードな状態からソフトな状態に移行するタ
イミングで放出されていることが分かってきた．同様の傾向は，他の超光速天体
についても当てはまる．この状態遷移のメカニズムが，ブラックホールからの相
対論的ジェット生成の謎を明かす鍵を握っているといえそうである．

3.1.5　活動銀河核からのジェット

3.1.4 節で，相対論的ジェットが，質量によらず普遍的にブラックホールに付
随する現象であることを述べた．実際，大質量ブラックホールをエンジンとする
活動銀河核の約 1 割は電波で明るく，強力な相対論的ジェットを持つ．条件に
よっては，しばしば超光速運動が観測される．何らかのメカニズムでジェット中
に衝撃波が発生すると，粒子加速が起き，べき型のエネルギー分布を持つ非熱的
粒子が生成される．それら高エネルギー電子が磁場と相互作用することでシンク
ロトロン放射が，光子と相互作用することで逆コンプトン散乱成分が放射され
る．ジェットの持つ運動エネルギーは莫大である．しかし，衝突などによってエ
ネルギー散逸が起きない限り，それが電磁波を通して観測されることはない．活
動銀河核（AGN）ジェットの成分がバリオン（陽子）か電子・陽電子対かとい
う基本問題はまだ決着がついていない．

　活動銀河核ジェットの速度 v は光速 c にきわめて近く，大きなローレンツ因
子 $\Gamma = 1/\sqrt{1-(v/c)^2}$ （典型的には ~ 10）を持つ．よってジェット内部での
現象を理解するには，相対論的ビーミング（前方の $\sim 1/\Gamma$ ラジアン方向に，放
射が集中する効果）を考慮することが不可欠である（詳細は 3.2.2 節）．

　電波銀河は，ジェットをほぼ横方向から見ていると考えられる．ここでは
$100\,\mathrm{kpc}$ に渡る，大スケールのジェット構造が観測される．ジェットが銀河間ガ

スの密度の濃い場所に衝突することで電子加速がおこり，ノットと呼ばれる場所が広い波長で明るく輝く．ノットでは電波から X 線にわたってシンクロトロン放射が出ているとする説が有力である．これは電子が 10–100 TeV というエネルギーまで加速されていることを示唆する．活動銀河核ジェットは終端でホットスポットとなってひときわ明るく輝く．そこで衝撃波加速された粒子は，ローブと呼ばれるプラズマの袋に閉じ込められる（3.2.6 節）．ローブからは，電波領域でシンクロトロン放射が，X 線領域では，マイクロ波背景放射を種とするコンプトン散乱成分が観測される．

ジェットをほぼ真正面から見ていると考えられる天体には，とかげ座 BL 型天体，可視激変光クェーサー，高偏光クェーサー，フラットスペクトル電波クェーサーらがある．これらを総称して，「ブレーザー（Blazars）」と呼んでいる．ブレーザーは，激しい短時間変動と強いガンマ線放射を特徴とする．ジェットがきわめて明るいため，ジェットからの連続成分が，他の放射成分（降着円盤や可視輝線領域からの放射）に比べて卓越する．ブレーザーは，ジェットの根本（1 pc 以下のスケール）で起きている加速現象を研究するのに最適な対象である．

図 3.6 は，光度の異なる典型的な二つのブレーザーのスペクトルを示している．電波から TeV ガンマ線に渡る広い放射があり，それらが二つの山に分かれ

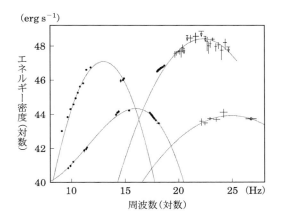

図 **3.6** ブレーザー天体のスペクトルエネルギー分布（Kubo 1997 PhD thesis, University of Tokyo より転載）．

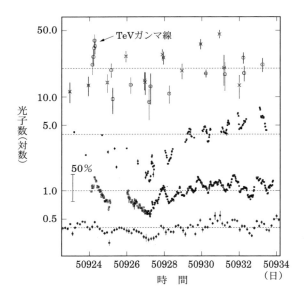

図 3.7 Mkn 421 の多波長強度曲線. 上から, TeV ガンマ線, 硬 X 線, 軟 X 線および紫外線の強度 (Takahashi *et al.* 2000, *ApJ*, 542, L105 より転載).

ていることが分かる. 電波から UV (X 線) までの低エネルギー成分はシンクロトロン放射であり, X 線からガンマ線の高エネルギー成分は, 同じ高エネルギー電子によるコンプトン散乱成分に対応している[*5]. それぞれの山のピーク波長は, 電子の最大加速エネルギーを反映している. これは放射による冷却率と, 加速率とのつりあいで決定される. 光子密度がより大きいと, コンプトン散乱による冷却が効くために電子の最大加速エネルギーが抑えられ, 山のピークはより低周波数側にずれる. こうして, SSC (シンクロトロン自己コンプトン) を仮定すると, 観測されたスペクトルの形から, ジェットの物理量を一意的に求めることができる (3.2 節に詳細).

図 3.7 は, Mkn 421 の多波長同時観測で得られた強度曲線である. ほぼ 1 日

[*5] コンプトン成分の種光子は, 同じ場所で放射されたシンクロトロン光子の場合 (シンクロトロン自己コンプトン, SSC) と, 外部からの光子 (たとえば降着円盤からの散乱光子) の場合がある (3.2.5 節).

ごとに大きな増光（フレア）と減光をくりかえしている．また，TeV ガンマ線（図の一番上の点）は統計がわるいのでやや見にくいが，X 線（図の上から 2, 3番目）と TeV ガンマ線強度変動はほぼ相関している．これは同一の高エネルギー電子がそれぞれシンクロトロン放射，コンプトン散乱に寄与していることを反映している．ジェットの根本での粒子加速メカニズムとしては，速度が微妙に異なるプラズマがジェットの中で互いに衝突することで生じる「内部衝撃波」モデル（3.2.4 節）が有力である．観測結果は，その速度は 1%程度のばらつきで非常によく揃っており，このプロセスで散逸されるエネルギーが全体の運動エネルギーに対してきわめて微量であることを示唆している．

3.1.6 VLBI によるジェット観測の進展

相対論的ジェットの生成・加速・収束機構といった根源的問いに迫る上で，その発生源である中心エンジンの近傍を直接空間分解して確かめることはきわめて重要である．近年はミリ秒角（mas）から 10 マイクロ秒角（μas）レベルの解像度が得られる VLBI 観測網の発達により，活動銀河核におけるジェット根元の電波観測が大きく進展している．

とりわけ活動銀河ジェットの「ロゼッタ・ストーン」と呼ばれるほど盛んに研究が進められている天体が，EHT によって巨大ブラックホールシャドウも撮影された M87 である（2.8 節参照）．ミリ波帯の観測ではシャドウの周囲に広がる電波放射に対する感度が乏しいため，ジェットの撮影は主にセンチ波帯の VLBIで行われている．

図 3.8 は浅田，中村，秦らによって行われた M87 ジェットの収束プロファイルの測定結果である．主にセンチ波帯の VLBI 観測データをまとめたものであり，横軸がブラックホールからの距離，縦軸がジェットの幅（半径）を示す．ブラックホール近傍数 10 R_S 付近から 10^5 R_S を超える距離にかけて，ジェットが放物形状を維持していることが示された．すなわち 4 桁以上もの距離に渡って流れの絞り込みが継続しているのである．一方その下流では，ジェットが放物形状から円錐形状に遷移することが示された．興味深いのは，形状の遷移が中心ブラックホールの Bondi 半径[*6]付近で起こっていることである．この解釈については議

[*6] ボンディの球対称降着流（2.2.1 節）を特徴づける半径で，音速を c_s として GM/c_s^2．この半径内で重力がガス圧に卓越する．

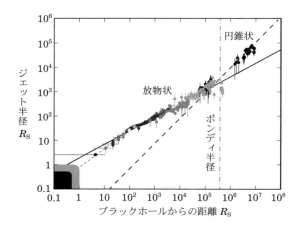

図 3.8 M87 ジェットの収束プロファイル（Asada&Nakamura 2012, Hada *et al.* 2013）．横軸がブラックホールからの距離，縦軸がジェットの幅（半径）．

論が続いている最中だが，中心ブラックホールの重力の影響を受けて分布する周囲のガスやウィンドによってジェットの絞り込みが支えられている可能性を示している．こうした高解像度電波観測に基づくジェット根元の形状探査は M87 以外の活動銀河ジェットでも進められており，系統的な研究へと発展しつつある．

また近年，ルー（R. Lu）らによって 86 GHz 帯のグローバル VLBI 観測網で撮影した M87 中心部の最新画像が公開された（図 3.9）．ジェット付け根の構造がこれまでで最も高い解像度（約 40 μas）で撮影され，中心部から南北に向かってジェットが非常に大きな開口角で噴出している様子がわかる．まさにジェットの絞り込みがこれから始まろうとしている現場である．そしてジェットの根元には明るいリング状の構造が検出されている．リング状構造は EHT が捉えたブラックホールシャドウにそっくりだが，その直径は EHT のものより 1.5 倍程度大きく，理論シミュレーションとの比較からブラックホールを取り巻く降着円盤であることが示された．降着円盤は活動銀河核の膨大な重力エネルギー解放の現場であり，その存在は広く信じられているが，直接撮影によってその姿が捉えられたのはこれが初めてである．

このように高解像度電波観測の目覚ましい進展は，「穴」「降着円盤」「ジェッ

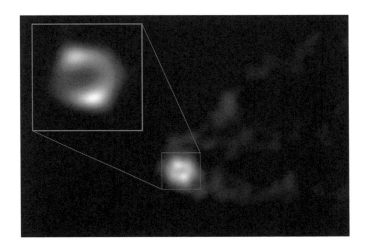

図 **3.9** 86 GHz 帯のグローバル VLBI 観測によって得られた M87 中心部の電波画像．中心部のリング構造は巨大ブラックホールを取り巻く降着円盤であり，そこにつながるジェットの様子も捉えられている（Lu *et al.* 2023; composition by F. Tazaki）．

ト」という活動銀河核「三種の神器」を直接空間分解して探査可能にする新たなステージの幕開けをもたらした．

3.1.7　暖かい吸収体と UFO

相対論的ジェットのほかに，噴出速度がやや遅いアウトフローも観測されている．中心核からの放射によって周辺のガスは光電離される．それによる吸収線や吸収端のスペクトル構造がドップラー効果により本来のエネルギーからずれる．このエネルギーのずれを測ることでガスの視線方向の速度がわかる．視線上の電離した吸収体の存在は 1980 年代から観測的に示唆されていたが，「あすか」によるすぐれたエネルギー分解能の観測で実証された．ガスは，酸素，ネオン，マグネシウムが水素様からヘリウム様に電離される「中程度」の電離度であることと，低温度の星間ガスよりも温度が高いこと（10^5 K）より，そのような電離吸収体を暖かい吸収体（Warm Absorber）とよぶ．光電離の程度を表すために電離パラメータ $\xi = L/(nr^2)$ がよく使われる．ここで，L は電離光子の光度，

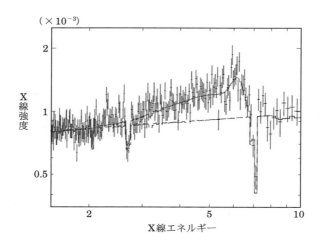

図 3.10 クェーサー PG 1211+143 の鉄輝線と鉄吸収線付近の X 線スペクトル (Pounds *et al.* 2003, *MNRAS*, 345, 705 より転載).

n は電離される物質の数密度，r は光源からの距離である[*7]．暖かい吸収体は $\log\xi$ が 0 から 3 程度であることが多い．吸収量は水素柱密度にして 10^{24} から $10^{26}\,\mathrm{m}^{-2}$ 程度である．「チャンドラ」や「XMM-Newton」の観測から，このガスは 100–2000 km s^{-1} 程度の視線速度でアウトフローしていることがわかってきた．このようなアウトフローは 1 型 AGN の半数程度に見られる．

さらに，「XMM-Newton」や「すざく」による高階電離の鉄による吸収線の観測から，光速の 3%から 30%にもなる速度で噴出する吸収体が見つかった．アウトフロー速度が 10000 km s^{-1} を超えるアウトフローを超高速アウトフロー (Ultra-Fast Outflow; UFO) とよぶ．図 3.10 はクェーサー PG 1211+143 の X 線スペクトルで，光速の 8%の速度に相当する青方偏移した鉄 (7.0 keV) と硫黄 (2.7 keV) の吸収線が見える．UFO は 1 型 AGN の 1/3 程度で見られ，その吸収体の電離度は鉄がヘリウム様からほぼ完全電離になる $\log\xi = 3$–6 程度，水素柱密度は 10^{26} から $10^{28}\,\mathrm{m}^{-2}$ 程度である．超光速アウトフローの力学的エネルギーを見積もると，AGN の全光度の数%から数 10%におよび，母銀河に大きな

[*7] ここで ξ の単位は論文等で通常使われる erg cm s^{-1} を用いた．

影響を与えていることが示唆される.

　銀河と中心核ブラックホールの質量に正の相関があることから,銀河とブラックホールは互いに影響を及ぼしながら進化(共進化)してきたと考えられている(2.7.1節).また,銀河形成シミュレーションでは,何らかの星生成を抑制するメカニズムがないと,大質量銀河がじっさいよりも多く予言されてしまう問題が知られている.これらを制御している候補として超光速アウトフローが重要視されている.

3.2　ジェットのダイナミクス

　すでに触れられているように,さまざまな観測によってブラックホール連星や活動銀河核から相対論的ジェットが噴出していることが知られている.本節では,ジェットの形成モデルが説明すべきジェットの物理的な性質を観測事実に即して述べる.ジェットは相対論的な速度で運動しているので,その理論的説明には特殊相対論が必要となる.

3.2.1　超光速運動

　まず,超長基線電波干渉法(VLBI)で観測されている超光速運動を説明してみよう.これは,中心核近くのジェットの電波構造が光速以上で中心核から遠ざかって運動しているように見える現象である.ジェット中の電波で明るく輝くコンパクトな領域をノットと呼ぶことにする.ノットは視線方向に対し角度 θ をなす向きに,速度 $V \equiv \beta c$,ローレンツ因子 $\Gamma = 1/\sqrt{1-\beta^2}$ で動いているとしよう.時刻 0 に原点にいたノットは時刻 t には $(x,y) = (Vt\cos\theta, Vt\sin\theta)$ まで進む.ここで,x は視線方向,y は天球面内の座標軸である.時刻 0 にノットから視線方向に放出された電磁波は,時刻 t には $x = ct$ に到達している.したがって時刻が 0 から t の間に放出された電磁波は $x = Vt\cos\theta$ と $x = ct$ の間に存在しており,光速 c で進んでいる.静止した観測者はこの電磁波を時間間隔

$$\Delta t_{\rm ob} = t(1 - \beta\cos\theta) \tag{3.1}$$

の間に観測する.この間にノットは天球面上で $Vt\sin\theta$ だけ動くので見かけの移動速度は

$$V_{\text{app}} = \frac{V \sin\theta}{1 - \beta \cos\theta} \tag{3.2}$$

となる．容易に分かるように V_{app} は $\cos\theta = V/c$ のとき最大値 ΓV をとる．$\Gamma \gg 1$ のときこの速度はほぼ光速の Γ 倍となる．観測される典型的な速度が光速の 10 倍程度であることは，ジェットがローレンツ因子 10 程度で運動していることを意味している．超光速運動が観測されるのは，中心核から放出されたジェットがほぼ視線方向に向いているときである．これと反対向きにも同様なジェットが放出されていると予想されるが，このカウンタージェット中のノットの見かけの速度を $\cos\theta = -V/c$ とすると $V_{\text{app}} = V/(2\Gamma)$ となって光速の数%程度でしかない．

3.2.2 相対論的ビーミング

超光速運動が観測される天体では一方向のみのジェットしか観測されていない．これはカウンタージェットの見かけの速度が小さいこととともに，相対論的速度の運動により，見かけの明るさが大きく変化するからである．特殊相対論のよく知られた時間の遅れの効果から，実験室系での時間間隔 Δt に対し，ノットの固有系での経過時間は $\Delta t_{\text{s}} = \Delta t/\Gamma$ となる．この時間は観測者の経過時間と

$$\Delta t_{\text{ob}} = \frac{\Delta t_{\text{s}}}{\delta}, \tag{3.3}$$

$$\delta \equiv \frac{1}{\Gamma(1 - \beta \cos\theta)} \tag{3.4}$$

という関係にある．ここで δ はビーミング因子と呼ばれる量である．たとえば $\cos\theta = V/c$ ならば $\delta = \Gamma$ と大きいが，$\cos\theta = 0$ だと $\delta = 1/\Gamma$ と小さい．ジェットを真正面近くから観測するとジェットで起こった時間を短縮して観測することになる．もしノットの明るさが時間変動したとすると，それより δ 倍短い時間での変動が観測されることになる．この効果は電磁波の振動数のドップラー効果

$$\nu_{\text{ob}} = \delta \nu_{\text{s}} \tag{3.5}$$

として現れ，正面近くから観測するとより高振動数の電磁波として観測される．

見かけの明るさを求めるためには電磁波の進む向きのローレンツ変換を考慮する必要がある．相対論的ビーミングはもともと運動する物体から放出される電磁波が運動方向に集中するという効果を指している．ノットの運動方向に対して角

度 χ の向きに進む電磁波を考える．電磁波の進行方向のローレンツ変換は

$$\cos \chi_{\mathrm{s}} = \frac{\cos \chi_{\mathrm{ob}} - \beta}{1 - \beta \cos \chi_{\mathrm{ob}}} \tag{3.6}$$

であり，$\chi_{\mathrm{ob}} = \theta$ なので

$$\Delta \cos \chi_{\mathrm{ob}} = \delta^{-2} \Delta \cos \chi_{\mathrm{s}} \tag{3.7}$$

となる．ノットの固有系で一定の立体角に放射された電磁波は実験室系で見るとノットの運動方向近くでは δ^2 だけ小さい立体角に放射されることになり，電磁波は運動方向に集中する．

　ノットの固有系で放射が等方に起こるとして観測される放射流束を求めてみよう．光子の個数が両方の系で見て同じであるということから，観測者と天体の間の距離を d として

$$\frac{L_{\nu_{\mathrm{s}}}}{h\nu_{\mathrm{s}}} \Delta \nu_{\mathrm{s}} \Delta t_{\mathrm{s}} 2\pi \Delta \cos \theta_{\mathrm{s}} = 4\pi d^2 \frac{S_{\nu_{\mathrm{ob}}}}{h\nu_{\mathrm{ob}}} \Delta \nu_{\mathrm{ob}} \Delta t_{\mathrm{ob}} 2\pi \Delta \cos \theta_{\mathrm{ob}} \tag{3.8}$$

が成立する．したがって

$$\nu_{\mathrm{ob}} S_{\nu_{\mathrm{ob}}} = \delta^4 \frac{\nu_{\mathrm{s}} L_{\nu_{\mathrm{s}}}}{4\pi d^2} \tag{3.9}$$

となる．ここで h はプランク定数である．S_ν や L_ν は単位振動数あたりの量なので，振動数を乗じた量はその振動数の対数あたりの流束や光度を表す．この式は振動数の対数あたりの光度が δ^4 倍だけ明るく見えることを意味している．たとえば $\Gamma = 10$ という相対論的速度で運動する放射源を正面から見ると 10^4 倍明るく見え，反対側から見ると 10^4 倍暗くなり，そのコントラストは 10^8 にも達する．このことからもいかにカウンタージェットが見えにくいかが分かる．

3.2.3　統一モデル

　ジェットの向きは観測者からみるとランダムであるはずである．たまたま観測者の向きに向いているときには一方向の明るいジェットが観測され，超光速運動や激しい時間変動が観測されることになる．ジェットからの放射は相対論的エネルギーの電子が磁場中を旋回運動するときに放射するシンクロトロン放射と考えられるので偏光も強い．このような特徴を示す活動銀河核を「ブレーザー」と呼

んだ（3.1.5 節）．ブレーザーはジェットの運動方向が視線方向と角度 $1/\Gamma$ 以内にあるものと考えられる．

物理的にはまったく同じだがジェットの向きと視線方向のなす角がこれより大きい天体はどのように観測されるだろうか？　このような天体はジェットからの放射は弱くしか観測されないが，ジェットが遠方まで達して周囲の物質と衝突し，その運動エネルギーを散逸し非相対論的な運動をするようになると明るく見えるはずである．これが電波銀河である．その数はブレーザーの数の Γ^2 倍程度あるはずである．これも観測と一致している．このようにして，電波銀河のジェットが相対論的な運動をしていると，いろいろな観測的事実が統一的に説明できる．ジェットの性質をより詳しく調べるためには，ブラックホール近傍での様子はブレーザーを，全体的な制限は電波銀河を調べるとよい．

3.2.4　内部衝撃波モデル

中心核付近のジェットの様子は，電波 VLBI 以外に，相対論的ビーミング効果で明るく見えるブレーザー天体の観測から分かる．それをもとに放射領域の物理量を推定しよう．ブラックホール内縁付近で生成された相対論的流れは時間的に変動しており，流れのローレンツ因子も時間とともに変化するであろう．遅い流れの後に速い流れが生まれると，速い流れはやがて遅い流れに追突し衝撃波を生成する．衝撃波は遅い流れの中を伝播するものと速い流れの中を伝播するものとの対をなして発生する．このように流れ内部の非一様性によって発生する衝撃波を内部衝撃波と呼ぶ．

もっとも単純に考えて，速度の異なる二つの殻が衝突するものと近似してみる．実験室系で見た殻の厚さや殻の間の間隔 ℓ は，ジェット生成領域の力学的タイムスケール[*8]で決まると考えられる．$10^8 M_\odot$ のブラックホールのシュバルツシルト半径の 10 倍の大きさはおよそ 3×10^{12} m であるが，これを光速の約 10%で運動することでタイムスケールが決まっているので，典型的な変動のタイムスケールはおよそ 10^5 秒，ほぼ光速で噴出するジェットの典型的な長さのスケールは $\ell \approx 3 \times 10^{13}$ m $= 10^{-3}$ pc 程度と考えられる．二つの殻のローレンツ因子を $\Gamma_\mathrm{f} \gg 1, \Gamma_\mathrm{s} \gg 1$ とすると衝突が起こる距離 d は

[*8]　領域の大きさを構成する粒子の速度（音速）で割った値．

$$d = V_\mathrm{f} t = \ell + V_\mathrm{s} t \tag{3.10}$$

から

$$d = \ell \frac{V_\mathrm{f}}{V_\mathrm{f} - V_\mathrm{s}} \approx 2\ell \frac{\varGamma_\mathrm{s}^2}{1 - \dfrac{\varGamma_\mathrm{s}^2}{\varGamma_\mathrm{f}^2}} \tag{3.11}$$

である. これはジェット生成領域のサイズのほぼ $\varGamma^2$ 倍であり, 典型的には 10^{-1} pc となる. 殻の厚さは実験室系から見るともとのサイズとあまり変わらないが, 殻の固有系から見ると元のサイズの $\varGamma$ 倍, 典型的には 10^{-2} pc 程度である.

　ブラックホール近傍でジェットが形成されるときには, $\varGamma = 1$ から $\varGamma \approx 10$ まで加速されるが, 火の玉モデル (5.2 節のガンマ線バースト参照) の立場では, 固有系から見るとほぼ光速で熱膨張しサイズが大きくなるのに対し, 実験室系ではローレンツ収縮の効果でこれを打ち消すことにより元のサイズを保つと理解すればよい.

　衝撃波が殻を通過する時間は殻の固有系では 10^6 秒程度だが, 観測者はこれを 10^5 秒程度の間に観測する. 中心核からはかなり遠方で起こっているにもかかわらず, 時間変動はジェットの生成領域でのタイムスケールで観測される. このような距離やサイズの推定は観測的な推定とよく符合しており, ジェット形成機構に大きな示唆を与えている. 一般的にはジェットの運動エネルギーの大部分は内部衝撃波では散逸されず, 運動エネルギーとしてより大きなスケールまで運ばれる. 内部衝撃波モデルの詳細は 5.2 節で述べる.

3.2.5　放射領域の物理量

　散逸されたエネルギーは殻を構成する物質を加熱するだけではなく, 磁場を強めたり, 衝撃波統計加速などによって一部の粒子を非常に高いエネルギーまで加速したりする. 個々の電子のローレンツ因子を γ として, そのエネルギー分布関数は γ_min と γ_max の間で

$$n(\gamma) \propto \gamma^{-p} \tag{3.12}$$

のべき型の形をとる. 物質の組成はまだよく分かっていないが, 通常の陽子・電子プラズマとともに電子・陽電子対を主成分とするプラズマの可能性も高いと考

えられている．いずれにせよ，電子が加速されると磁場中でシンクロトロン放射を放出する．べき型スペクトルの電子が放出するシンクロトロン放射のスペクトルもやはりべき型であり，そのスペクトル指数 α は $(p-1)/2$ となる．観測的には α は大体 0.5 から 1 の間にある．このとき p は 2 から 3 となる．もっとも単純な場合の衝撃波粒子加速の予言は $p=2$ であり，よく一致しているといえる．観測的には，高振動数側ではべき指数 α が大きくなる傾向があるが，理論的にも電子の放射冷却の影響が効く高エネルギー側では p は 1 だけ，α は 0.5 だけ大きくなる（5.2 節参照）．

ビーミングを考慮したシンクロトロン放射の振動数は

$$\nu_{\mathrm{syn,ob}} \approx 10^{10} B\gamma^2\delta \quad [\mathrm{Hz}] \tag{3.13}$$

であり，$B = 10^{-8}\,\mathrm{T}, \delta = 10$ とすると $\gamma = 10^3$ の電子は $10^9\,\mathrm{Hz}$ の電波を，$\gamma = 10^5$ の電子は $10^{13}\,\mathrm{Hz}$ の赤外線を，$\gamma = 10^7$ の電子は $10^{17}\,\mathrm{Hz}$ の X 線を放射する．1 個の電子の放射率は

$$\frac{4}{3}\sigma_{\mathrm{T}} c U_{\mathrm{mag}}\gamma^2 \tag{3.14}$$

で与えられる．ここで，σ_{T} はトムソン散乱断面積，$U_{\mathrm{mag}} = B^2/(2\mu_0)$ は磁場のエネルギー密度である（μ_0 は真空の透磁率）．これをすべての電子について足し合わせればシンクロトロン放射のエネルギースペクトルが得られる．ごく大雑把にいってシンクロトロン放射の光度は磁場のエネルギー密度と電子のエネルギー密度に比例する．したがって，シンクロトロン放射の観測からは両者の寄与が分離できないという問題がある．

電子はまた逆コンプトン散乱によって X 線やガンマ線を放出する．逆コンプトン散乱はエネルギーの低い光子を散乱することによって高いエネルギーの光子を生み出す過程である．種光子（散乱の標的となる光子）の振動数を ν_{seed} とすると散乱された光子の振動数は

$$\nu_{\mathrm{Com,ob}} \approx \nu_{\mathrm{seed}}\gamma^2\delta \quad [\mathrm{Hz}], \tag{3.15}$$

1 個の電子のエネルギー損失率は

$$\frac{4}{3}\sigma_{\mathrm{T}} c U_{\mathrm{seed}}\gamma^2 \tag{3.16}$$

となる。シンクロトロン放射のサイクロトロン振動数の代わりに種光子の振動数が、磁場のエネルギー密度の代わりに種光子のエネルギー密度（$U_{\rm seed}$）が入る形となっている。したがって逆コンプトン散乱の光度とシンクロトロン放射の光度の比は、種光子のエネルギー密度と磁場のエネルギー密度との比になる。

種光子としてシンクロトロン光子自身が寄与する場合をシンクロトロン自己コンプトン（SSC）と呼んだ（3.1.5 節）。この場合、両者の光度は観測量なので、これから磁場のエネルギー密度と電子のエネルギー密度が決まることになる。種光子としてシンクロトロン光子以外のもの、たとえば降着円盤からの熱放射やそれが周囲の物質と相互作用した結果の光子が寄与する場合を外部コンプトンと呼んでいる。このときは外部種光子のエネルギー密度の観測は困難ではあるが、ある程度の推定はできる。

観測的には光度の低いものはシンクロトロン自己コンプトンが主、光度の大きなものは外部コンプトンが主となっている。いずれにせよ、コンプトン散乱におけるクライン–仁科効果（高いエネルギーの電子・電磁波散乱では、散乱される電磁波のエネルギーは減少する。19 ページのコラム「電磁放射のプロセス」参照）などがあるので実際には数値的に放射スペクトルを計算し、観測ともっともよく合うパラメータを決めることになる。たとえば Mkn 421 の例（3.1.5 節）では、$\delta \approx 10$, $B \sim 10^{-5}\,{\rm T}$, 放射領域の大きさ $\sim 0.01\,{\rm pc}$, 電子の最大加速エネルギー $\sim 0.1\,{\rm TeV}$ 程度と見積もられる。

もっとも重要な結果は磁場のエネルギー密度は相対論的電子のエネルギー密度より 1 桁程度低いことである。3.2.4 節で述べたように、内部衝撃波モデルでは、散逸された内部エネルギー密度より静止質量のエネルギー密度は 1 桁程度大きいので、中心核から放出されるジェットのパワーの大部分は物質の運動エネルギーが担っており、磁場のエネルギーは数％程度にすぎない。このことはジェットの磁気圧加速モデルへの大きな制限になっている（3.3.3 節）。

3.2.6 電波ローブ

中心核から放出された相対論的ジェットは、中心核の近くで非一様な部分を内部衝撃波で散逸し、平均的な流れはやはり相対論的な速度で残り、さらに遠方まで伝播する。そして最終的には周囲の物質と衝突して衝撃波を形成する。この衝

撃波は外部衝撃波と呼ばれる．具体的な相互作用の仕方はジェットを構成する物質の密度と周囲の物質の密度の比によって異なる．ジェットの物質密度が比較的大きいときジェットは質点のようにふるまい，周囲の物質中をあまり減速されず，速い速度で突き進む．ジェットの物質密度が比較的小さい（比にすると 10^{-2} から 10^{-3} 以下）ときジェットは先端で強く減速される．

観測される電波ローブの年齢はさまざまの方法で推定されるが 10^6 年から 10^8 年とされている．もしジェットの先端が光速で進むと，電波銀河の大きさは $300\,\mathrm{kpc}$ から $30\,\mathrm{Mpc}$ の大きさになる．またその形状は非常に細長いはずである．ところが，電波銀河の大きさは $100\,\mathrm{kpc}$ 程度であり，また形状も卵型でかなり球に近い．このことはジェットの物質密度がかなり低いことを示している．

実際に電波銀河ではジェットの先端近くのホットスポットと呼ばれる明るい領域が存在するが，これが衝撃波の位置を表していると考えられる．ジェットそのものは相対論的速度で進むが，ホットスポットの進行速度は光速の 10 分の 1 から 100 分の 1 程度になる．衝撃波ではジェットの運動エネルギーが散逸されジェットの物質の加熱や粒子の加速がおこる．密度の薄さを反映してジェット中にたつ衝撃波は相対論的な衝撃波であり，プラズマの温度も高い．したがって衝撃を受けた物質はジェットの軸に垂直方向にも熱膨張する．これはまた周囲の物質を押して衝撃波をつくる．

このようにしてジェットの物質はコクーンと呼ばれる卵型の領域に閉じ込められた高圧の領域をつくる．コクーンの圧力は周囲の物質の圧力よりも高く，熱膨張しながら周囲の物質中に衝撃波を伝播させる．この様子は，物質の状態が相対論的だという点を除いて，超新星残骸の進化と類似したものと考えればよい．

ホットスポットやローブも相対論的電子と磁場で満たされているので，シンクロトロン放射や逆コンプトン散乱で放射する．逆コンプトン散乱の種光子として宇宙マイクロ波背景放射が重要になる．逆コンプトン散乱とシンクロトロン放射の光度比は，種光子のエネルギー密度と磁場のエネルギー密度との比になる（3.2.5 節）ことを使って，磁場や相対論的電子のエネルギー密度を求めると，物質のエネルギー密度の方が磁場のエネルギー密度より 1 桁程度大きいという結果が得られる．

重要なことは，後の時刻に放出されるジェットは高圧のコクーン中を伝播する

ため横方向には広がらないことである．すなわち，ジェットの閉じ込めが自分自身で行われる．したがって，よくいわれるジェットの閉じ込め問題はこのような大きなスケールでは存在しないことに注意しておこう．ジェットの運動学的光度が小さかったり，時間が経過して熱膨張が進んだりすると，コクーンは周囲と圧力平衡になり，膨張の様子も変わってくる．なお，この描像は FRII 型の電波銀河についてであり，FRI 型と呼ばれる電波銀河ではジェットの減速がホットスポットではなくより内側で起こり，比較的速度の遅いジェットが進行していると考えられている[*9]．

3.3 宇宙ジェットとウィンドのモデル

宇宙ジェットやウィンドの観測が進むにつれ，さまざまなモデルが提案されてきた（表 3.3）．ブラックホールなど高密度天体の重力はガスを引き寄せるのが本質なので，重力にあらがう形での外向きのアウトフローを生じるためには，それなりのギミックを仕掛ける必要がある．

表 **3.3** 活動天体アウトフローのモデル．

駆動源（降着円盤）	高温気体の圧力	駆動力 放射の力	磁場の力
標準降着円盤	降着円盤熱風 電子・陽電子対風	放射圧加速風 線吸収加速風	磁気遠心力風 磁気圧加速風
高温降着流 RIAF	降着円盤熱風		磁気力加速風
超臨界降着流		ファンネル放射風	ファンネル磁気風
その他	ADIOS	線吸収固定機構	カー・ブラックホール のエルゴ圏[†]

[†] 自転しているカー・ブラックホールにおいて，ブラックホールの境界面（事象の地平面）の外部に，時空の回転によって粒子が静止できなくなる境界面領域（静止限界面）が生じる．静止限界面と事象の地平面の間の領域をエルゴ圏と呼ぶ．

[*9] FRI, FRII はファナロフ（B.L. Fanaroff）とリレー（J.M. Riley）による電波銀河の形態学的分類名．電波強度が中心で強いものを FRI，縁で強いものを FRII とした．後者のほうが電波は強い．ジェットによるエネルギー移送効率が高い（FRII）か低い（FRI）かの差により，あるいは母銀河の環境により，ジェットが早く減速する（FRI）か遅く減速する（FRII）．

全般的なモデルの概要

　ジェットやウィンドの加速（駆動）機構は，中心天体の重力エネルギー転換炉の働き方によって，（1）熱的なガスの圧力によるもの，（2）放射圧（光の圧力）によるもの，そして（3）磁場の圧力（や遠心力）の関与したもの，に大きく分けられる．また収束機構の方は，もともと等方的な流れが外的な環境によって収束させられる場合や，降着円盤のような非対称な天体から噴出する場合などがある．いずれにせよ，現在における基本的な考えでは，中心にある降着円盤が駆動源である．

　まず RIAF（2.2.5 節）のように，降着円盤ガスが高温になると，ガスの圧力によってアウトフローが生じる．これが「熱的加速モデル（Thermal Acceleration）」である．熱的加速はごく自然なメカニズムだが，一般にガス密度は低いので，ガス放出率はあまり大きくない．またガス圧は四方八方に働くので，ジェットのように絞った流れは生じにくい．つぎに標準降着円盤や超臨界降着流のように，降着量が多く円盤が光り輝いていると，円盤から放射される光の圧力によってガスが駆動・加速される．これが「放射圧加速モデル（Radiative Acceleration）」だ．光り輝く活動天体では放射圧加速モデルが重要な役割を果たしているだろう．ただし，放射の力も四方八方に働くので，細く絞られたジェットを形成するためには，後述するファンネルなどの拘束具が必要になる．さらに降着円盤を貫く磁場によって加速するのが「磁気力加速モデル（Magnetic Acceleration）」である．磁力線はガスを締め付けるので，細く絞られたジェットには都合がよい．ただし，物質量が多いと磁力の働きは悪くなるので，超臨界降着天体などでは稼働しない機構で，可視光では暗いが電波で明るい活動天体などに向いている．

　以上の三つのモデルについては，以下の節でより詳細な物理過程などを説明する．その前に，表 3.3 のその他のモデルについて簡単に触れておく．条件によっては，降着円盤の内部領域が 100 億度もの高温状態になることがある．そのような高温のプラズマ内部では，光子と光子の衝突や光子と電子の衝突などから，電子と陽電子が対生成され，「電子陽電子対風（Electron-Positron Pair Wind）」として外部に流れ出していくこともあるだろう．また，円盤状にガスをどかっと落としてやれば，中心の高密度星がブラックホールだとしてもガスのすべてを即座に吸い込むことはできず，ガスの一部あるいは大部分は吹き飛ばされ

てアウトフローを形成する．このようなダイナミックな 2 次元流は「ADIOS（Advection-Dominated Inflow-Outflow Solution）」と呼ばれる．中心天体が自転しているカー・ブラックホールの場合は，磁場を使ってカー・ブラックホールの自転エネルギーを取り出し，ジェットを加速するというメカニズムも考えられている．

3.3.1 熱的加速モデル

太陽風や恒星風の単純なモデルでは，球対称 1 次元の定常流というシンプルな仮定ができる．しかし，「降着円盤熱風」においては，円盤表面から吹き出す流れは本質的に 2 次元的である．高密度天体の重力場は流れに沿って単調ではないし，遠心力なども働いて，降着円盤風のふるまいは一挙に複雑になってくる．そのため，重力と遠心力以外にはガス圧だけを考慮した熱的加速モデルでも，半解析的に扱うためにはいろいろ工夫が必要である．

一つの方法は，それなりの仮定を置いて，あらかじめ円盤風内での「流線（Streamline）」を設定し，円盤表面での物理量を境界条件として与えて，流線一つひとつについて 1 次元の定常流を解くものだ（図 3.11（左））．ただし，この方法では，流線に垂直方向の力学平衡は一般に成り立たないので，全体として自己無矛盾な解にはなっていない．

より有力な方法としては，「自己相似手法（Self-Similar Method）」を用いて，空間的な定常流を表す偏微分方程式系を常微分方程式系に帰着させ，自己相似性を満たす境界条件のもとで，全体として無矛盾な解を得るものだ（図 3.11（右））．特別なスケールがなく，関与する物理過程が少なければ，しばしば自己相似流が実現する．重力（＋遠心力）とガス圧だけの働く降着円盤熱風において特別なスケールはない．また単純な場合は関与する物理過程も重力場（万有引力定数）だけだ．したがって自己相似流が実現しやすい状況になっている．ただし，ブラックホールの半径が意味を持つブラックホール近傍や，ガスの冷却過程などが重要になると，自己相似性が成立しなくなる．

より一般的な場合は数値シミュレーションに頼ることになるが，その場合でも解析的な取り扱いは物理的見通しをよくする[*10]．具体的な例として，保存則と

[*10] 最初から数値シミュレーションをすればよさそうだが，完全な定常解を得るのは数値シミュレーションでも簡単ではない．またあくまでも"数値実験"なので，物理的な理解には解析的なモデルが重要で普遍性も高い．

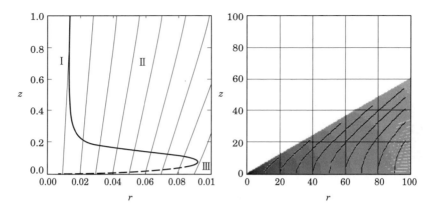

図 **3.11** 降着円盤熱風の描像．（左）与えられた流線に沿ってガス圧で加速される熱風（Fukue 1989, *Publ. Astr. Soc. Japan*, 41, 123 より転載）．図中の太線はガスの流速が音速を超える遷音速点の位置を表している．（右）自己相似手法で解いた定常 2 次元流の流線と密度分布の例（Fukue 2023, *Mon. Not. Roy. Astr. Soc.*, 526, 3212, より作成）．流線の形は自己相似的になっている．目盛りの数値は任意で，密度分布の濃さは対数的なスケール．

オーダー評価を用いて，解析的に降着円盤熱風の速度を見積もってみよう．

定常的な降着円盤風では，熱伝導や放射など流線を横切るエネルギーの流れがなければ，モデルの如何に関わらず，アウトフロー中のそれぞれの流線に沿って，物質流量やエネルギー流量は保存する．たとえば，質量 M の中心天体周辺の降着円盤から流れ出るアウトフローを考えてみよう．円筒座標系を (r, φ, z) とする．このとき，流線に沿った速度を v，角運動量を ℓ（一定とする），音速を c_s，中心天体の重力ポテンシャルを ϕ $(= -GM/\sqrt{r^2+z^2})$ とすると，運動エネルギー $(v^2/2)$，回転運動のエネルギーすなわち遠心力ポテンシャル $(\ell^2/2r^2)$，内部エネルギーと圧力のする仕事を合わせたエンタルピー $(c_\mathrm{s}^2/(\Gamma-1)$，$\Gamma$ は比熱比），そして重力ポテンシャル ϕ の和は（各流線で）一定となる（保存する）：

$$\frac{v^2}{2} + \frac{\ell^2}{2r^2} + \frac{c_\mathrm{s}^2}{\Gamma-1} - \frac{GM}{\sqrt{r^2+z^2}} = E. \tag{3.17}$$

この流線に沿ったエネルギー保存の式は，いわゆる「ベルヌーイの式（Bernoulli

equation)」で，ベルヌーイ定数 E は一般に流線ごとに異なっている．

ここで境界条件を加味すると，各流線の根元の円盤面 $(r_0, \varphi, 0)$ では，速度は十分小さいと考えてよいだろうから，円盤面での音速を c_{s0} として，

$$\frac{\ell^2}{2r_0^2} + \frac{c_{s0}^2}{\Gamma - 1} - \frac{GM}{r_0} = E \tag{3.18}$$

が成り立つだろう．一方，アウトフローが加速しきった十分遠方では，遠心力ポテンシャルも音速も重力ポテンシャルも小さくなるから，

$$\frac{v_\infty^2}{2} = E \tag{3.19}$$

と表せるだろう．ただし，v_∞ は無限遠での速度で「終末速度」と呼ばれる．

ここでオーダー評価の出番になる．円盤面の境界条件の式（3.18）で全エネルギー E が負になれば，もとより風は吹かず，高温ガスは重力的に束縛されたコロナになる．逆に，風が吹く場合（$E > 0$）には，回転運動がないときは（$\ell = 0$），だいたいのオーダーとして，

$$E \sim \frac{GM}{r_0} \sim c_{s0}^2 \tag{3.20}$$

ぐらいになると考える[*11]．したがって，式（3.19）から，

$$v_\infty \sim \sqrt{\frac{2GM}{r_0}} \tag{3.21}$$

と見積もることができる．すなわち，降着円盤風の速度は根元の場所における中心天体からの脱出速度程度になるのだ[*12]．そして，円盤外縁からは遅い風が，内部に近づくにつれて高速の円盤風が吹き出すこともわかる．

またガス圧で加速されるアウトフローの熱的加速モデルは，エネルギー的には，流れの根元で抱え込んでいた重力ポテンシャルと同程度の内部エネルギーが，流れに沿って運動エネルギーに変換していくメカニズムである．

[*11] 回転運動があってケプラー回転の場合は，回転運動のエネルギーは重力ポテンシャルの半分になるので，$E \sim GM/(2r_0)$ ぐらいになる．

[*12] なお，アウトフローの速度は根元における中心天体からの脱出速度程度になるというのは，アウトフロー全般の普遍的な性質でもある．

144 第 3 章 高密度天体からの質量放出

高温降着流 RIAF（2.2.5 節）のように暗くて磁場もない状況では，ガス圧加速によって活動天体のアウトフローが起こっているだろう．しかし，放射圧加速や磁気圧加速が優勢な状況でも，ジェットにせよウィンドにせよガスの流れなので，ガス圧は常に存在している．そしてメインドライブとしてではなくとも，円盤表面でのガスの吹き出しを後押ししたり，アウトフロー中での加速を手助けしているだろう．

3.3.2 放射圧加速モデル

ブラックホール周辺などに形成された降着円盤が放射する強烈な光の圧力によって，プラズマガスを駆動するメカニズムが「放射圧加速（Radiative Acceleration）」である[13]．中心部の光源から大量の光が放射されているとき，それらの光の流れが，周辺のプラズマに当たって運動量を与えプラズマを加速する．これが「放射圧加速」の素過程である．光子が中性原子に吸収される場合でも基本的には同じである．放射圧の働きにはいくつかの側面があるが，ここでは放射抵抗も含めて，放射圧加速の物理過程を説明する．

なお，放射圧加速モデルは，明るいクェーサーや X 線星のジェットを説明するために，1970 年代から考えられてきたが，1980 年にイッケ（V. Icke）が，標準降着円盤モデルの放射場を用い，光学的に薄い（半透明）場合の定量的な計算を初めて行った．そして 1998 年に，放射抵抗の働きを考慮した相対論的な計算を田島由紀子らが行った．また光学的に厚い（不透明な）場合に対しては，1982 年に福江純がファンネルジェットモデルを提案し，その後もいろいろな半解析的モデルが提案されている．超臨界降着流と放射圧加速アウトフローは表裏一体であり，全体像を理解するには数値シミュレーションが必要となる．降着流＋アウトフローの放射流体シミュレーションは 1980 年代にははじまっていたが，2000 年代になって大須賀健らが本格的な相対論的放射流体シミュレーションを開始し，最先端を牽引する多くの成果をあげている．

放射圧加速には，円盤やウィンドを構成するガスの温度が 1 万 K 程度で有効に働く「線吸収加速」と，放射があれば常に働く「連続光加速」がある．とくに，高温でガスが完全電離しているときや低温でダストが存在しているときは連

---

[13] 放射圧加速機構については，梅村雅之他『輻射輸送と輻射流体力学［改訂版］』（日本評論社）に詳しい．

続光加速が重要になる．これらを概説した後，放射流体理論についてやや詳しく説明する．

線吸収加速

光り輝く降着円盤の表面などから放射された光子の流れ（光子流，放射流）は外向きの運動量を持っている．ガスが光子を線吸収することで，光子流の運動量を受け取り加速されるメカニズムが「線吸収加速」である（図3.12（左））．

光子を放射している円盤表面近傍に水素ガスがあったとしよう．ガスの温度があまり高くなく，電離していなければ（部分電離でもよい），水素ガスは放射光の中の特定の波長の光を線吸収して励起状態になる[*14]．バルマー系列と呼ばれるものでは，656.3 nm の光を吸収して，原子の状態は第1励起状態から第2励起

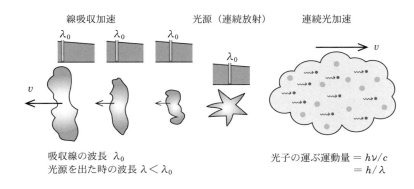

図 3.12 線吸収加速（左）と連続光加速（右）の模式図．（左）ガスが運動しているため光源からの光は赤方偏移している．したがって，吸収線の波長を λ_0 とすると，光源からの出た時の波長 λ は λ_0 より短い：$\lambda/\lambda_0 \sim 1 - v/c$．（右）光源から到来する任意の波長の光子が電子に衝突すれば，運動量（$h\nu/c = h/\lambda$）を与えて加速する．

[*14] 実際にはアウトフローしているガスは光源から遠ざかるように運動しているので，光源から出た少し波長の短い光がドップラー偏移して特定の波長になったものを吸収する．ちなみに，線吸収で加速されてドップラー偏移が大きくなると，吸収できる光源の光の波長は短い方に移動する．そして（バルマー端などに達して）光源の連続光成分がなくなった段階で，加速がストップしてアウトフローの速度が固定される．これを「線吸収固定機構（ラインロッキング）」と呼んでいる．超新星爆発の残骸の加速など，いくつかの天体のアウトフローで働いていると考えられている．

状態に遷移する．励起した原子は，やはり特定の波長の光を線放射して，もとの状態に戻っていくので，エネルギー的にはある種の平衡状態になっている．ところが，ガスが線吸収した際には，光子が持っていた外向きの運動量を受け取るが，そのガスはあらゆる方向に均等に線放射するために，特定の方向への運動量を失うわけではない．結果として，ガスは最初に受け取った外向きの運動量を得る．

線吸収加速は意外に有効なメカニズムで，適用できる天体も多い．白色矮星と通常の恒星からなる激変星では，白色矮星周辺の降着円盤は中心付近の温度が1万K程度で線吸収が効きやすい．激変星の一種，矮新星おおいぬ座 HL の紫外線スペクトルには，4階電離窒素 N V[*15]による吸収と3階電離炭素 C IV による構造（P Cyg プロファイル[*16]という）が観測されている．その構造は質量放出している高温度星でよく見られ，アウトフローの存在を示す．

BAL クェーサー（3.1.2 節）でも線吸収加速は有望視されている．クェーサーの 10%程度は，N V, C IV, Si IV などの高階電離した原子のスペクトルで，強い吸収線を示し，しかも大きく青方偏移していて，対応する速度は光速の1割にもなる．このような観測事実は以下のように解釈されている．降着円盤からは $0.1c$（c は光速）もの高速ガス流があり，そのガスが降着円盤からの放射を吸収して強い吸収線をつくっている．ガス流は降着円盤から上下方向対称に吹き出しているのだが，遠ざかる成分は降着円盤に遮られて見えないために，近づく成分（青方偏移成分）だけが見えている．BAL クェーサーがクェーサーの 10%程度でしかないというのは，幾何学的な配置で吸収線が観測されにくいのだろう．

線吸収加速は，温度が1万Kほどで，吸収線に対する光学的厚みが1程度のとき有効に働くメカニズムだ．逆にいえば，非常に高温で完全電離したガスのアウトフローや，光学的に厚いアウトフローでは，線吸収加速は機能しない．

連続光加速

ブラックホールや中性子星の近傍では，ガスの温度は典型的には数千万Kにもなるので，円盤ガスはほぼ完全に電離している．中心天体が白色矮星の場合で

[*15] 元素とその電離状態を表す．たとえば N V は窒素（N）の4階電離（V）を表す．中性の場合は N I である．

[*16] 視線方向に近づく星風中の元素（またはイオン）は背後の星の連続光のドップラー偏移した波長で吸収するので短波長側に吸収線を持ち，視線以外の方向に飛ぶ元素（イオン）は偏移のない光を出すので長波長側に輝線構造を示す．

も「超軟 X 線源（Supersoft X-Ray Source）」と呼ばれる天体では，降り積もってくるガスの量が多いために，中心付近でのガスの温度は数十万 K になっていて，やはりガスは電離状態になっている．ガスが電離してしまうと線吸収のメカニズムは働かないが，電離したガスは円盤からの連続放射を直接に受けて吹き飛ばされることになる．これが「連続光加速」である[17]（図 3.12（右））．

　ミクロにみると，ガスが電離して生じた電子（自由電子と呼ぶ）は，円盤から放射された光子に衝突されて運動量をもらい，外向きの力を受ける．さらに自由電子とイオンは電磁気的な力で強く結びついているので，電子が外向きに動かされるとイオンも引っぱられて，結果として，電離ガス全体が吹き飛ばされることになる．なお，光子と電子の衝突（散乱）は，低エネルギーではトムソン散乱，高エネルギーではコンプトン散乱になる．

　放射圧加速のアウトフローは明るい標準円盤の中心近傍から吹き出しやすい．そして中心近傍から吹き出した水素プラズマガスの流れは，容易に光速の数割にまで加速される．さらに電子・陽電子対プラズマの場合は，光速の 9 割ぐらいまで加速することが可能である．

　光輝く活動天体からのアウトフローでは連続光加速が働いているだろう．たとえば，恒星質量ブラックホールへの超臨界降着が起きている SS 433 天体や，おそらく類似の天体と思われる「超大光度 X 線源 ULX（1.3.5 節）などがそうだ．マイクロクェーサー GRS 1915+105 や GRO J1655−40（3.1.4 節）など，光速の 9 割ぐらいの速度を持つ高度に相対論的なジェットも候補である．さらには超大質量ブラックホールへ超臨界降着している明るい活動銀河，「狭輝線 1 型セイファート銀河 NL Sy1（Narrow-Line Syfert 1, 2.6.3 節）」や 3C 273 に代表される明るいクェーサーにおいても，連続光加速がメインドライブだと思われる．またダストに取り巻かれていると推定される「超光度赤外線銀河 ULIRG（Ultra-Luminous Infrared Galaxies）」などでは，ダストが連続光で加速され，ダストを含んだガスのアウトフローが生じている可能性がある．

　放射圧加速の問題点などは最後に検討したい．

---

　[17] 低エネルギー領域では，実は「ダスト（dust）」も単位質量当たりの断面積が大きいため，連続光で加速されやすい．

第 3 章　高密度天体からの質量放出

┌─ 放射抵抗と終端速度 ─

放射から運動量を受け取るのとは逆の「放射抵抗（Radiation Drag）」という過程もある．放射すなわち大量の光子の存在自体によって，光源の周辺の空間には放射場のエネルギーが存在する．エネルギーは質量と等価で慣性を持つので，放射場の中を運動する粒子は，速度ベクトルと反対方向に，速度の大きさに比例する抵抗を受ける．この作用が放射抵抗だ．同じことを，静止系（実験室系）から粒子と共に動く共動系（粒子系）に移って考えてみよう．共動系で静止した粒子に向かっては，前方から光子が全体として押し寄せてくることになり，その放射力によって粒子は後方に押され減速される．これが静止系での放射抵抗である．

質点 M のまわりの放射場における運動方程式を具体的に書いてみよう．

$$\frac{dv}{dt} = -\frac{GM}{r^2} + \frac{\kappa}{c}\left[F - v(E + P)\right]. \tag{3.22}$$

ここで κ は不透明度と呼ばれる量だが，とりあえず定数としてよい．放射場の量としては，E が放射エネルギー密度，F が放射流束，そして P が放射圧である．

放射場が一定で重力を無視すれば，

$$v_\infty = \frac{F}{E + P} \tag{3.23}$$

で右辺が 0（加速度が 0）となり，粒子の速度が一定になる（このとき，粒子とともに動く共動系では，放射場からの力は 0 になっている）．物理素過程はまったく異なるが，空気中における雨滴の落下問題と状況は似ている．この放射圧と放射抵抗がつりあったときに到達する速度を，「終端速度（Terminal Velocity）」と呼ぶ（最終速度とか終末速度ともいう）．

ちなみに，無限に広がった一様光源の場合，上記の範囲で終端速度は $v_\infty/c = 3/8 \sim 0.375$ となり，特殊相対論で正確に計算すると $v_\infty/c = (4 - \sqrt{7})/3 \sim 0.451$ となる．

相対論的放射流体理論

放射圧加速モデルは多年にわたって調べられてきているが，ガスと放射の相互作用をきちんと解くのは，とくに相対論的な速度で流れが存在している場合は，なかなか大変である．以下では，ガスが光学的に薄い場合，および極度に厚い場合，一般的な場合などについて，放射圧加速モデルの放射流体理論を紹介しよう．

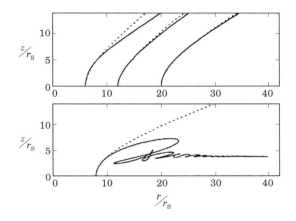

図 3.13 標準降着円盤からの放射圧加速プラズマ風（Tajima & Fukue 1998, *Publ. Astr. Soc. Japan*, 50, 483 より転載）．降着円盤から吹き出したプラズマ粒子の軌道を描いたもので，各パネルの左下原点にブラックホールがあり，目盛りの値はシュバルツシルト半径が単位．エディントン限界光度を単位とした降着円盤の光度は，0.9（上図）と 0.5（下図）．点線は放射抵抗なしで，実線は放射抵抗を考慮した計算．

（1）光学的に薄い放射圧加速風

　ガスが光学的に薄い（半透明な）場合には，ガスが放射に与える影響を無視することができるので問題はかなり簡単になる．すなわち，光源（たとえば降着円盤）の放射場を先に計算しておいて，中心天体の重力場と降着円盤の放射場の中でのガスの運動を計算すればよい．降着円盤表面の温度は中心ほど高温で明るさ分布が一様ではないので，上空の放射場も空間的に非常に複雑なものになるが，高校から大学初年級レベルの幾何学と積分で数値的に計算することはできる．

　中心天体の重力場と数値的に求めた降着円盤の放射場を使い，放射圧や放射抵抗をきちんと考慮して，標準降着円盤から放射圧で駆動されるプラズマ風を計算した例を図 3.13 に示す．エディントン比（降着円盤の光度とエディントン限界光度の比）が 0.9（上図），すなわち降着円盤がかなり明るいときは，降着円盤内縁近傍の比較的広範な範囲から風が吹いて，光速の数割まで加速される．放射抵抗を考慮した場合（実線），多少は減速されるが，放射抵抗がない場合（点線）

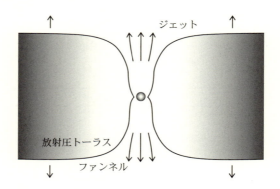

図 3.14 降着トーラスとファンネル．光輝くトーラスの軸上に形成された空洞領域（ファンネル）で，ジェットを収束させ加速することができる．

と軌道はあまり変わらない．エディントン比が 0.5 で降着円盤が中程度に明るいとき（下図）は，放射抵抗を考慮すると粒子は吹き飛ぶことができなくなり，振動しながら平衡高度に落ち着いていく（失敗した風，と呼ぶ）．

　光学的に薄い放射圧加速風では，放射抵抗の存在のために，最終速度が光速の数割に抑えられてしまうことが多い．しかし，ガス密度が高くなり，ジェット流が光学的に厚くなると，放射とガスが渾然一体となって加速されるために放射抵抗は効かなくなり，より大きな最終速度が得られる．

(2) ファンネルジェット流

　ガスが光学的に十分に厚い（きわめて不透明な）場合には，放射とガスの結びつきが強く放射とガスは一体となってふるまう．この場合も問題は比較的簡単である．すなわち，放射とガスの間の細かな相互作用は考えずに，放射とガスを相対論的な一流体として取り扱うことが可能になる．

　たとえば，高密度星の周りの降着円盤で，質量降着率がきわめて大きな場合には，中心近傍で円盤ガスの圧力が極度に高くなり，円盤は鉛直上下方向に膨れて厚くなる可能性がある（図 3.14）．そのような幾何学的に厚い降着円盤のことを降着トーラスと呼ぶ．このとき重要なことは，ガス自身の回転のために，トーラスの回転軸付近には，ガスが入り込むことができなくなることだ．この回転軸近傍の

ガスが入れない空洞領域を「ファンネル（Funnel）」と呼んでいる．このようなファンネル内で，ガスと放射が一体となって加速されると，降着トーラスの内壁でジェットの収束もできるので，加速と収束が同時に可能になる．

ガス圧より放射圧が優勢な一流体近似の場合は，ベルヌーイの式 (3.17) で比熱比を $\Gamma = 4/3$ と置けばよい．ただし，相対論的なジェットでは相対論的なベルヌーイの式を使う必要がある．

具体的には，静止質量密度を ρ，ガス圧と放射圧を合わせた全圧力を P，相対論的な内部エネルギーを ε とすると，ポリトロピックガスの場合は $\varepsilon = \rho c^2 + P/(\Gamma-1)$，$\varepsilon + P = \rho c^2 + \Gamma P/(\Gamma-1)$，そして単位質量当たりのエンタルピーが $(\varepsilon + P)/\rho = c^2 + (\Gamma P/\rho)/(\Gamma-1)$ となる（$\Gamma P/\rho$ は相対論的音速の 2 乗）．また速度を v，ローレンツ因子を $\gamma \equiv 1/\sqrt{1 - v^2/c^2}$，そして質量 M の天体による距離 r における曲率成分を $\sqrt{1 - r_{\rm S}/r}$ とする（$r_{\rm S} \equiv 2GM/c^2$ はシュバルツシルト半径）．このとき，ファンネルに沿った相対論的ベルヌーイの式は，

$$\frac{\varepsilon + P}{\rho} \gamma \sqrt{1 - \frac{r_{\rm S}}{r}} = E \tag{3.24}$$

のように（和の形ではなく）積の形で表される[*18]．

この相対論的ベルヌーイの式 (3.24) を用いれば，熱風の場合と同様，

$$\left(1 + \frac{1}{\Gamma-1}\frac{c_{\rm s0}^2}{c^2}\right)\sqrt{1 - \frac{r_{\rm S}}{r_0}} \sim \frac{E}{c^2} \sim \gamma_\infty = \frac{1}{\sqrt{1 - \frac{v_\infty^2}{c^2}}} \tag{3.27}$$

のように，ジェットの根元の量（沿え字 0）と無限遠での量（沿え字 ∞）を関連付けることができる．

（3）相対論的放射流体流

放射圧加速モデルで解きにくいのは，光学的に厚くも薄くもない中程度の場合

[*18] この式は天下りに与えたが，非相対論への展開をしておこう．まず，

$$c^2 \left(1 + \frac{\Gamma}{\Gamma-1}\frac{P}{\rho c^2}\right)\left(1 - \frac{v^2}{c^2}\right)^{-1/2}\left(1 - \frac{2GM}{c^2 r}\right)^{1/2} = E \tag{3.25}$$

という形にして，c^2 で割った項を微小量として展開すると，

$$c^2 + \frac{\Gamma}{\Gamma-1}\frac{P}{\rho} + \frac{v^2}{2} - \frac{GM}{r} = E \tag{3.26}$$

となり，単位質量当たりの静止質量エネルギー c^2 と非相対論的なベルヌーイの式に帰着する．

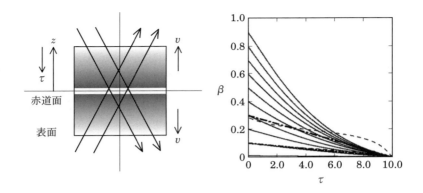

図 3.15 降着円盤から鉛直方向に加速される流れを，相対論的放射流体力学を用いて解いた例（Fukue 2005, *Publ. Astr. Soc. Japan*, 57, 1023 と，Fukue 2015, *Publ. Astr. Soc. Japan*, 67, 14 などより作成）．光り輝く円盤面から鉛直方向に加速される放射圧加速流の簡単なモデル．左図は鉛直座標 z と光学的厚み τ の関係および斜め方向の光線．右図は光学的厚みの関数として表した速度（$\beta = v/c$）．

である．このときは，ガスと放射を相互作用を考慮した二流体として扱う必要がある．

もっとも単純な状況として，一様に広がった光源（降着円盤）から鉛直方向に吹き出す 1 次元定常放射流体流を考えてみよう（図 3.15）．駆動力としては光源の放射圧のみを考え，重力やガス圧などは無視する．

―― **相対論的放射流体の基礎方程式** ――――――――――――――

相対論的放射流体と聞けばとても難しそうだが（いや実際に難しいが），鉛直方向（z）の 1 次元定常流まで単純化し，さらに重力やガス圧なども無視すれば比較的簡単な形になる．以下では，光速 c で規格化した鉛直方向の速度 v を β（$\equiv v/c$），ローレンツ因子を γ（$= 1/\sqrt{1-\beta^2}$）とする．その他は式 (3.22) 参照．

このとき物質の運動方程式は，以下となる：

$$c^2 \gamma \beta \frac{d\beta}{dz} = \frac{\kappa}{c} \left[F(1+\beta^2) - c(E+P)\beta \right]. \tag{3.28}$$

光学的厚み τ を $d\tau \equiv -\kappa\rho dz$ で導入し，連続の式：$\rho c \beta \gamma = \dot{J}$ ($=$ 一定) 使うと，

$$c^2 j \frac{d\beta}{d\tau} = -[F(1+\beta^2) - c(E+P)\beta] \qquad (3.29)$$

のように実に簡単な形にまとまる——式（A）とする．ここで j は質量流出率である．

　実際，たとえば非相対論的な場合（右辺で $\beta = 0$）で，放射流束 F を一定（$= F_0$）と仮定すると，この式はすぐ積分できて，

$$c^2 j \beta = -F_0 \tau + C \ （定数） \qquad (3.30)$$

となり，$\tau = \tau_0$ で $\beta = 0$，$\tau = 0$ で という境界条件を与えると，

$$C = c^2 j \beta_\mathrm{s} = F_0 \tau_0 \qquad (3.31)$$

という重要な関係が得られる．さらに解は，

$$\beta = \beta_\mathrm{s} \left(1 - \frac{\tau}{\tau_0}\right) \qquad (3.32)$$

という形に表せる．この解が図 3.15 の右図の一点鎖線である．

　また放射場の諸量（E, F, P）に対する式としては，いくつかの仮定を置いて放射場をモーメント式で近似するモーメント法（B）と呼ばれるものと，相対論的放射輸送方程式（C）と呼ばれる原理方程式を解いて諸量を求める方法がある．

　物質の運動方程式（A）と放射のモーメント式（B）を合わせたものが放射流体力学の基礎方程式としてよく使われる．しかし，光学的に薄い領域や相対論的な状況では単純な近似が悪くなるので，いろいろな工夫が必要となる．

　放射を伝える光線の伝播を表す相対論的放射輸送方程式（C）を解いて，その結果から放射力を算出し物質の運動方程式に入れれば，相対論的放射流体流を厳密に解くことができる．しかし，放射輸送方程式（C）は，空間変数に加えて光線の伝播方向の角度変数もあるため独立変数が多く，さらに偏微分方程式で解く光線の強度 I を積分として含むという微積分方程式となっており，解くための難易度が高い．相対論的な場合はいわずもがなである．数値的に解くのは可能だが計算コストが非常に高い．ただ，最近ではスパコンの性能も上がっているので手が届く範囲になってきた．

　図 3.15 の左図がモデルのイメージで，方向に依存する光線なども描いてある．右図が速度分布で，横軸は鉛直座標 z のかわりに光学的厚み τ を用いたもの，縦軸は光速で規格化した速度 β（$= v/c$）．全体の光学的厚みを $\tau_0 = 10$ と

し，横軸（$\tau = \tau_0 = 10$，$\beta = 0$）の右端が円盤の赤道面で，左端（$\tau = 0$，$\beta = \beta_s$）が流れの先端に対応する．太い一点鎖線は非相対論的な解析解（$\beta_s = 0.1$ と 0.3）で，破線が放射場に対してモーメント法とエディントン近似というものを用いて解いた解（$\beta_s = 0.1$ と 0.3），そして実線が相対論的放射輸送方程式という原理方程式を真面目に解いて得られた厳密解（$\beta_s = 0.1$–0.9）となる．

　速度が小さい場合（$\beta_s = 0.1$）は，どの解もほとんど同じで線が重なっているが，光速の数割程度（$\beta_s = 0.3$）になると，非相対論的な解（一点鎖線）はもちろん，モーメント法による近似解（破線）も厳密解（実線）とは，ずれてくる．

　なお，非相対論的な解析解からは，光学的厚み τ_0 の間に放射流束 F_0 で加速される放射圧加速流の質量流出率 $\dot{j}$ と最終速度 β_s に対して，

$$c^2 \dot{j} \beta_s = F_0 \tau_0 \tag{3.33}$$

という関係が成り立つ．加速の力 F_0 や距離 τ_0 が大きければ，流れで運べる物質量 $\dot{j}$ や速度 β_s が大きくなれる，という至極もっともな関係である．同時に，速度を大きくすれば質量流出率が小さくなり，その逆も成り立つという，速度と質量流出率がトレードオフの関係になっていることもよくわかる．放射圧加速流に対するこのシンプルな関係は，相対論的な流れでも多次元の場合でも定性的には成り立っていると推定できる，きわめて重要な関係である．

　さて，上記のような簡単な 1 次元流なら，相対論的放射輸送方程式をパソコンで解くこともできる．しかし一般的な 3 次元空間での放射流体流となると，定常流でさえ 5 つの独立変数の偏微分積分方程式となり，スパコンでさえ計算コストがかかりすぎる．したがって，多くの場合は，モーメント法でいろいろな工夫を凝らして近似的に解かれているのが現状だ．

　さらに，実際の放射圧加速アウトフローでは，いままで述べた光学的厚みに関する状況が同時に存在する．すなわち，ジェットやウィンドの深部・基部では光学的に十分に厚く放射とガスは一体として振舞っているだろう——「強平衡（Strong Equilibrium）」と呼ぶこともある．加速されて光学的厚みが減少するにつれて放射とガスは二流体的になっていく．それでもしばらくは，放射の温度とガスの温度はほぼ等しい（「平衡拡散近似（Equilibrium Diffusion Approximation）」）が，次第に放射温度とガス温度も異なってくる（「非平衡拡

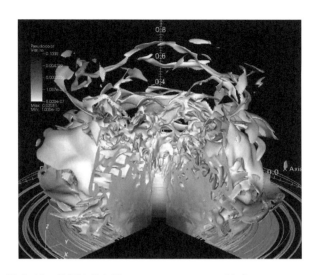

図 3.16 放射流体力学シミュレーションの例（Kobayashi *et al.* 2018, *Publ. Astr. Soc. Japan*, 70, 22 より転載）．超臨界降着流の中心近傍から放射圧で加速されたアウトフローの鳥瞰図で，グレースケールは密度分布を表す．放射力によって千切れたガス塊が吹き出していく様子がみてとれる．

散近似（Non-Equilibrium Diffusion Approximation）」）．これらは場所ごとにも異なったりするはずだ．そして光学的に十分に薄くなったアウトフローの辺縁では，放射とガスは完全に分離して独立な流体として振舞うことになる．

(4) 相対論的放射流体シミュレーション

 ガスと放射の相互作用をきちんと考慮しながら，放射圧によって加速される相対論的なアウトフローを解くためには，最終的には多次元の相対論的放射流体シミュレーションをしなければならない．相対論的放射流体力学の定式化にはまだ問題点があるし，極度に相対論的な領域での計算はまだまだ大変だが，2000年代ぐらいからは多くの放射流体シミュレーションが行われている．そしてまだ光速の数割程度までしか信頼性はないものの，さまざまな成果も得られている．最近の一例を図3.16に示しておく．

 活動銀河ジェットやマイクロクェーサーのジェットなど，ブラックホールの重力場の中で相対論的な速度にまで放射圧で加速されるジェットでは，「一般相対

論的放射流体力学」と呼ばれる現代宇宙物理学でも最大級に難しい問題を解かなければならない．詳細なシミュレーションなども行われつつあるが，2次元や3次元など，より現実的な状況でどうなるかは，今後の研究が待たれる．

ちなみに，放射圧加速モデルでも流線に沿ったベルヌーイの式は書き下せる．すなわち，物質が運ぶエネルギーと放射が運ぶエネルギー F の和：

$$\rho v \left(\frac{v^2}{2} + \frac{\ell^2}{2r^2} + \frac{c_{\rm s}^2}{\Gamma - 1} + \phi \right) + F = E \tag{3.34}$$

は一定という形に表せる．したがって，アウトフローの放射圧加速モデルは，エネルギー的には，流れの根元あたりの放射エネルギーが運動エネルギーに変換していくメカニズムではある．あるいはむしろ，物質の運動方程式で考えたとき，放射圧加速モデルでは右辺に放射力・放射圧の項 $+(\kappa/c)F$ が存在する．この放射力が物質に運動量を与えて加速するのが，放射圧加速の本質である．ただし，この放射エネルギー流 F がどこから来るかが難物で，球対称など完全な1次元流の場合でも流れの根元の方の遠くから来る成分があるし，円盤風など2次元的な場合は流線を横切って届く放射成分がある．さまざまな距離や方向から到来する放射の勘定が難しいのだ．放射が遠達力であることと方向性を有することが，放射流体力学の計算を面倒にしている根本的原因である．

放射圧加速モデルの長所と課題

放射圧加速のメカニズムは，基本的には明確で分かりやすい．したがって，その長所と問題点もはっきりしている．長所として，第1に明るく輝く降着天体との相性が非常にいいことが挙げられる．ブラックホール降着円盤を含め，高密度天体への降着流（降着円盤）は，燃料が十分に供給されれば必ず明るく輝くので，放射を大量に発生させることができる．したがって，放射圧加速は，エネルギー的に困らないし中心光源と容易に共存できる．第2に，放射は中心天体の重力に逆らって外向きに広がる性質があるので，自然な形でアウトフローを形成することができる．実際，超軟X線源，SS 433，明るい活動銀河など，放射圧加速機構が働いていると考えられる天体も多い．

放射圧加速モデルは，光輝く活動天体においては，非常に重要な役割を果たしていると考えられるが，一方で，未解明の問題も多い．最後に，放射圧加速モデ

ルの課題について検討しておこう.

(1) 収束問題: 放射は四方八方へ広がる性質があるので,アウトフローはいいとしても,放射圧だけで細く絞られたジェットに収束するのは難しい.実際,幾何学的に薄い降着円盤からの放射圧加速風は,遠方では広がってしまう性質がある.アウトフローを細く絞ってジェットとするためには,アウトフローを閉じ込める何らかの仕掛けが必要である.そのような仕掛けとしては,たとえば,外部円盤から流れ出す低速で高密度の円盤風とか降着円盤コロナ,あるいは磁場などが考えられる.降着トーラスのファンネルで絞るのもその一つだ.

(2) 加速問題: 放射圧加速ジェットのもう一つの課題は,どれくらいの速度までジェットの加速が可能か(加速限界)である.放射抵抗の働く中で,通常プラズマを相対論的($v = 0.9c$, $\Gamma = 2.55$)あるいは超相対論的($v = 0.99c$, $\Gamma \sim 10$)速度にまで加速するためには,何らかのメカニズムが必要になる.加速性能を上げる可能性の一つが,超臨界降着流だ(2.2.7 節).超臨界降着円盤を用いれば,通常プラズマを光速の 9 割くらいまで加速することが可能になる.あるいは,ガスと放射が渾然一体となって加速されれば,放射抵抗の問題は回避され,原理的には光速まで加速可能になる.いずれにせよ,先にも述べたように,ガスと放射の相互作用をていねいに取り入れて,ブラックホールの重力場中で光速近くまで加速される一般相対論的放射流体力学の問題を解く必要があるだろう.

(3) エネルギー問題: 放射圧加速モデルでは,中心天体へ降ってきたガスの重力エネルギーを,いったん放射に変え,さらに,その放射エネルギーを効率的にジェットの運動エネルギーに変換する.降ってきたガスの量が非常に多ければ,エネルギー的にはそれらの大部分を吹き飛ばすことも可能であり,放射圧加速モデルの変換効率は基本的には高い.ただし,一部のガスにエネルギーが選択的に分配されるのか,方向性(収束性)を持って分配されるのかなど,不明な点も多い.

最後に,繰り返しになるが,宇宙ジェットやウィンドの放射圧加速モデルは,激変星や超軟 X 線源,SS 433 や ULX のような恒星質量ブラックホールへの超臨界降着天体,そして光り輝くクェーサー,BAL クェーサー,UFO 天体など超臨界降着で光輝く活動銀河や ULIRG まで,さまざまな活動天体におけるアウトフロー現象の基本メカニズムである.一方,まだまだ検討すべき課題も多く,今後の研究が俟たれる.

3.3.3 磁気的加速モデル

宇宙ジェットの磁気的加速モデルは，活動銀河核ジェットを説明するために，1970年代後半，ラブレス（R.V.E. Lovelace）とブランドフォード（R.D. Blandford）によって独立に提唱された．パルサー風モデルをそのまま活動銀河核の降着円盤に応用するアイディアである．その後，ブランドフォードとペイン（D.P. Payne）が，電磁流体（MHD）モデルを初めてきちんと計算し，これが現代の宇宙ジェット磁気的加速モデルの出発点となった．その後，星形成領域のジェットが発見されると，磁気的加速機構をこれらのジェットに応用した内田豊と柴田一成のモデルなどが現れた．この節では，宇宙ジェットの電磁流体モデルを概説する．

磁気的加速メカニズム

降着円盤にほぼ垂直な磁力線があるとしよう．降着円盤および周辺のガスは多くの場合電離しており，プラズマ状態になっている．磁力線はプラズマに「凍りついている」ので図3.17（左）のようになり，円盤が回転すると磁力線は円盤に引きずられて一緒に回転する（図3.17（右））．もし磁力線が図のように円盤の垂線から少し傾けば，遠心力が働き，プラズマは磁力線に沿って運動を始め

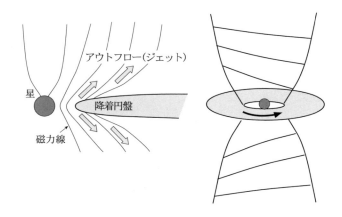

図 **3.17** ジェット磁気的加速機構の概念図（Shibata & Kudoh 1999, in Proc. Star Formation 1999, Nobeyama Radio Observatory, p.263 より転載）．

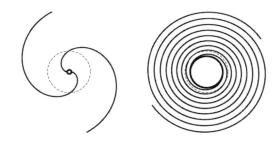

図 3.18 MHD ジェットを上から見たときの磁力線（Spruit 1996, Evolutionary processes in binary stars, NATO ASI Series C., 477, 249 より転載）．実線は磁力線，破線はアルベーン半径の位置．左図は磁場が強い場合，右図は磁場が弱い場合．

る．磁場が原因で遠心力が発生したので，これを「磁気遠心力加速」と呼ぶ．このようにして，降着円盤を貫く磁力線に沿ってプラズマが加速される．

磁力線は剛体ではないので，実際には回転方向に曲げられ，磁力線は図 3.17（右）のようにぎりぎり巻きとなる．こうなると，磁力線どうしの反発力，すなわち，磁気圧が効いて，円盤に垂直方向にプラズマが加速される．縮めたバネから手を離すとバネがはじけて跳ぶように，ぎりぎり巻きの磁力線上のプラズマは激しく加速される．これを「磁気圧加速」という．このようにして，回転する円盤を貫く磁力線上のプラズマは 2 種類の力，磁気遠心力と磁気圧，によって円盤から外側に加速される．

磁場が強いときは，図 3.18（左）のように磁力線の曲がりが緩やかになり，プラズマは中心から破線のあたりまでほぼ一定の角速度で剛体回転する（これを共回転という）．破線までの距離をアルベーン半径と呼ぶ．このときは磁気遠心力が効く．磁場が弱いときは，図 3.18（右）のように円盤のすぐ近くからぎりぎり巻きになるので，磁気圧が主要な加速機構となる．ここでは降着円盤を考えたが，任意の回転物体，たとえば，すべての回転する星に適用できる．実際，もともとこのメカニズムは強い磁場を持つ回転中性子星（パルサー）から発生するパルサー風加速のために考えられた．

磁気的加速モデルの長所

　宇宙ジェットは高速に加速されるだけでなく，細長く絞られている．これをコリメーションという．いかなるジェットのモデルも加速だけでなくコリメーションのメカニズムも，説明しなければならない．じつは，上で述べた磁気的加速メカニズムは，このコリメーションも自然に説明できる．図 3.17 （右）にあるように，ジェットの周りには磁力線が必ずぎりぎりと巻きつく．磁力線はゴムひものような性質を持っているので，巻きついた磁力線には張力が働く（これを磁気張力という）．この磁気張力でジェットは細く絞られる（磁気ピンチ）．このような自発的なコリメーション機構は他の加速機構（ガス圧，放射圧）にはない，磁気的加速機構の大きな長所である．

　磁気的加速メカニズムのもう一つの長所は角運動量輸送である．回転する星間雲からいかにして角運動量を取り除いて収縮させ星を形成するか．これは星だけでなくあらゆる天体形成にとって共通の基本問題で，天文学の長年の難問の一つであった（角運動量問題）．磁気的加速機構では，磁気力による角運動量輸送により，角運動量問題が自然に解決される．磁力線が少しでも円盤中のプラズマの回転運動を妨げるように存在すれば，つまり磁力線がプラズマに引きずられれば，回転運動は減速され，角運動量を失う．磁気的加速機構では，このメカニズムが円盤を貫く磁力線と円盤の回転運動の間で起きており，角運動量輸送がきわめて効率よく進む．磁気力によってジェットが形成されれば，中心天体の形成が早く進む．極端な言い方をすれば，かつて 46 億年前に原始太陽系で，比較的短時間のうちに太陽ができ，その結果，地球ができ生命が誕生したのは，「磁気的ジェットが形成されたおかげ」，と言えるかもしれない．

ジェットの MHD シミュレーション

　先に述べた磁気的加速メカニズムを，電磁流体力学の方程式をきちんと解いて調べるのは容易ではない．しかしながら，計算機の発達により，続々とジェットのシミュレーションがなされるようになった．はたして細く絞られたジェットは形成されるのであろうか？

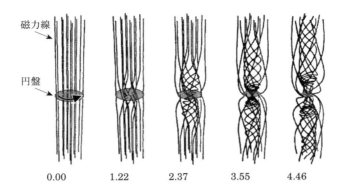

図 3.19 磁気的加速の非定常シミュレーション (Shibata & Uchida 1990, *Publ. Astr. Soc. Japan*, 42, 39). 数字は無次元の時間を表す．ただし，$2\pi = 6.28$ が円盤の 1 回転周期になるような単位で測られている．この例では，ジェットのパラメータは，磁気エネルギー/重力エネルギー $= 7.2 \times 10^{-3}$，熱エネルギー/重力エネルギー $= 3 \times 10^{-3}$.

非定常シミュレーション

宇宙ジェットの非定常 MHD シミュレーションが開始されたのは 1984 年のことであった．図 3.19 は，当時行われた数値計算の典型例を示す．初期に点状の重力源（原始星，ブラックホールなど）の周りを回転円盤（降着円盤）がまわっている状況を考える．円盤の外側には高温のコロナがあるとする．この状況で磁力線が円盤を垂直に一様に貫いていると，磁力線はプラズマに凍結されているので，円盤の回転に引きずられ，ねじれが発生する．ねじれはアルベーン波として円盤の上下に伝わり，そのとき円盤は角運動量を失うので，中心に落下し始める．円盤は落下すればするほど回転速度を増すから磁力線はますます強くねじられる．このように，円盤の落下（降着）と磁力線のねじれ発生は相互に助け合いながらどんどん激しくなる．

円盤が中心付近に落ち込むことによって磁力線が大きく変形し，磁力線に沿った方向の遠心力が重力に勝るようになると，円盤表面付近のプラズマが上下に噴出し始め，中空円筒のシェル状のジェットが形成される．ジェットは強くねじれた磁場の圧力によってさらに加速され，最終的に円盤の回転速度（ケプラー速

162 | 第 3 章 高密度天体からの質量放出

度，2.2.2 節参照）程度の速度になる．また，ジェット中の磁場は回転方向にぎりぎり巻きにねじられているので，磁気張力によってジェットが細く絞られる．このような状況が，非定常の 2 次元計算で明らかにされた．

ところで，2 次元非定常シミュレーションの結果は，ジェットが決して定常にならないことを示している．ジェットはなぜ定常にならないのであろうか？ これは降着円盤の物理で決まっている．降着円盤中に磁場があると，磁気回転不安定性が発生し，乱流状態になるからである．しかもこの乱流は磁気乱流なので，磁気リコネクション[*19]が至るところで起こる．爆発だらけの乱流といえる．ジェットの噴出も間歇的となり，ジェット中に内部衝撃波が発生することが予想される．以上の「理論的予言」は，降着円盤の X 線観測から知られている時間変動や，ジェットのノットの観測から推測されている衝撃波構造とよく合致している．これらの特徴は，後ほどなされた 3 次元計算でも確認されている．

初期磁場が一様磁場でない場合

これまでの計算では，初期磁場は簡単のため一様だと仮定されていた．初期磁場の形が一様でないときもジェットは形成されるのであろうか？ 林満らは，原始星ダイポール磁場と降着円盤の相互作用によってジェットが形成されるかどうか，非定常 2.5 次元 MHD シミュレーションによって調べ，その結果，たしかにケプラー速度程度のアウトフローが発生することを確かめた．図 3.20 にその時間変化の代表的な結果を示す．

これを見ると，ダイポール磁場が円盤の回転によってねじられて次第に膨張し，ついには爆発的な「磁気リコネクション」を起こす（時間 = 2.68 の図から時間 = 4.01 の図の間の変化に対応）．その結果，アウトフローが発生しているのが分かる．膨張の原因は一様磁場の場合と同様に，ドーナツ状の磁場成分の増大による磁気圧の増加のためである．しかしこの場合は磁気リコネクションが重要で，局所的にはアルベーン速度に達する高速アウトフローも発生する．また，磁気リコネクションにより加熱されたプラズマは数千万度 〜1 億度にも達し，超高温フレアとして観測されるはずである．実際，小山勝二らは「あすか」の原始星観測で，生まれたばかりの星でも 1 億度に達する超高温フレアが発生していることを発見した．

[*19] 24 ページの脚注 23 参照．

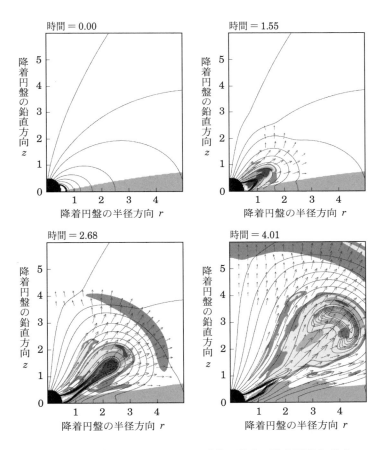

図 3.20 初期磁場がダイポール磁場の場合の降着円盤とダイポール磁場の相互作用を MHD シミュレーションで表す（口絵 6 参照, Hayashi et al. 1996, ApJ, 468, L37 より転載）. 図の縦軸・横軸の数字は初期の円盤の半径を単位にしたもの. 時間の単位は図 3.19 と同じ.

一般相対論的 MHD シミュレーション

活動銀河核，マイクロクェーサー，ガンマ線バーストでは，相対論的なジェットが観測されており，中心にブラックホールがあると考えられている．ブラックホール近傍からのジェット形成を正確に計算するには，一般相対論を考慮した電磁流体方程式を解かねばならない．

近年，コンピュータの発達により，そのような計算も可能になった．この分野では小出真路らが，世界に先駆けてブラックホール近傍から噴出するジェットの一般相対論的電磁流体シミュレーションに成功した．その結果，非相対論で計算されていた磁気的降着円盤から噴出するジェットのおおまかな性質は一般相対論を考慮してもなりたつことが判明した．ただし，一般相対論を考慮した場合は，シュバルツシルト半径の3倍より内側で安定軌道がないことを反映してプラズマの降着運動が激しくなり，衝撃波ができやすくなる．またブラックホールが回転している場合は，エルゴ球の中では時空が引きずられるため[20]，降着円盤がなくても磁力線がねじられ，その結果，ブラックホールのエネルギーと角運動量が外部に放出される．図 3.21 はそのような場合の典型的な磁力線形状である．

磁気的加速モデルの観測的検証

ジェットが磁場の力で加速されている証拠はあるだろうか？　磁場の観測は天体観測の中でもっとも難しい種類の観測なので，直接的証拠はまだない．しかし間接的証拠（あるいは状況証拠）はいくつかある．もしジェットが磁気的に加速されていれば，ジェットはぎりぎり巻きにねじれた螺旋状の磁場を持つはずだ．そのようなぎりぎり巻きの磁力線があると，ジェットは DNA のような2重螺旋構造を示すようになるかもしれない．実際，そのような螺旋磁場構造を持つジェットが活動銀河核ジェットでいくつか見つかっている．これは磁気的加速機構の間接的証拠であろう．

原始星降着円盤から噴出するジェットに関しては，中心星（原始星）からの放射も，降着円盤自身のガス圧も，加速には不十分で，磁気的加速であると考えら

---

[20] エルゴ球というのは，回転するブラックホールの周辺（赤道近辺）にできる異常空間のことで，そこに入ると物質はもちろん，光でさえもブラックホールと同じ向きに回転せざるを得なくなる．つまり，空間がブラックホールの回転方向に引きずられる．このことを「時空の引きずり効果」と呼ぶ．

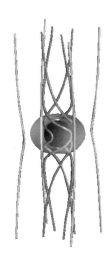

図 3.21 回転するブラックホール（カー解）のエルゴ球と磁力線の相互作用に関する一般相対論的 MHD シミュレーション（Koide *et al.* 2002, *Science*, 295, 1688 より転載）．降着円盤がなくてもブラックホールの回転による時空の引きずりが回転円盤と同じような役割を果たすので，アルベーン波が発生し，ブラックホールからエネルギーや角運動量を引き抜くことができる．

れる．実際，中心の原始星自身は強い磁場の存在を示唆するフレアをさかんに起こしており，T タウリ型星として知られる若い星（前主系列星）では，星全体で 0.1–1 T にのぼる強い磁場が観測されている星もある．そのような星からもジェットが噴出しているので，このような磁場観測は，ジェットの磁気的加速機構の間接的な証拠といえる．

　磁気的に加速されたジェットでは，足元の降着円盤の回転が磁力線によって伝わり（角運動量が輸送され），ジェットそのものが回転しながら噴出し伝播しているはずである．ハッブル宇宙望遠鏡は噴出速度約 $100\,\mathrm{km\,s^{-1}}$ のジェットの中におよそ $10\,\mathrm{km\,s^{-1}}$ で我々に近づく向きと遠ざかる向きの速度場を発見した．これはジェットの回転運動の証拠であろう．この回転の向きは足元の降着円盤の回転の向きと同じ向きであり，ジェットの回転速度も磁気的加速機構の予言と大体よく合っている．磁場以外の機構で回転運動を説明することは困難なので，この

166 | 第3章 高密度天体からの質量放出

観測結果はジェットの磁気的加速機構の有力な証拠である．原始星などの若い星から噴出するジェットに関しては，観測精度の向上によって，このようなジェットの回転運動が近年続々と検出されるようになってきたので，磁気的加速機構はかなり有力になってきた．

残された課題

　以上見てきたように，宇宙ジェットの磁気的加速モデルは 1970 年代半ば以来，著しい発展を遂げた．特にスーパーコンピュータの発展によって，ジェットの加速や伝播に関して，解析的手法ではとうてい解くことができないような複雑な 3 次元時間発展の様子まで調べられるようになったのは，大きな進歩である．しかしながら，観測による検証や，理論的な問題点など，今後の課題も少なくない．以下に，今まであまり触れてこなかった重要な問題点をまとめておく．

　（1）　超相対論的ジェットの形成：活動銀河核ジェットやガンマ線バーストではローレンツ因子が 10 以上の超相対論的ジェットが噴出していると考えられている．はたして超相対論的ジェットはいかにして形成されるのだろうか？

　（2）　電子・陽電子プラズマジェット：活動銀河核ジェットを構成する物質は，通常のプラズマ（電子・陽子）ではなくて，電子・陽電子プラズマの可能性がある．後者の場合，はたして通常の電磁流体力学が適用できるのかどうか，まだ分かっていない．

　（3）　ジェットのエネルギー変換の問題：近年の X 線観測によれば，活動銀河核ジェット中の粒子のエネルギーは磁場のエネルギーの 10 倍くらい大きい．つまり，ジェットが磁気的に加速されているならば，観測されているあたりまでに，磁場のエネルギーを運動エネルギーに十分変換しておく必要がある．しかし，磁力線が放射状，あるいはそれよりも細くコリメーションされている場合は有限の磁気エネルギーが残ることが知られているので，コリメーションしつつエネルギー変換を行うのは困難である．これを解決するアイディアとしては，ジェットにはコリメートされた細いジェットとコリメートされていないアウトフローの 2 成分あるという考え方と，磁気リコネクションを利用してエネルギー変換を行うという考え方がある．

　（4）　ジェットの内部構造（ノット）の起源：ジェットには原始星ジェットか

ら活動銀河核ジェットにいたるまであまねくノット構造が見られるが，その起源はまだ不明である．ジェット自身の不安定性に起因するのか，それとも，中心エンジンの時間変動によるものなのか？　今後，理論と観測の比較によるモデルの定量化がおおいに期待される．マイクロクェーサー，活動銀河核，ガンマ線バーストでは，今後の観測の発展に期待したい．

第4章

粒子線と重力波天文学

4.1 宇宙線

　宇宙線は宇宙空間を飛びまわる高エネルギーの陽子，原子核，電子等である．広い意味では宇宙を飛びまわる高エネルギーの粒子の総称として使われ，電荷を持たないガンマ線，宇宙ニュートリノなどを含めることもある．この節では，最初の定義である電荷を持った高エネルギー粒子の宇宙線について述べる．

4.1.1 宇宙線のスペクトル

　図 4.1 に宇宙線のエネルギー分布を示す．10^8 eV から 10^{20} eV までそのエネルギー分布は 12 桁にわたっている．さまざまな衛星や気球実験により 10^8 eV から 10^{15} eV まで測定され，10^{13} eV から 10^{20} eV の領域は宇宙線が大気中で引き起こす空気シャワーという現象を高山，地上に設置された検出器で測定する方法がとられている．それにより 30 桁を超える強度範囲で測定されている．驚くべきことに，広いエネルギー範囲に広がった宇宙線のエネルギー分布は，折れ曲がりのある単純なべき関数で示される．どのようなプロセスにより，どこで宇宙

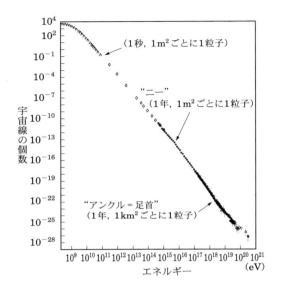

図 4.1 宇宙線のエネルギースペクトル．10^8 eV から 10^{20} eV にわたる広いエネルギー領域においてさまざまな方法により測定されている．広いエネルギー領域で，数本のべき関数で分布を表すことができる．3×10^{15} eV にあるスペクトルの折れ曲がりは「ニー（knee，ひざという意味）」と呼ばれ，宇宙線の銀河からの漏れ出し，または銀河宇宙線の加速限界を示すと考えられる．10^{20} eV 以上，どこまでそのスペクトルが延びているかは不明である．

線が 10^{20} eV ものエネルギーまで加速されているのか．宇宙線のエネルギーの上限は存在するのか．どのようなメカニズムによりべき関数で示されるエネルギー分布がつくられるのだろうか．

4.1.2 宇宙線の化学組成

図 4.2 に宇宙線の主要成分，水素（H），ヘリウム（He），炭素（C），鉄（Fe）の原子核のエネルギースペクトルを示す．頻度分布が 10^3 MeV/nucleon （核子あたり 10^3 MeV）以下で高エネルギーからのべき関数から大きく外れている．これは太陽風磁場による影響であり，太陽活動とともに，その頻度，ピークの位置

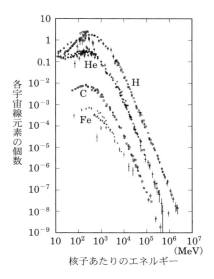

図 4.2 主要な宇宙線成分のエネルギースペクトル．核子あたりのエネルギーで示されている．

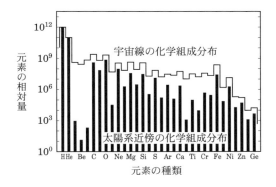

図 4.3 宇宙線の化学組成分布（ヒストグラム）を太陽系近傍の化学組成分布（棒グラフ）と比較．H（水素）の量を 10^{12} に規格化してある．

は変化する．銀河宇宙線は太陽風に抗して地球に伝播しなければならないから，太陽活動が激しいときには，頻度が下がり，穏やかなときには頻度が上がる．

図 4.3 は，宇宙線の化学組成分布（ヒストグラム）と太陽系近傍の化学組成分

布（棒グラフ）とを比較したものであり，以下の事柄が分かる．

(1) 偶数の原子番号の原子核は安定であり，偶数・奇数の原子番号で頻度の大・小が宇宙線と太陽近傍物質の両者に見られる．

(2) 宇宙線中の軽い原子核，リチウム（Li），ベリリウム（Be），ホウ素（B）が太陽系近傍物質に比べ圧倒的に多い．

(3) 宇宙線中に，鉄原子核（Fe）より少し軽い原子核の過剰が見られる．

(4) 宇宙線中の水素（H），ヘリウム（He）の量は太陽系近傍物質と比べて少ない．

これらの宇宙線と太陽系近傍物質の化学組成の相違は，おもに発生源から太陽系までの伝播中に宇宙線が星間ガスと衝突し，原子核が壊され，より軽い原子核がつくられることによる．

4.1.3　宇宙線の銀河内での寿命

4.1.2 節において（2）で述べたように，宇宙線中の軽い原子核，Li, Be, B が太陽系近傍物質に比べ圧倒的に多い．たとえば，B は宇宙線源で生成されることはなく，C の伝播中に星間ガスとの衝突で 2 次粒子として生成されると考えられている．実際に宇宙線中の B と C の割合から，宇宙線がその源から我々が観測するまでに $50\text{–}100\,\mathrm{kg\,m^{-2}}$ の物質を伝播中に通過していることが分かる．

一方，銀河内でのガス中の物質密度（陽子密度）は，$\sim 5 \times 10^5$ 個 $\mathrm{m^{-3}}$ であり，宇宙線の伝播距離は $\sim 10^{23}\,\mathrm{m}$ となり光速度で割ると $\sim 10^7$ 年と推定できる．これが宇宙線寿命と考えられる．また，Be の同位体を使って宇宙線の寿命の推定ができるが，およそ 2 倍長い寿命を与えており，宇宙線が平均的な銀河面よりもガス密度の低いところを通過していることを示唆している．

4.1.4　宇宙線の起源

太陽系近傍の宇宙線のエネルギー密度はほぼ $1\,\mathrm{MeV\,m^{-3}}$ であり，この値は銀河内磁場の持つエネルギー $0.3\,\mathrm{MeV\,m^{-3}}$ と大差ない．このことから，宇宙線（荷電粒子）と銀河磁場との間でのエネルギーのやりとりが想像される．銀河円盤の体積をおよそ $10^{61}\,\mathrm{m^3}$（15 kpc 半径円盤，1.5 kpc 厚）とすると，銀河円盤に蓄えられている全エネルギー量は $10^{48}\,\mathrm{J}$ と莫大な値になる．この値を宇宙線

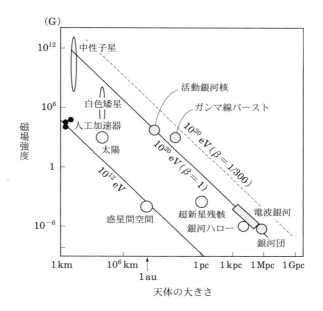

図 4.4 宇宙線源候補天体と加速限界．ここで，$\beta\ (=v/c)$ はフェルミ加速における衝撃波速度．

の銀河円盤内での寿命 10^7 年（3×10^{14} 秒）で割った値，3×10^{33} W で宇宙線が銀河内で生成されていなければならない．一方，銀河内宇宙線の源と考えられる超新星爆発のエネルギーを 10^{44} J として，その 3%程度が宇宙線の加速に使われるとする．30 年に 1 度の爆発の頻度を仮定すると 3×10^{42} J$/10^9$ 秒 $= 3\times10^{33}$ W となり，宇宙線へのエネルギー供給はまかなえる．

図 4.4 は宇宙線の候補天体を横軸が天体スケール，縦軸が天体の磁場強度で示している．加速機構はなんであれ，加速できるエネルギーの上限は，荷電粒子のラーモア半径（ρ_c）が天体サイズ（L）よりも小さくなければならないから，

$$\rho_\mathrm{c} = \frac{p}{ZeB} \sim \frac{E}{ZecB} \leqq L,$$

よって最大エネルギーは $E_\mathrm{max} = ZecBL$ と計算できる．

図 4.4 では宇宙線陽子を仮定しているが，電荷 Z の原子核を仮定した場合には，10^{20} eV までの加速は，天体の磁場強度 B と大きさ L の積 BL が Z 倍小さ

な天体まで許されることになる.

一方, 磁場による誘導電場は $v \times B$ と記述され, それを天体サイズまで積分した場合の電圧は $V = vBL$ だから, $E_{\max} = ZevBL$ となる. これは宇宙線が光速度で動いているとすると前述の $E_{\max}$ と同じになる. この条件から, 銀河宇宙線源の候補天体としては, 超新星爆発, パルサー, マイクロクェーサー等があげられ, 銀河系外宇宙線 (最高エネルギー宇宙線) 源の候補天体としては活動銀河核, ガンマ線バースト, 電波銀河, 衝突銀河, 銀河団等があげられる.

おのおのの天体での加速最大エネルギーについての議論では, 上の議論だけでなくエネルギー損失についても同時に考慮しなくてはならない. 図 4.4 からはパルサーでの粒子加速は $10^{20}\,\mathrm{eV}$ まで到達しそうに思えるが, あまりにも磁場が強くシンクロトロン放射 (4.2.1 節) や曲率放射 (1.2.4 節) のエネルギー損失は $B^2 E^2$ に比例し, エネルギーとともに急速に増大する. 加速によるエネルギー利得と放射によるエネルギー損失がつりあうエネルギーが加速最大エネルギーとなる.

$10^{19}\,\mathrm{eV}$ を超える宇宙線は銀河系外起源と考えられるが, 加速時間が長いと, GZK 効果 (コラム「最高エネルギーの宇宙線の運命」参照) でエネルギー損失が効き始める. したがって, たとえ $10^{20}\,\mathrm{eV}$ 以上まで加速が可能な大きさと磁場強度を持っていても, 実際の最大エネルギーは $6 \times 10^{19}\,\mathrm{eV}$ で頭打ちになる. 宇宙線の加速についての詳細は 4.2 節で述べる.

──最高エネルギーの宇宙線の運命──

(1) **陽子** $10^{18}\,\mathrm{eV}$ を超える最高エネルギーの宇宙線陽子は 2.7 K 宇宙背景放射と衝突し, 電子・陽電子を対生成する.

$$\mathrm{p} + \gamma_{2.7\,\mathrm{K}} \longrightarrow \mathrm{p} + \mathrm{e}^+ + \mathrm{e}^- \quad (E_\mathrm{p} > 10^{18}\,\mathrm{eV}) \quad (\text{電子–陽電子対生成}).$$

また $6 \times 10^{19}\,\mathrm{eV}$ を超えると光 $-\pi$ 中間子生成が始まる.

$$\mathrm{p} + \gamma_{2.7\,\mathrm{K}} \longrightarrow \Delta^+ \longrightarrow \mathrm{X} + \pi \ (E_\mathrm{p} > 6 \times 10^{19}\,\mathrm{eV}) \quad (\text{光–}\pi\text{ 中間子生成})$$

ここで X は陽子, 中性子などのバリオンである.

光 $-\pi$ 中間子生成では, 閾値を少し超えたあたり ($\sim 10^{20}\,\mathrm{eV}$) で, Δ^+ の共鳴状態により大きな反応断面積を持つ ($\sim 5 \times 10^{-24}\,\mathrm{m}^{-2}$). 宇宙線のエネルギーが上がるにつれて (衝突エネルギーが上がるにつれて), 複数の π 中間子が生成されるようになる. これらの π 中間子は崩壊し, 中性 π 中間子の場合は

ガンマ線に $\pi^0 \longrightarrow 2\gamma$, 荷電 π 中間子の場合は $\pi^{+-} \longrightarrow \mu + \nu_\mu \longrightarrow e + \nu_e + \nu_\mu + \nu_\mu$ と崩壊する．これらのガンマ線，電子は宇宙空間でカスケードを起こし，1–100 GeV 領域の拡散ガンマ線をつくる．またニュートリノは 10^{18}–10^{19} eV 領域に分布する．

宇宙線陽子は 6 Mpc に 1 回程度の確率で光 $-\pi$ 中間子生成反応を起こすが，そのときおよそ 10–20%（π 中間子と陽子の質量比程度）のエネルギー損失を受けるので，数回の相互作用でもとの宇宙線陽子は大半のエネルギーを損失し，30–100 Mpc より長い距離を飛来できない．このような効果は宇宙背景放射の発見後，ただちにグライツェン，ザツェピン，クズミン（K. Greisen, G. Zatsepin, A. Kuzmin）により指摘されたので，GZK 効果と呼ばれている．

（2）**原子核** 宇宙線原子核の場合，2.7 K 宇宙背景放射と衝突し，光核反応を起こし，宇宙線原子核が壊れてしまう．たとえば，実験室において，およそ 10 MeV のガンマ線を原子核に照射すると，原子核の光核反応が起こり中性子，He 核が放出される．宇宙空間においては，2.7 K 背景放射とたとえば鉄原子核 3×10^{20} eV との間で同じ相互作用がおこる．電荷 Z の宇宙線は $(Z) * 10^{19}$ eV 以上では宇宙空間を 100 Mpc 以上伝播できない．光核反応は反応断面積が大きく，銀河ダストから赤外線背景放射との衝突も無視できない寄与としてあらわれる．

（3）**ガンマ線** 2.7 K 背景放射は $\varepsilon = 2.3 \times 10^{-4}$ eV にピークを持つ黒体放射である．この光子にエネルギー E_γ のガンマ線が衝突すると衝突エネルギーは $2\sqrt{E_\gamma \times \varepsilon}$ となる．これが閾値 1 MeV 以上になると電子・陽電子の対生成が起こる．したがって 10^{16} eV 以上の超高エネルギーガンマ線は宇宙空間を約 1 Mpc ほど伝播すると，2.7 K 背景放射と衝突し，電子・陽電子対に壊れる．この電子・陽電子対は宇宙背景放射を逆コンプトン散乱により，高エネルギーのガンマ線に変える．このガンマ線がまた電子・陽電子対に壊れる．これを電磁カスケードという．この過程でガンマ線のエネルギーはどんどん下がり，電子，陽電子，ガンマ線の数は増えてゆく．

4.1.5 宇宙線の伝播

図 4.5 に，宇宙線電子，宇宙ガンマ線，高エネルギー宇宙線陽子の場合の宇宙空間での吸収長，減衰長（mean free path）を示す．

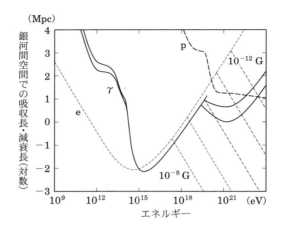

図 4.5 宇宙線電子，宇宙ガンマ線，高エネルギー宇宙線陽子のエネルギー（横軸：eV の対数）に対する銀河間空間での吸収長，減衰長（縦軸：Mpc の対数）．超高エネルギー電子（e）の減衰長はシンクロトロン放射によるエネルギー損失が銀河間空間での磁場強度に依存する．10^{-8} G, 10^{-9} G, 10^{-10} G, 10^{-11} G, 10^{-12} G の五つの場合が破線で示されている（$1\,\text{G} = 10^{-4}\,\text{T}$）．ガンマ線（γ）は銀河間を満たす可視光，赤外線，2.7 K 背景放射，電波等の光子と衝突し，$\mu^+ \cdot \mu^-$ 対生成（〜 10^{20} eV 以上）や電子・陽電子対生成（〜 10^{15} eV 以上）を起こして吸収される．吸収長は実線で示されているが，複数の線は赤外線，電波の拡散成分の不確定性を示している．高エネルギー宇宙線陽子（p）の減衰長は破線で示されている．その破線で 10^{18} eV–10^{19} eV に見られる「肩」と 10^{20} eV に見える急激な落ち込みは，2.7 K 背景放射との衝突による電子・陽電子対生成と π 中間子生成に対応している（GZK 効果）．超高エネルギー粒子，高エネルギーガンマ線にとって宇宙は透明でないことが分かる．

宇宙線電子

　宇宙線電子は，銀河間空間において 2.7 K 背景放射光子[*1]との逆コンプトン散乱によりエネルギーを損失する（4.2.1 節）．衝突ごとのエネルギー損失率は電子のエネルギーの 2 乗（E^2）に比例して大きくなる．10^{15} eV 付近から，トムソン領域からクライン–仁科（19 ページのコラム「電磁放射のプロセス」参照）領域

[*1] ビッグバンのなごりである宇宙背景放射光子のこと．3 K 背景放射光子ともいう．

に入り，散乱断面積が $E^{-0.5}$ で小さくなるため減衰長は伸びに転ずるが，銀河間磁場との相互作用によるシンクロトロン放射が優勢になると，再び急激に減衰長が短くなる．

図 4.5 には，五つの磁場強度の場合についての宇宙線電子の吸収・減衰長の計算結果が示されている．銀河内の磁場強度は，およそ 3×10^{-10} T であり，銀河磁場によるシンクロトロン放射も逆コンプトン散乱と同様，重要なエネルギー損失過程となる．この他にガスとの衝突による制動放射も無視できない．たとえば銀河磁場内での伝播を考えれば，$\geqq 1$ TeV の宇宙線電子の寿命はおよそ $\leqq 3 \times 10^5$ 年 である．これは電子が光速で走るとすれば 100 kpc に相当するが，銀河磁場内でのラーモア半径はこれよりはるかに小さいので，高エネルギー電子は近傍の源（数百 pc 以内）からの伝播に限られる．

逆コンプトン（IC）とシンクロトロン放射（synch）によるエネルギー損失率の比は

$$\frac{(dE/dt)_{\mathrm{IC}}}{(dE/dt)_{\mathrm{synch}}} = \frac{U_{\mathrm{rad}}}{U_{\mathrm{mag}}} \tag{4.1}$$

で与えられる（式（4.7）と式（4.8）参照）．銀河内での星から光が持つエネルギー密度は，$U_{\mathrm{rad}} \sim 0.6$ MeV m^{-3} で，宇宙背景放射は $U_{\mathrm{rad}} \sim 0.26$ MeV m^{-3} である．一方，典型的な銀河磁場 3×10^{-10} T のエネルギー密度は $U_{\mathrm{mag}} = 0.3$ MeV m^{-3} となる．したがって銀河系内ではシンクロトロン放射と逆コンプトン散乱によるエネルギー損失はほぼ等しい．これら逆コンプトン，シンクロトロン放射によるエネルギー損失により，宇宙線電子，陽電子のエネルギースペクトルの傾斜は一般に宇宙線陽子よりきつくなる．

宇宙ガンマ線

超高エネルギーガンマ線でも 2.7 K 背景放射光子，赤外線，可視光との相互作用は非常に重要である．たとえば，10^{18-20} eV の超高エネルギーガンマ線が，遠方（たとえば $\sim$ Gpc）の宇宙線源（活動銀河など）でつくられたとしよう．このガンマ線は 1–10 Mpc ほどの伝播で 2.7 K 背景放射と衝突し，電子・陽電子対に壊れる．この電子・陽電子対は宇宙背景放射を逆コンプトン散乱により，高エネルギーのガンマ線に変える．このガンマ線がまた電子・陽電子対に壊れる．

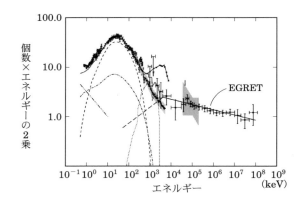

図 4.6 拡散 X 線，ガンマ線のエネルギースペクトル分布（E^2 が縦軸に掛けてある）．超高エネルギー宇宙線の宇宙空間での電磁カスケード成分が，EGRET で測定された E^{-2} のべき関数で伸びる拡散ガンマ線の成分に寄与している可能性がある．

このようにしてガンマ線のエネルギーはどんどん下がり，電子，陽電子，ガンマ線の数は増えてゆく．これを電磁カスケード（174 ページのコラム「最高エネルギーの宇宙線の運命」参照）という．ガンマ線の相互作用長はエネルギーが下がるとともに短くなり，10^{15} eV あたりで極小値になり，その値は銀河の大きさのおよそ 10 kpc に相当する（図 4.5）．さらに電磁カスケードでガンマ線のエネルギーが 1–100 GeV 近辺まで下がると，初めて遠方（100–1000 Mpc）の天体が見えるようになる．

ガンマ線衛星「CGRO」搭載の EGRET は 1–100 GeV 領域の拡散ガンマ線を発見した（図 4.6 の高エネルギー側スペクトル）．その一部は，ガンマ線バーストからの超高エネルギーガンマ線が電磁カスケードで 1–100 GeV 近辺まで下がったものかもしれない．逆にこの拡散ガンマ線強度の値から，超高エネルギー宇宙線，ガンマ線，ニュートリノの宇宙での生成量に制限を与えることができる．

宇宙線陽子

10^{20} eV を超えるエネルギーの宇宙線陽子は，GZK 効果（174 ページのコラム「最高エネルギーの宇宙線の運命」）により 30–100 Mpc より遠方から飛来することはできない．図 4.1 に見られるように，米国のフライズアイ（Fly's Eye）

および日本の「AGASA」（Akeno Giant Air Shower Array）は，この閾値を超える $(2\text{--}3) \times 10^{20}$ eV のエネルギーを持つ宇宙線を観測した．その後，$3000\,\mathrm{km^2}$ の有効面積をもつピエールオージェ実験がアルゼンチンに，$700\,\mathrm{km^2}$ の有効面積のテレスコープアレイ実験が米国ユタ州に建設されすでに 20 年観測が続いており，より詳細な結果がもたらされている．

宇宙線中性子

超高エネルギー宇宙線中性子は，光 $-\pi$ 中間子の生成過程でつくられる（174 ページのコラム「最高エネルギーの宇宙線の運命」）．一般に，超高エネルギー宇宙線の源またはその周辺で加速された陽子が，光子，ガスと衝突し中性子に変換されることは十分考えられる．中性子は電荷を持たないので加速源磁場，銀河間磁場内により邪魔されず直進できる．中性子の静止系での崩壊時間（τ_0）は 886 秒と非常に長いが，10^{18} eV の超高エネルギー中性子（$\gamma \sim 10^9$）は，相対論的な効果により $\tau = \gamma\tau_0 \sim 10^{12}$ 秒とさらに長くなる．これは飛行距離でいえば ~ 10 kpc となり我々の銀河系の大きさに相当する．我々の銀河内に超高エネルギー宇宙線の源があれば，10^{18} eV を超える中性子で直接観測できる．

4.1.6 磁場と宇宙線

我々の銀河には，ほぼ 3×10^{-10} T の磁場が存在することが知られている．これらの磁場は宇宙線の伝播に大きく影響するとともに，銀河宇宙線を銀河内に閉じ込める役割を果たしている．磁場中での荷電（Z）の宇宙線のラーモア半径は，

$$\rho_c = 1.08(E/10^{15}\,\mathrm{eV})Z^{-1}(B/10^{-10}\,\mathrm{T})^{-1} \quad [\mathrm{kpc}] \qquad (4.2)$$

と記述される．「ニー」（3×10^{15} eV）より低いエネルギーの宇宙線は約 3×10^{-10} T の銀河磁場内で 0.3 pc 以下のラーモア半径を持つ．これは銀河面の磁場の厚さ 300 pc 程度より十分小さいので，銀河内で磁場に巻きつきながら運動する．

10^{20} eV 宇宙線の伝播距離は GZK 効果により 30 Mpc と制限されている．一方，磁場により散乱される角度は，

$$\Delta\theta \sim 1.6(D/30\,\mathrm{Mpc})^{0.5}(L/1\,\mathrm{Mpc})^{0.5}(E/10^{20}\,\mathrm{eV})^{-1}$$
$$\times (B/10^{-13}\,\mathrm{T}) \quad [\text{度}] \qquad (4.3)$$

である．ここで D, L, E, B はそれぞれ天体までの距離，磁場のスケール長，宇宙線陽子のエネルギー，磁場強度である．銀河間空間の典型的な磁場強度 10^{-13} T，磁場の方向がそろっている長さを $L = 1\,\mathrm{Mpc}$ とすると，$30\,\mathrm{Mpc}$ 遠方にある 10^{20} eV 宇宙線源は式（4.3）から 1–$2°$ ほどの位置の不正確さになる．

宇宙線を 10^{20} eV まで加速できる天体としては，活動銀河核，ガンマ線バースト，衝突銀河，電波銀河等が考えられるが，我々の近傍でのこれらの天体の数は限られているので，宇宙線の到来方向分布は限られた方向に局在すると考えられる．ピエールオージェやテレスコープアレイによる 10 年を越える観測では，上に述べたような数度スケールの宇宙線の異方性は残念ながら観測されていないが，20–30 度の大きく広がったホットスポットと呼ばれる異方性が最高エネルギー領域で観測されている．統計的な有意度は高くないが，最高エネルギー宇宙線の主成分が原子核である，または，我々の天の川銀河周辺の銀河間空間の磁場強度が予想以上に高い可能性が示唆される．

4.1.7　超高エネルギー宇宙線

図 4.1 に示されるように宇宙線のエネルギースペクトルは，10^{15} eV あたりまでは気球実験により直接測定できるが，それより上では空気シャワーによる間接測定である．10^{14}–10^{16} eV のエネルギー領域では，エネルギーが上がるとともに化学組成が徐々に陽子，軽い原子核から重たい原子核へと変わっていることが分かっている．これには宇宙線源での最大加速エネルギーの限界が原子核の電荷 Z に依存しているとする説と，銀河内での宇宙線の閉じ込めの効果がラーモア半径に依存しているとする二つの説がある．

3×10^{15} eV でスペクトルのべきが $\propto E^{-2.7}$ から $\propto E^{-3.1}$ に変わる点は，加速，または銀河内閉じ込めの限界エネルギーに相当すると考えられる．10^{19} eV を超える最高エネルギー宇宙線は銀河系外起源と考えられている．そのおもな理由は 10^{19} eV を超えて宇宙線を加速できる天体が我々の銀河内には知られていないことと，仮にそのような天体が存在したとすれば，銀河面に強い宇宙線の集中が期待できるが，観測は等方的な分布を示しているためである．

10^{18} eV から 10^{19} eV にかけて，スペクトルのべきがいちど急になり，再び平坦になっているのは，銀河内成分から銀河外成分への移行とする解釈と，宇宙論

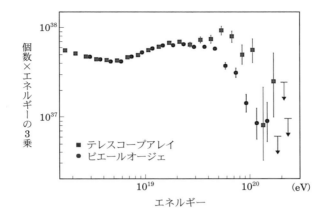

図 **4.7** 超高エネルギー宇宙線のエネルギー分布.

的な距離を伝播した宇宙線陽子が,電子–陽電子対生成によるエネルギー損失を受けて減少するとする解釈がある.

図 4.7 に,10^{18} eV 以上の宇宙線のエネルギースペクトルをしめす.ピエールオージェアレイやテレスコープアレイのスペクトルに若干の違いが見られるが,どちらのスペクトルも 5×10^{19} eV より上でエルギースペクトルが急峻になっていることがわかる.この急峻化が光–π 中間子生成による GZK 効果(174 ページのコラム「最高エネルギー宇宙線の運命」参照)によるものか,最高エネルギー宇宙線の源での加速限界によるものか,今後明らかにされるべき重要な課題である.この解明には化学組成の測定,到来方向分布の異方性測定が重要な役割を果たす.

4.2 宇宙線からの電磁放射,加速理論

宇宙線粒子は星間空間におけるさまざまな相互作用を通じて,電波領域からガンマ線領域までの電磁放射を行う.宇宙線粒子のエネルギーは熱的エネルギーを何桁も凌駕するエネルギーを持つ.この高エネルギーはどのようにして獲得されたのだろうか? 本節では宇宙線からの電磁放射機構と宇宙線粒子加速機構を理論的側面から概観する.

4.2.1 宇宙線粒子からの放射

　宇宙線中の電子成分は荷電粒子との相互作用により制動放射，磁場との相互作用によりシンクロトロン放射を行う．また，周囲に低エネルギー光子（星の光，2.7 K 宇宙背景放射のマイクロ波など）があれば，逆コンプトン散乱過程を通じてエネルギーを光子に移す．一方，宇宙線中の陽子からの放射過程として主要と考えられているのは，それらと周囲の物質中の核子との強い相互作用により生成された中性 π 中間子が崩壊してガンマ線光子をつくり出す過程である．

　以上の放射過程について次に簡単にまとめておく．電磁相互作用の素過程の詳細については第 12 巻 3 章を参照されたい．ところで，相対論的なエネルギーを持つ粒子の速度は真空中の光速度に近く大気中や水中の光速度より速いから，粒子の運動に伴ってチェレンコフ放射が起こる．この放射の観測がガンマ線天文学，ニュートリノ天文学の重要な手段となっている（4.3 と 4.4 節参照）．また，大気中に突入した宇宙線粒子は窒素分子などを励起して蛍光を発する．これも間接的な放射過程といえる．

制動放射

　宇宙線電子が星間ガスなど周りの物質の中の原子核に近づくと，そのクーロン場内で加速度運動を行い電磁波が放出される．この現象を制動放射（Bremsstrahlung Radiation）と呼ぶ．電子のエネルギーを E，放射される電磁波の周波数を ν としよう．制動放射のスペクトルは $0 < \nu < E/h$（h はプランク定数）の範囲でほぼ平坦である．電磁波の放射に伴い電子は次第にエネルギーを失う．周りの物質が完全電離状態にある場合，原子核の荷電数を Z，その数密度を $N\,\mathrm{m}^{-3}$ として，相対論的な電子（ローレンツ因子 $\gamma = E/m_\mathrm{e}c^2 \gg 1$）のエネルギーの変化率は，

$$-\left(\frac{dE}{dt}\right)_\mathrm{Brems} = \frac{3}{2\pi}\sigma_\mathrm{T}c\alpha Z(Z+1)N\left[\ln\gamma + 0.36\right]E \tag{4.4}$$

と表される．ここで，σ_T はトムソン散乱断面積（$0.665 \times 10^{-28}\,\mathrm{m}^2$），$\alpha$ は微細構造定数（$1/137.036$）である．

　式（4.4）の右辺は電子による電磁波の放射率ともみなせ，その放射率は物質密度 N に比例している．周りの領域に比べて物質密度が高い銀河系の中心領域

には広がったガンマ線源（数十 MeV から数 GeV の範囲）が観測されている．このガンマ線の低エネルギー側（数百 MeV 以下）は宇宙線電子が星間物質の中で起こす制動放射を主たる起源とし，それより高エネルギー側は，宇宙線陽子 +周囲の物質 ──→ 中性 π 中間子 ──→ ガンマ線の過程を主たる起源と考えられている（174 ページのコラム「最高エネルギーの宇宙線の運命」参照）．

シンクロトロン放射

磁場中の電子の運動は磁場に平行方向への等速運動と，磁場に垂直な方向の円運動に分解して考えることができる．円運動は加速度を持つため電磁波が放射される．この放射は電子の速度が光速に近い相対論的な場合に顕著となり，シンクロトロン放射と呼ばれる．放射の特徴的な周波数 ν_{synch} は，

$$\nu_{\text{synch}} = \frac{3}{4\pi} \gamma^2 \frac{eB}{m_{\text{e}}} \quad [\text{Hz}] \tag{4.5}$$

で与えられる（放射スペクトルのピークは $0.29\nu_{\text{synch}}$ にある）．たとえば，星間空間（$B = 3 \times 10^{-10}\,\text{T} = 3\,\mu\text{G}^{*2}$ 程度）にある $1\,\text{GeV}$ の宇宙線電子（$\gamma = 2000$）に対しては，$\nu_{\text{synch}} = 60\,\text{MHz}$ で，放射スペクトルのピークは $20\,\text{MHz}$ 程度となる．これは銀河雑音として知られる短波帯電波の原因を説明する．シンクロトロン放射に伴う電子のエネルギー変化率は，

$$-\left(\frac{dE}{dt}\right)_{\text{synch}} = \frac{2}{3\mu_0} \sigma_{\text{T}} c \beta^2 \gamma^2 B^2 \tag{4.6}$$

と表せる．ここで β は電子の速度の光速に対する比（~ 1）である．

逆コンプトン散乱

エネルギー $h\nu$ の光子がローレンツ因子 γ の電子により散乱されると，平均

$$h\nu' = \frac{4}{3} \gamma^2 h\nu$$

までエネルギーが増加する（ただし，入射光子のエネルギーが十分低く $\gamma h\nu \ll m_{\text{e}}c^2$ であるとした）．この過程は普通のコンプトン散乱，すなわち高エネル

---

*2 マイクロガウス．本書は SI 単位系を使うことになっているが（7 ページのコラム「単位系の話」），天文学では今だに cgs 単位系もよく使われるので本節では併記しておく（特に磁場について）．

ギー光子が静止した電子に運動量・エネルギーを与えてより低いエネルギーの光子に変わる散乱過程，の逆過程と見なされるので，逆コンプトン散乱と呼ばれる．たとえば，10 GeV の宇宙線電子（$\gamma = 2 \times 10^4$）は可視光（~ 1 eV）を $1 \times (4/3) \times (2 \times 10^4)^2 \sim 500$ MeV のガンマ線光子に変換する．

背景の電磁波が持つエネルギー密度を U_{photon} とすると，逆コンプトン散乱過程における電子のエネルギー変化率は，

$$-\left(\frac{dE}{dt}\right)_{\mathrm{IC}} = \frac{4}{3}\sigma_{\mathrm{T}}c\gamma^2\beta^2 U_{\mathrm{photon}} \tag{4.7}$$

と書ける．ここで，シンクロトロン放射過程における電子のエネルギー変化率（式（4.6））は，磁場の持つエネルギー密度を U_B とすると，

$$-\left(\frac{dE}{dt}\right)_{\mathrm{synch}} = \frac{4}{3}\sigma_{\mathrm{T}}c\gamma^2\beta^2 U_B \tag{4.8}$$

のように（式（4.7））と対比させた形で書くことができる．光子のエネルギー密度 1 MeV m^{-3} に相当するエネルギー密度を持つ磁場強度は 6×10^{-10} T（$= 6\,\mu$G）である．

エネルギー損失の特徴的時間

図 4.8 は，10^6 から 10^{15} eV の宇宙線電子についての，制動放射（一点鎖線），シンクロトロン放射（点線），逆コンプトン散乱（実線）のエネルギー損失の特徴的時間で，それぞれのエネルギー変化率を式（4.4），（4.6），（4.7）から $E/\left|\dfrac{dE}{dt}\right|$ として求めた．ただし，星間空間のプラズマ密度を 10^6 m^{-3}，磁場強度を 3×10^{-10} T（$= 3\,\mu$G），背景光子のエネルギー密度を 1 MeV m^{-3} に設定した．さらに，二点鎖線で示したのは宇宙線電子がプラズマ中の電子とクーロン衝突してエネルギーを失う効果

$$-\left(\frac{dE}{dt}\right)_{\mathrm{Coulomb}} = \frac{3}{4}\sigma_{\mathrm{T}}cN\left(74.3 + \ln\left(\frac{\gamma}{N}\right)\right)m_{\mathrm{e}}c^2 \tag{4.9}$$

によるエネルギー損失の特徴的時間である．これら四つの特徴的時間で，一番短いものが卓越する．この図の条件のもとでは数百 MeV（数 $\times 10^8$ eV）以下ではクーロン衝突が，数百 MeV から 10 GeV（10^{10} eV）までは制動放射が，10 GeV 以上では逆コンプトン散乱が支配的である．

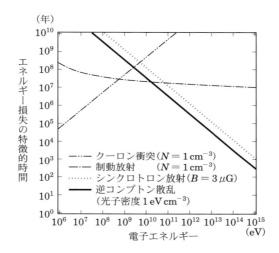

図 4.8 10^6 から 10^{15} eV の宇宙線電子についての，制動放射（一点鎖線），シンクロトロン放射（点線），逆コンプトン散乱（実線）のエネルギー損失の特徴的時間で，それぞれのエネルギー変化率に相当．$3\mu G = 3 \times 10^{-10}$ T である．

陽子（質量 m_p）の場合，シンクロトロン放射によるエネルギー変化率は同じエネルギーの電子に比べ $(m_e/m_p)^4 = 9 \times 10^{-14}$ 倍だけ小さく，通常無視できる[*3]．一方，宇宙線陽子（エネルギー E）がプラズマ中の低エネルギー電子と衝突する際にも制動放射が生ずる．これは高エネルギー電子が低エネルギー陽子との衝突の際に生ずる制動放射を，電子の静止系に変換したものと等価であり，逆制動放射とも呼ばれる．密度の高い領域（たとえば $N = 10^8 \mathrm{m}^{-3}$）からの X 線放射の原因の一つと考えられる．

中性 π 中間子 (π^0) 崩壊によるガンマ線の発生

宇宙線陽子が星間物質と衝突するとさまざまな核反応が起きるが，そのうち，

$$\mathrm{p}\,(\text{宇宙線}) + \mathrm{p}\,(\text{星間物質}) \longrightarrow \mathrm{p} + \mathrm{p} + \pi^0 \tag{4.10}$$

などの過程により π^0 中間子がつくられる．衝突過程の運動学的考察により，この過程が起きるためには，宇宙線陽子の運動エネルギー E_p は

[*3] 陽子のローレンツ因子は同じエネルギーの電子のローレンツ因子の (m_e/m_p) 倍であり，陽子に対するトムソン散乱断面積は σ_T の $(m_e/m_p)^2$ 倍であることから，$(m_e/m_p)^4$ 倍になる．

$$E_p - m_p c^2 \geqq 2m_{\pi^0} c^2 \left(1 + \frac{m_{\pi^0}}{4m_p}\right) = 280 \quad [\text{MeV}] \tag{4.11}$$

を満たさなければならない．ここで π^0 中間子の静止エネルギーは $m_{\pi^0} c^2 = 135\,\text{MeV}$ である．生成された π^0 中間子は平均寿命 8.4×10^{-17} 秒で崩壊して二つのガンマ線光子に変わる．これらの光子は π^0 中間子の静止系で $m_{\pi^0} c^2 / 2 = 67.5\,\text{MeV}$ のエネルギーを持ち，互いに反対方向に飛行する．

一方，加速器実験によれば，式 (4.10) の反応で生成された π^0 中間子は，宇宙線陽子がもともと持っていた運動量の一部を獲得しているから，ガンマ線光子のエネルギーはその分だけエネルギーが増す．この過程が宇宙ガンマ線の起源として重要であることは早川幸男とモリソン (P. Morrison) により 1950 年代初めに独立に指摘されていた．しかし，その観測的証明は 1970 年代の人工衛星観測まで待たねばならなかった．

なお，星間物質中では式 (4.10) ばかりではなく，荷電 π 中間子 (π^+, π^-) を生成する核反応

$$\begin{aligned} \text{p} + \text{p} &\longrightarrow \text{p} + \text{n} + \pi^+, \\ \text{p} + \text{p} &\longrightarrow \text{n} + \text{n} + 2\pi^+, \\ \text{p} + {}^4\text{He} &\longrightarrow 4\text{p} + \text{n} + \pi^- \end{aligned} \tag{4.12}$$

なども起きる．これらの π^+, π^- は平均寿命 2.6×10^{-8} 秒で崩壊して μ^+, μ^- 粒子となる．これらの μ^+, μ^- 粒子はさらに平均寿命 2.2×10^{-6} 秒で崩壊して陽電子，電子を生成する．

4.2.2 粒子加速過程

4.1 節で概観したように個々の宇宙線粒子のエネルギーは熱的エネルギーを何桁も凌駕するエネルギーを持つ．この高エネルギーはどのようにして獲得されたのだろうか？ 銀河系空間に満たされている宇宙線粒子の総エネルギー量の考察から，宇宙線源としては超新星がほとんど唯一の候補であることは 1950 年代に認識されていた（4.3 節参照）．しかし，具体的な加速機構の描像が得られるにはさらに四半世紀を要した．現在では，超新星から高速で放出された物質が周りの星間空間物質との間に形成する衝撃波と，その周りの電磁流体乱流が宇宙線加

速の主要な舞台であると考えられている．

宇宙線粒子の微分スペクトルは 10^{10} eV から，「ニー」(knee) エネルギーと呼ばれる 10^{15} eV の広いエネルギー範囲で $p^{-2.7}$ のべき関数でよく近似できる[*4]．この関数の形は宇宙線の源における微分スペクトルに，途中の伝搬の効果がかかった結果と考えられる．エネルギーの高い粒子ほど早く銀河系外に逃げ出す効果として $p^{-0.6}$–$p^{-0.7}$ の因子が考えられ，$p^{-2.7}$ のスペクトルを加速源でのスペクトルに戻すと $p^{-2.0}$–$p^{-2.1}$ をうる．宇宙線の加速理論はこのスペクトルを説明しなければならない．衝撃波加速過程はこのスペクトルを自然に説明する．

電磁流体乱流と宇宙線粒子の相互作用

磁場（X 方向）の周りの，宇宙線粒子の螺旋運動（図 4.9）のピッチ L は，粒子の磁場に沿う速度成分 $v_{//}$，磁場 B 中のサイクロトロン周波数 Ω ($=ZeB/m\gamma$) として，$L=2\pi v_{//}/\Omega$ で与えられる．ここで Ze, m, γ は，それぞれ粒子の電荷，質量，ローレンツ因子である．実際の宇宙空間の磁場は一様ではなく，さまざまなスケールの屈曲を持っている．このうち，ピッチ L と同じスケールを持つ屈曲があると，宇宙線粒子の運動はそれに敏感に反応して大きく乱される．

屈曲の原因は主として宇宙空間を伝搬するアルベーン波と呼ばれる電磁流体波動（第 12 巻 2 章参照）であり，この過程は，宇宙線粒子とアルベーン波が衝突しているとみなすことができる．ここで，アルベーン波とともに動く座標系を考

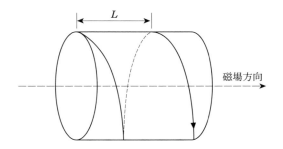

図 **4.9** 磁場（X 方向）の周りの，宇宙線粒子の螺旋運動（電子の場合）．

[*4] p は運動量であるが，このエネルギー領域では，エネルギー $E \sim pc$ (c は光速）の近似がよくなりたつので，運動量 p，エネルギー E のどちらを使っても同等の関係式が得られる．

えると，その系では屈曲した静的な磁場があるだけで電場が消えるので，宇宙線粒子のエネルギーは保存する．すなわち，この衝突は弾性的である（ただし衝突の最中もシンクロトロン放射は続いており，電子の場合，それによるエネルギー損失が無視できないことがある．この効果は 4.2.2 節「宇宙線粒子の到達エネルギー」の最後（193–194 ページ）で説明する一方，プラズマの静止系では，アルベーン波は速度 V_A で伝搬しているので，その系で測った宇宙線粒子のエネルギーは衝突の前後で厳密には保存しない．しかし，一般に V_A は宇宙線粒子の速度（$\sim c$）に比べずっと遅くそのエネルギー変化は無視できるほど小さい．以下では，プラズマの静止系で衝突は弾性的であるとする．

一般に宇宙空間のアルベーン波は乱流的で，さまざまな波長の成分を含む．ここに，波長が L であるアルベーン波の成分の持つ磁場の大きさを δB_L，平均的な磁場強度を B として，衝突に関与する乱流の強さを表すボーム（Bohm）パラメータ $\eta \equiv (B/\delta B_L)^2$ を定義する．乱流が弱い（$B \gg \delta B$）と $\eta \gg 1$，強い極限（$B \sim \delta B$）で η は 1 に近づくが，η は乱流の波数スペクトルを通して粒子のエネルギーにも依存する．衝突に伴う平均自由行程 λ は，1 のオーダーの数係数を無視すると，近似的に

$$\lambda \sim \eta \rho_{\mathrm{c}} \tag{4.13}$$

と書ける．ここで，ρ_{c} は宇宙線粒子のラーモア半径で，乱流が弱いと宇宙線粒子の運動が影響を受けるまでに要する時間が長くなるため，λ は η に比例して増大する．一方，強い乱流の極限（$\eta \to 1$）では，λ は下限値 ρ_{c} に到達する．この極限を「ボーム極限」と呼ぶ．

宇宙線粒子とアルベーン波の「衝突」は確率的に起こり，宇宙線粒子の運動は拡散過程で表現される．平均自由行程 λ に対応する拡散係数 D は

$$D = \frac{1}{3}v\lambda = \frac{1}{3}v\rho_{\mathrm{c}}\eta \equiv \eta D_{\mathrm{Bohm}} \tag{4.14}$$

と書ける．ここに，$D_{\mathrm{Bohm}} \equiv \frac{1}{3}v\rho_c = \frac{1}{3}\frac{\beta^2 E}{ZeB}$ は，ボーム極限における拡散係数である（$\beta = v/c$ とした）．

地球付近の惑星間空間内では，比較的低エネルギーの宇宙線粒子（数 MeV–数百 MeV の陽子など）の平均自由行程 λ はさまざまな手段で測定されている．

磁場強度も直接観測されるので ρ_c は既知となる. そこで, $\eta = \lambda/\rho_c$ を求めると, 普段の太陽風内では数十 – 数百となる. η の値は太陽風磁場の観測データから理論的に計算することもでき, その値は上の λ/ρ_c の値に矛盾しない. 太陽フレアに伴って放出された衝撃波の周辺など, 擾乱の大きな領域では η の値は 10 程度に低下することがある.

一般に, 衝撃波近傍の乱流の強さは衝撃波のマッハ数 M が増すとともに大きくなる. 惑星間空間での M は普通 10 程度であるが, 超新星爆発に伴う衝撃波では M は数十をはるかに越えるから, ずっと強い擾乱が期待される. そのため, 超新星の衝撃波の周辺では, 「ボーム極限」に達する電磁流体乱流の状態が実現しているだろう. しかし前に述べた通り, その状態であってもアルベーン波との衝突に伴う宇宙線のエネルギー変化は無視できるほど小さい. ではなぜ, 超新星の衝撃波が宇宙線粒子の加速のおもな舞台になるのか？ それには, 衝撃波前後のプラズマの運動を考える必要がある.

衝撃波統計加速過程

プラズマが音速を越える速度で障害物とぶつかるとそこに衝撃波が形成される. 図 4.10（上）は衝撃波前後のプラズマの速度変化を示すグラフである. 図 4.10 の中央に衝撃波面が静止している系を考える. 左から速度 V_{p1} で超音速流が流れ込み, 衝撃波面において減速・圧縮を受け, 右へ速度 V_{p2} の亜音速流となって流れ出していくとする. 超音速流の領域を衝撃波の上流側, 亜音速流の領域を衝撃波の下流側と呼ぶ[*5]. 上流のプラズマ密度に対する下流のプラズマ密度の比（r: 圧縮率）は速度比の逆数 V_{p1}/V_{p2} に等しい. 理想気体の場合, マッハ数 M が大きい極限で r は 4 に漸近する.

衝撃波のまわりのプラズマは電磁流体乱流を伴い, その中を運動する宇宙線粒子はアルベーン波との衝突をくりかえす. 宇宙線粒子が上流側で衝突したあと, 下流側に飛び込み, そこで衝突を起こし再び上流側に戻るとする（図 4.10（下））. 先に述べたように, これらの衝突はそれぞれのプラズマの静止系では弾性的と見なせる. 衝撃波面の静止系からみると, 上流側での衝突は正面衝突, 下

[*5] 簡単のため,「超音速」,「亜音速」とのみ記したが,「超アルベーン速」,「亜アルベーン速」の流れを考えていることはもちろんである.

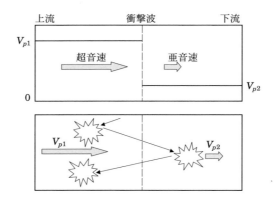

図 4.10 衝撃波加速の概念図.衝撃波のまわりのプラズマは電磁流体乱流になっている.その中を運動する宇宙線粒子はアルベーン波との衝突をくりかえす.上流側で衝突したあと,下流側に飛び込み,そこで衝突を起こし,再び上流側に戻る.加速はこのくりかえしで起こる.

流側での衝突は追突であり,それぞれエネルギーの増加,減少が起きる.このとき,運動量変化 Δp と宇宙線粒子の衝突前の運動量 p の比は,それぞれ

$$\left(\frac{\Delta p}{p}\right)_{\text{上流,正面衝突}} = +\frac{4}{3}\frac{V_{p1}}{c}, \quad \left(\frac{\Delta p}{p}\right)_{\text{下流,追突}} = -\frac{4}{3}\frac{V_{p2}}{c} \tag{4.15}$$

と書ける.上の式の因子 4/3 は宇宙線粒子が衝撃波の法線方向に対しさまざまな方向で飛んでいるために現れる幾何学的因子である.ここで,宇宙線粒子のエネルギーは相対論的であり速度は光速で近似できること,衝撃波の速度は非相対論的であること($V_{p1} \ll c$)を仮定した.結局,上流側衝突・下流側衝突の 1 サイクルについて,正味

$$\frac{\Delta p}{p} = \frac{4}{3}\frac{(V_{p1} - V_{p2})}{c} \tag{4.16}$$

の運動量変化が残る.宇宙線粒子が運動量の初期値 p_0 から出発して n 回上流側衝突・下流側衝突をくりかえした後の運動量 p_n は

$$p_n = p_0 \left[1 + \frac{4}{3}\frac{(V_{p1} - V_{p2})}{c}\right]^n \sim p_0 \exp\left[\frac{4}{3}\frac{(V_{p1} - V_{p2})}{c}n\right] \tag{4.17}$$

と書ける.

宇宙線粒子が衝撃波付近に留まっている間はこの式に従って運動量が増加する. しかし, 粒子は次第に衝撃波付近から逃げ出し, そこで運動量増加が止まる. 上流側衝突・下流側衝突のペア 1 回後に逃げ出す確率は $\frac{4V_{p2}}{c}$ である. そこで, n 回後まで衝撃波付近に留まっている確率は $\left(1 - \frac{4V_{p2}}{c}\right)^n \sim \exp\left(-\frac{4V_{p2}}{c}n\right)$ である. この確率は, 宇宙線粒子が p_n 以上に加速される確率 $\mathrm{Prob}(p \geq p_n)$ に等しいことに注意しよう. 式 (4.17) を n について解くと,

$$n = \frac{3}{4}\frac{c}{(V_{p1} - V_{p2})} \ln\left(\frac{p_n}{p_0}\right)$$

になり,

$$\mathrm{Prob}(p \geq p_n) = \exp\left(-\frac{3V_{p2}}{V_{p1} - V_{p2}} \ln\left(\frac{p_n}{p_0}\right)\right) = \left(\frac{p_n}{p_0}\right)^{-\frac{3}{(r-1)}} \tag{4.18}$$

となる. ここで, $r = V_{p1}/V_{p2}$ を用いた. 運動量が p から $p + dp$ の間にある宇宙線粒子の数 (微分スペクトル) を $N(p)$ とすると,

$$\int_{p_0}^{p_n} N(p)\,dp \propto \mathrm{Prob}(p \geq p_n) = \left(\frac{p_n}{p_0}\right)^{-\frac{3}{(r-1)}}$$

と書け, 両辺を p で微分して,

$$N(p) \propto p^{-\frac{3}{r-1}-1} = p^{-\frac{r+2}{r-1}} \tag{4.19}$$

を得る.

式 (4.19) は加速された宇宙線粒子の微分スペクトルが運動量のべき関数で書け, しかもそのべき $\Gamma \equiv (r+2)/(r-1)$ が衝撃波の圧縮率 r だけで決まることを示す. 超新星衝撃波では $r \to 4$ であるので, Γ は 2 に漸近することが期待できる. 最初に述べたように, これこそ宇宙線加速源が満たすべき条件である. ここで述べた加速機構のエッセンスは衝撃波近傍における宇宙線粒子の確率的ふるまいと衝撃波による背景プラズマの速度変化を組み合わせたものであり, 衝撃波統計加速機構と呼ばれている. また, 乱流磁場中での宇宙線の生成を最初に論じたフェルミの名を付けて衝撃波フェルミ加速とも呼ばれる.

192 | 第 4 章　粒子線と重力波天文学

宇宙線粒子の到達エネルギー

　上で概観した衝撃波統計加速機構では，エネルギースペクトルは衝撃波の圧縮率だけで決まり，そのまわりの電磁流体乱流の強度などは表に現れない．その理由は，エネルギースペクトルを求めるにあたって系が定常に達していることを暗黙に仮定したからである．エネルギースペクトルの時間発展を考える場合には電磁流体乱流の強度は，拡散係数（上流側 D_1，下流側 D_2，もしくは対応するボームパラメータ η_1, η_2）を通して表に現れる．

　衝撃波近傍での加速の 1 サイクルにあたって，宇宙線粒子が上流側に留まる平均時間 t_1，下流側に留まる平均時間 t_2 は，$t_1 = \dfrac{4D_1}{cV_{p1}}$, $t_2 = \dfrac{4D_2}{cV_{p2}}$ で与えられる．1 サイクルに要する平均時間はこれらの和 $t_1 + t_2$ だから，加速率 $\dfrac{1}{E}\left(\dfrac{dE}{dt}\right)_{\mathrm{Acc}} = \dfrac{1}{p}\dfrac{dp}{dt} = \left(\dfrac{\Delta p}{p}\right)\dfrac{1}{(t_1 + t_2)}$ となる．式（4.16）を用いて整理すると，

$$\frac{1}{E}\left(\frac{dE}{dt}\right)_{\mathrm{Acc}} = \frac{(V_{p1} - V_{p2})}{3}\left(\frac{D_1}{V_{p1}} + \frac{D_2}{V_{p2}}\right)^{-1} \tag{4.20}$$

が得られる．強い衝撃波の極限を考えて $V_{p2} = V_{p1}/4$ とし，また $D_1 \sim D_2$ としよう．これらにより，上流側での磁場強度を B_1，ボームパラメータを η_1 として加速率は，$\beta \to 1$ の場合，

$$\frac{1}{E}\left(\frac{dE}{dt}\right)_{\mathrm{Acc}} = \frac{3V_{p1}^2}{20\eta_1}\frac{ZeB_1}{E} \tag{4.21}$$

となる．V_{p1} と B_1 が時間的に一定で，η_1 が宇宙線粒子のエネルギーによらないと仮定すれば式（4.21）は単に，

$$\left(\frac{dE}{dt}\right)_{\mathrm{Acc}} = \frac{3V_{p1}^2}{20\eta_1}ZeB_1 \tag{4.22}$$

と書け，エネルギーが時間 t とともに線形に増大する．すなわち，

$$E = \frac{3}{20\eta_1}V_{p1}^2 ZeB_1 t$$

$$= 3.6 \times 10^{13} Z\eta_1^{-1}\left(\frac{V_{p1}}{5 \times 10^6\,\mathrm{m\,s^{-1}}}\right)^2\left(\frac{B_1}{3 \times 10^{-10}\,\mathrm{T}}\right)$$

$$\times \left(\frac{t}{10^3 \text{ y}}\right) \quad [\text{eV}] \tag{4.23}$$

である．ここで典型的な値，衝撃波速度 V_{p1} を $5 \times 10^6 \text{ m s}^{-1}$，磁場強度 B_1 を $3 \times 10^{-10} \text{ T}$ （$= 3\mu\text{G}$），時間 t を 1000 年とすると，式（4.23）から，宇宙線（陽子：$Z = 1$）のエネルギーは $\sim 4 \times 10^{13} \text{ eV}$ になる．

重要な仮定はボーム極限（$\eta_1 \sim 1$）である．もし惑星間空間における衝撃波のように，$\eta_1 \sim 10$ 程度であれば到達エネルギーは一桁下がる．一方，$\eta_1 \sim 1$ が実現していても，陽子の到達エネルギーが「ニー」エネルギー 10^{15} eV には届いていないことを問題視する論者もいる[6],[7]．

こうした問題点を解決するため，さまざまなモデルの改良が試みられた．たとえば，ルセック（S.G. Lucek）とベル（A.R. Bell）は衝撃波近傍では宇宙線粒子のエネルギーの一部が乱流磁場にフィードバックしてその強度を増幅させるから，加速効率，式（4.23）の磁場強度（B_1）は星間空間のもとの磁場強度ではなく，増幅後の磁場の強度とするアイディアを提唱した．しかし，彼らの論文は高度に非線形な過程についての発見的な議論を含んでおり，最終的な決着は得られていない．そのほか，斜め衝撃波の効果[8]を考慮するジョキピ（J.R. Jokipii）などのアイディアがある．この効果についてもまだ議論は決着していない．

上の到達エネルギーの議論は電子にも使える．もちろん，電子と陽子では拡散に関与するアルベーン波の波長が異なるのでボームパラメータを電子について計算しなおす必要がある．それを η_{e1} と書こう．電子の場合，エネルギーが 10^{13} eV を超えると逆コンプトン散乱もしくはシンクロトロン放射によるエネルギー損失の特徴的時間が 10^4 年程度以下となるので（図 4.8），加速と損失の競争になる．式（4.22）と式（4.6）を用いて，シンクロトロン放射について | 加速率 | > | 損失率 | の条件を求めると，

---

[6] 時間 t が 1000 年を越えると，まわりの星間空間物質による衝撃波の減速効果が顕著になるので，エネルギーの増大は難しい．まわりの星間空間物質の密度が標準的な値 10^6 m^{-3} より十分低ければ減速効果が顕著になる時間が遅れ，1000 年を越しても加速が続く可能性もある．

[7] 到達エネルギーが 100 TeV–1 PeV に達するか，それを超える宇宙線加速源は 'ペバトロン（PeVatron）' と呼ばれ，その存在を探して多くの観測的・理論的研究がなされてきた．近年，LHAASO 観測などにより PeVatron 候補天体が見出され注目を集めている．

[8] 衝撃波の法線方向と上流側の平均磁場のなす角 θ_1 が 90 度に近くなる場合，加速に有効な速度は V_{p1} ではなく $V_{p1}/\cos\theta_1$ （$\gg V_{p1}$）になり加速率は顕著に上がる．

194　第4章　粒子線と重力波天文学

$$\frac{3V_{p1}^2}{20\eta_{e1}}eB_1 > \frac{2}{3\mu_0}\sigma_{\mathrm{T}}c\beta^2\gamma^2B_1^2$$

となり，電子のエネルギーへの制限，

$$\gamma < 4.4 \times 10^8 \eta_{e1}^{-1/2}\left(\frac{V_{p1}}{5\times 10^6\,\mathrm{m\,s^{-1}}}\right)\left(\frac{B_1}{3\times 10^{-10}\,\mathrm{T}}\right)^{-1/2}$$

または

$$E < 2.2 \times 10^{14} \eta_{e1}^{-1/2}\left(\frac{V_{p1}}{5\times 10^6\,\mathrm{m\,s^{-1}}}\right)\left(\frac{B_1}{3\times 10^{-10}\,\mathrm{T}}\right)^{-1/2} \quad [\mathrm{eV}] \quad (4.24)$$

が得られる．したがって，$V_{p1} = 5 \times 10^6\,\mathrm{m\,s^{-1}}$, $B_1 = 3 \times 10^{-10}\,\mathrm{T}$ $(= 3\mu\mathrm{G})$ の場合，電子のエネルギーは $2.2 \times 10^{14}\,\mathrm{eV}$ を超えられない．この上限に到達するのは，式（4.23）より，$t \sim 6 \times 10^3$ 年である．なお，ルセックとベルのアイディアのように B_1 を増加させると，シンクロトロン放射による損失が増えて，電子では到達可能エネルギーはむしろ下がってしまう．

4.3　宇宙線起源天体の観測

　宇宙線は発見以来 100 年以上経過するが，4.1 節で述べたように，ほとんどの宇宙線は磁場で曲げられ，その到来方向の情報を失ってしまうため，どこでどのようにして超高エネルギーまで加速されるか，未知の部分が多い．本節では X 線やガンマ線など，高エネルギー電磁波を用いた宇宙線加速源の観測について述べる．

4.3.1　超新星残骸

　宇宙線のスペクトルは基本的にべき型で，「ニー」（knee）と呼ばれる $3 \times 10^{15}\,\mathrm{eV}$ に折れ曲がりを持つ（図 4.1）．この「ニー」エネルギー以下の宇宙線は銀河系内起源と考えられる．銀河系内宇宙線加速機構の最有力候補は衝撃波面を粒子が往復するたびに衝撃波からエネルギーを得る，衝撃波統計加速であり，実際の加速現場としては超新星残骸の衝撃波面があげられる（4.2 節参照）．超新星残骸（口絵 7 参照）は以下の二つの理由で宇宙線加速源の有力候補になっている．

- 宇宙線は平均的太陽系物質組成に比べて，原子番号の大きい核種が豊富に存

在する（図 4.3）.

これは，宇宙線が加速された現場が重イオン生成現場でもある証拠であり，超新星残骸の特徴と一致する.

- 超新星残骸が宇宙線の持つエネルギーを十分に供給できる（4.1 節参照）.

4.3.2 パルサー星雲

1 章で述べたように，強い磁場を持ち回転する中性子星（パルサー）はいわば強力な発電機である．この強い起電力で荷電粒子は加速され，光速に近いパルサー風ができる．このパルサー風と超新星残骸物質との衝突で衝撃波ができ，ここでも粒子は加速され高エネルギーになる．この粒子からシンクロトロン放射で電波や X 線が放射される．これをパルサー星雲と呼ぶ．1.2.4 節の図 1.11 は「かにパルサー」および「ほ座パルサー」の「チャンドラ」で得られた X 線像である．高速回転で駆動された粒子加速の様子がよく分かる.

4.3.3 シンクロトロン放射観測

星間空間には $(1–10) \times 10^{-10}$ T 程度の磁場が存在し，荷電粒子である宇宙線は磁力線に巻きつく螺旋運動をする．式（4.2）で示したように「ニー」（3×10^{15} eV）より低いエネルギーの宇宙線は星間空間を直進できず，地上では加速源の方向と無関係に等方的に降り注ぐ．したがって，宇宙線の到来方向を調べても加速源を突き止めることはできない．一方，加速されて加速源にとどまっている電子は，星間磁場中でシンクロトロン光子を放射する．典型的シンクロトロン放射帯域 $h\nu$ は式（4.5）から

$$h\nu \sim 3 \left(\frac{B}{10^{-10}\,\mathrm{T}} \right) \left(\frac{E_{\mathrm{cr}}}{100\,\mathrm{TeV}} \right)^2 \ [\mathrm{keV}] \tag{4.25}$$

と与えられる．したがって，GeV（10^9 eV）程度まで加速された電子は電波帯域，TeV（10^{12} eV）程度まで加速された電子は X 線帯域でシンクロトロン放射する.

超新星残骸は電波帯域で，古くから盛んに観測され，その衝撃波面から強く偏光した電波が見つかっている．磁場にまきついた電子が発するシンクロトロン放射は，大局的磁場方向と垂直に偏光するため，発見された偏光は，加速された電

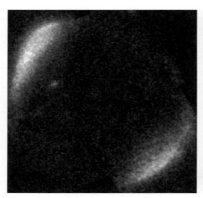 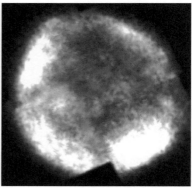

図 4.11 「すざく」による超新星残骸 SN 1006 からの X 線写真（口絵 7 も参照）．左はシンクロトロン X 線放射で宇宙線加速の現場と考えられる．右は O VII の特性 X 線分布で高温プラズマの分布を示す．両者の空間分布はまったく異なる．

子からのシンクロトロン放射である証拠となる．現在ではシンクロトロン電波で衝撃波面が観測されている超新星残骸は銀河系内にあるもので 200 個を越えており，見つかっていないものを含めると 500 個以上あると思われている．電波観測からは，超新星残骸衝撃波面では電子は少なくとも GeV 程度まで加速されていることがいえる．

　超新星残骸では爆発した星の噴出物や圧縮された星間物質が熱せられ，10^7 K から 10^8 K の超高温の希薄なガスとなる．このようなガスからは，比較的軟 X 線で卓越した熱的制動放射 X 線および特性 X 線が放射される．このような X 線放射は，100 個近くの超新星残骸から発見されている．小山らは「あすか」を用いて超新星残骸 SN 1006 の北東部および南西部から熱的制動放射や特性 X 線とはまったく異なる非熱的 X 線放射を発見した．図 4.11 は，「すざく」による SN 1006 の X 線画像である．超新星残骸の衝撃波部分に非熱的な硬 X 線放射がある（図 4.11（左））．この非熱的放射は加速された電子からのシンクロトロン放射とするのがもっとも自然な解釈である．こうして，超新星残骸が宇宙線電子を「ニー」エネルギー付近まで加速していることが初めて観測的に証明された．現在では，年齢が数千年程度までの若い超新星残骸を中心に数十天体の衝撃波面か

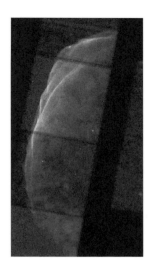

図 4.12 「チャンドラ」による SN 1006 北東部の硬 X 線画像（Bamba et al. 2003, ApJ, 589, 827 より転載）.

らシンクロトロン X 線が見つかっている.

　空間分解能に優れた「チャンドラ」は衝撃波面近傍でのシンクロトロン放射の空間分布を明らかにした．馬場彩らは SN 1006 北東部の衝撃波面を観測し，シンクロトロン X 線が超新星残骸半径の 1%というきわめて薄い領域に集中していることを発見し，「フィラメント」と名付けた．現在，薄いフィラメント状構造をしたシンクロトロン放射は SN 1006 以外にも複数見つかっており若い超新星残骸に普遍的な現象であると考えられている．図 4.12 は，「チャンドラ」で観測した SN 1006 北東部の画像である．非常に薄いフィラメントが，衝撃波前面に見える．加速電子がこのフィラメント内に閉じ込められているとすると，電子の螺旋半径が少なくとも 0.1 pc 程度以下である必要がある．式（4.25）を考慮すると，フィラメント内部では磁場が星間磁場に比べて増幅された乱流磁場になっており，荷電粒子は効率よくフィラメントに閉じ込められ加速されていると考えられている．

4.3.4 VHE・GeV ガンマ線観測

シンクロトロン X 線を放射するような高速の電子は，逆コンプトン散乱（4.2.1節）により宇宙背景放射，周辺の星の光などを，Very High Energy（VHE）ガンマ線と呼ばれる TeV 帯域以上の光子にする．高速陽子はまた分子雲などにぶつかると π^0 粒子を生成して，その崩壊で GeV-VHE ガンマ線をつくる（4.2.1節）．VHE ガンマ線望遠鏡「H.E.S.S.」はシンクロトロン X 線放射をしている超新星残骸，RX J1713−3936 や RX J0852.0−4622 から，VHE ガンマ線を検出した．また「かにパルサー」や「ほ座パルサー」，その他のパルサー星雲からも，VHE ガンマ線放射が発見されている．北天を観測可能な VHE ガンマ線望遠鏡 MAGIC や VERITAS も Cas A など若い超新星残骸から VHE ガンマ線を検出している．また，Fermi 衛星は GeV ガンマ線帯域で多くのパルサー星雲や超新星残骸を発見した．

4.1 節で議論したように典型的な銀河内空間磁場内ではシンクロトロン X 線と逆コンプトン散乱による VHE ガンマ線の強度はほぼ等しい（式（4.1）の後の記述）．一般に超新星残骸の衝撃波部分では磁場は増幅されるし，若いパルサー星雲は強い磁場を持つので，VHE ガンマ線強度は X 線強度より低い．事実，多くの VHE ガンマ線源の強度は X 線強度より桁違いに低い．パルサー星雲からの VHE ガンマ線は逆コンプトン散乱で説明が可能である（電子起源）．一方若い超新星残骸からの VHE ガンマ線は天体ごと・天体内でも場所ごとに電子起源か陽子起源が異なる可能性が示唆されるなど，状況は複雑である．年老いた超新星残骸からのガンマ線放射は 10 GeV 程度にカットオフを持つ．これは最大10 GeV 程度の陽子からの放射を示しており，ジャイロ半径が大きく拡散しやすい高エネルギー陽子はすでに加速現場から逃亡し，宇宙線になっていく様子を示している．一方，現在までに「ニー」エネルギーまで粒子を加速した観測的証拠のある超新星残骸は未だ発見されておらず，「ニー」エネルギー宇宙線の加速現場の謎は未だに残されたままになっている．

近年，H.E.S.S. は数分−10 分程度に広がった VHE ガンマ線源が銀河面に沿って数多く分布していることを発見した（図 4.13）．半数以上は明らかな対応天体が存在しないが，古いパルサーやパルサー星雲が付随しているものも多い．「すざく」はそのうちのいくつかを深く観測し，X 線強度の値や上限値を決めた．い

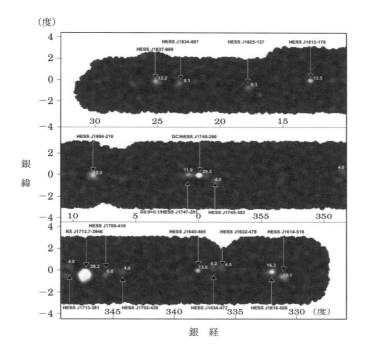

図 4.13 H.E.S.S. 望遠鏡で発見された VHE ガンマ線源の分布図（口絵 8 参照，Aharonian et al. 2006, The Astrophysical Journal, 636, 777 より転載）．

くつかの天体では X 線強度が既知の超新星残骸やパルサー星雲と比べはるかに低く，VHE ガンマ線強度の 1 桁以下で，未知の高エネルギー陽子加速源である可能性もある．今後，空間分解能と感度の良い Cherenkov Telescope Array（CTA）計画の稼働などにより，銀河系内宇宙線加速天体の研究はさらに発展すると期待される．

4.3.5 銀河面 X 線・ガンマ線放射

4.3.4 節の超新星残骸などで生成された宇宙線は銀河系全体に広がっていると考えられる．荷電粒子は磁場による影響でまっすぐに進むことはできないため，地球で宇宙線粒子を計測しても，その到来方向は制限ができない．宇宙線が銀河系内の星間物質と相互作用することで生じる電磁波（X 線やガンマ線）は直進す

図 4.14 「MAXI」による X 線マップ（Nakahira *et al. PASJ*, 72, id.17 より転載）．明るい X 線点源（X 線連星系）以外に銀河面に沿った X 線放射（銀河面拡散 X 線放射）が見える．

るため，宇宙線の観測ができる（17 巻第 2 章を参照）．

X 線で銀河面を観測すると，明るい X 線連星系以外に銀河面に沿った広がった放射が存在している（図 4.14）．これを銀河面拡散 X 線放射と呼ぶ．宇宙 X 線観測が始まった 1960 年代にはすでにその存在がわかっており，最近ではその正体が暗い X 線点源（白色矮星連星系）の寄せ集めとする説が有力とされていた．しかし，空間分解能に優れた「チャンドラ」でもすべてを点源に分解できず，光赤外線観測から見積もられた白色矮星の数密度と整合しないことから，現在は銀河面拡散 X 線放射の一定割合には真に広がった放射が存在すると考えられている．

銀河面拡散 X 線放射には中性状態の鉄原子の輝線（$E = 6.4\,\mathrm{keV}$）と高階電離した鉄イオンの輝線（$E = 6.7\,\mathrm{keV}$）が含まれている．すなわち冷たいガス成分と高温プラズマ成分の二つで構成される．

すざくによる銀河面広域観測によって $6.4\,\mathrm{keV}$ 鉄輝線の強度分布が明らかになり，星間物質（分子輝線分布）とよく相関していることが発見された．特に銀経 $\sim 3°$ で $6.4\,\mathrm{keV}$ 鉄輝線が局所的に強く，そこには巨大分子雲クランプ 2 が位置している．10 K 程度の低温ガスは自発的に X 線を放射することはない．MeV 程度の低エネルギー宇宙線（陽子）が分子雲中の鉄原子を電離し，その結果として鉄輝線（蛍光 X 線）が生じていると考えられた．銀経 330–340° でも $6.4\,\mathrm{keV}$

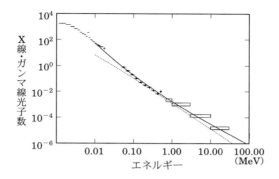

図 4.15 1 keV から 100 MeV 領域での銀河面からの放射スペクトル (Skibo et al. 1996, *Astr. Ap. Suppl.*, 120, 403 より転載).

輝線強度が強く,そこには渦状腕(じょうぎ腕,Norma Arm)が位置しており星間ガスも多い領域である.6.4 keV 鉄輝線の強度と分子ガスの量から算出すると,低エネルギー宇宙線密度は数 $10\,\mathrm{eV\,cm^{-3}}$ であり,地球近傍で実測した GeV 以上の宇宙線密度 $1\,\mathrm{eV\,cm^{-3}}$ よりも 1 桁以上高い.銀河系内で低エネルギー宇宙線の量が普遍的に多いのか否かはまだわかっておらず,より詳細な広域観測が必要である.

さらに「ぎんが」,「あすか」の観測により銀河面拡散 X 線放射には 10 keV 以上の硬 X 線帯域で顕著になる非熱的放射が検出されている.この放射は MeV の軟ガンマ線帯域まで続いていることがガンマ線衛星「RXTE」,「CGRO」,「INTEGRAL」などによって示された(図 4.15).銀河面拡散 X 線放射の 6.4 keV 鉄輝線には硬い連続 X 線スペクトルも付随していることがわかっており,この非熱的放射も低エネルギー宇宙線が起源である可能性がある.GeV 以上のエネルギー帯域の宇宙線に関しては,ガンマ線望遠鏡「H.E.S.S.」やガンマ線衛星「フェルミ」などによるガンマ線観測から明らかになっている.

6.7 keV 鉄輝線に関連する高温プラズマ成分は温度 $kT \sim \mathrm{keV}$(100–数 1000 万度),希薄密度 $\lesssim 10^{-3}\,\mathrm{cm^{-3}}$ である.その生成起源は議論中であるが,超新星爆発や星風は有力候補である.銀河系の重力ポテンシャル 0.3 keV では束縛されず銀河ハローに散逸しているだろう.先述の銀河系内の宇宙線が生成と散逸に

202 第 4 章 粒子線と重力波天文学

寄与するシナリオも提案されている．これは銀河系全体の星形成に関わる重要な課題である．2023 年から稼働している X 線天文衛星「XRISM」による高温プラズマの運動測定が期待される．

銀河面からの X 線・ガンマ線放射は，銀河系の中で現在も進行している加熱・加速過程と，その結果としてエネルギーを得た粒子と星間物質との相互作用の存在を示している．X 線領域での輝線スペクトルからのプラズマ状態の検証，ガンマ線領域での今後のより高い空間分解能の観測により，宇宙線加速の現場での物理過程の理解が深まると期待される．

4.3.6 銀河系外宇宙線

超新星残骸，パルサー星雲で加速できる宇宙線の最高エネルギーはたかだか 10^{15} eV である．4.2.2 節で述べたように，衝撃波で加速できる最高エネルギーは衝撃波の速度の 2 乗，磁場強度，加速時間の積に比例する（式（4.23））．一方，4.1 節で述べた単純な考察から，宇宙線の最高エネルギーは加速源のサイズと磁場の積で制限される（図 4.4）．したがって，10^{20} eV にもなる最高エネルギー宇宙線の加速源としては超新星や中性子星より大きな天体か，より早い衝撃波速度や長い加速時間，最低このいずれかが満たされる天体でなくてはならない．このような天体は銀河系内ではなく，銀河系外にあると考えられ，以下のような候補があげられている．

銀河団衝突

銀河団は，大きいものでは 1000 個以上の銀河を含み，ダークマターを含めるとその質量は典型的に $10^{15} M_\odot$ もの巨大な系である．銀河間物質は，重力のために加熱され，1000 万 K 以上の高温プラズマとなって X 線で明るく輝いている．銀河団の形成過程に関しては，コールドダークマターを含む宇宙の力学進化の数値シミュレーションが盛んに行われており，小規模な集団がまずでき，それらが衝突合体して大きな銀河団に成っていく，という考え方が一般的である．実際，衝突途中と思われる銀河団も多数発見されている．衝突の際の相対速度は，銀河団の重力ポテンシャルに物が落ち込む速度，$1000\,\mathrm{km\,s^{-1}}$ 以上にもなるものと思われ，銀河間ガス中での音速を超えるために，衝撃波が発生しうる．さらに衝突合体は 10^9 年以上かかるため，衝撃波による粒子加速の時間は十分ある．

GZK 効果が効きだす飛行時間 $\sim 10^8$ 年までに $10^{20}\,\mathrm{eV}$ の高エネルギー粒子が生成されればいい.

銀河団中に衝突合体に伴う衝撃波が存在する例が,「チャンドラ」による $z =$ 0.296 にある銀河団 1E 0657–56 の観測によって示された(図 4.16).図 4.16(上)の X 線イメージで,右側の塊がサブクラスターであり,東から西に(図では左から右に)抜けて動いていると考えられる.その前面にバウショック構造*9 が見えている.このショック面に垂直方向に銀河間物質の密度,圧力を推定したものが図 4.16(下)である.密度はショックの外側の境界(半径 50 秒角付近)と,濃いガスの集中したコア部分(半径 12 秒角)の 2 か所で不連続面がある.圧力は,ショック面では 10 倍も変化しているが,コア部周辺ではほとんど変わらず,接触不連続面をなしている.

このような衝撃波によって加速された電子が存在していることは,電波,硬 X 線観測によって明らかになってきた.広がった電波放射は全銀河団の 10%程度に存在する.中心付近に広がった電波放射を電波ハローといい,偏光は弱い.これは中心の活動銀河核から供給された高エネルギー電子からの放射と考えられている.一方,銀河団の周辺部に,電波リリック(relic)と呼ばれる不規則な形の電波放射がみつかることもある(図 4.17,205 ページ).これは 20%程度の偏光を示すものが多く,数 $10^{-10}\,\mathrm{T}$ の磁場を持つ空間で電子が加速され,シンクロトロン放射をしていると考えられる.シンクロトロン放射でエネルギーを失う寿命は 10^8 年程度と,衝突合体の時間規模よりも短いため,今も加速が続いている現場であろう.

電波ハローの起源として,乱流加速が有力な候補として考えられているが,これまでに銀河団プラズマの乱流を直線観測することは,観測装置の性能から不可能であった.そのような状況を書き換えたのが「ひとみ」衛星である.「ひとみ」衛星に搭載された極低温検出器 X 線半導体マイクロカロリメータ SXS(Soft X-ray Spectrometer)は,これまでの分光器よりも一桁以上優れた分光性能を実現して,ペルセウス銀河団中心部のプラズマ運動がこれまでの予想以上におとなしい(乱流速度の大きさが小さい,すなわちエネルギーインプットが小さい)ことを突き止めた.今後,2023 年に打ち上げられた XRISM 衛星によって多く

---

*9 たとえば,高速で進む舟の舳先に生ずる弓なりの形をした波の構造をいう.

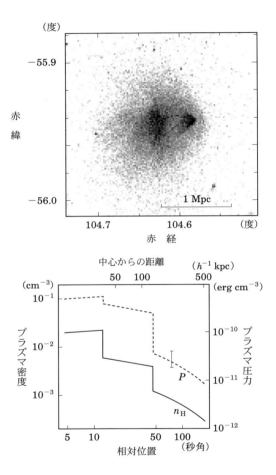

図 4.16 1E0657–56 の「チャンドラ」による観測結果 (Markevitch *et al.* 2002, *ApJ*, 567, L27 より転載). 上が X 線イメージであり, 下はコアを通る面での圧力 (P) と密度 (n_H) の変化. 密度（実線）は 2 か所（半径 12 秒角と 50 秒角あたり）で大きな変化を見せるが, 圧力（破線）は半径 12 秒角のコア表面に対応する場所ではほとんど変化がない.

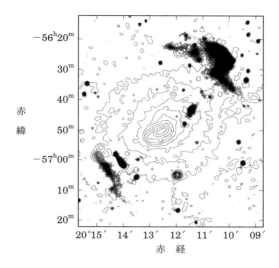

図 4.17 銀河団 Abell 3667 での電波リリックの観測例（Rottgering *et al.* 1997, *MNRAS*, 290, 577 より転載）．等高線は「ROSAT」による X 線強度を示し，黒の濃淡が 843 MHz の電波強度を示す．

の銀河団の観測が進み，銀河団中のプラズマ乱流と電波ハローの特性（強度，スペクトル指数）の関係が明らかになることが期待される．

　電波リリックを構成するシンクロトロン放射の起源として先ほど触れた衝撃波による加速が考えられるが，その素性は明らかになっていなかった．これは電波リリックが銀河団外縁部に位置し，X 線表面輝度が淡く，従来の X 線天文衛星では分光解析はおろか，プラズマからの信号を十分な有意度で検出することさえ難しいという問題が立ちふさがっていたからである．このような状況の中，欧州の X 線天文台 XMM-Newton が，近傍に位置し衝突銀河団の代表格である Abell 3667 において，電波リリックと衝撃波の対応を確認した．この結果はのちに日本のグループにより，より統計が良く，低輝度拡散 X 線放射に感度の高い「すざく」衛星により追確認された．この結果が口火となり，X 線による電波リリックの系統だったフォローアップ観測が盛んに行われた．そして「すざく」による深観測データから，これまでに 10 を超える電波リリックで，銀河団プラ

206 | 第 4 章　粒子線と重力波天文学

ズマの温度，表面輝度が有意に低下することが確認されている．これは衝撃波の存在を意味し，上に述べた電波リリックの形成シナリオを強く支持する観測的結果である．

衝撃波の強度に関する問題

先述のように銀河団プラズマの温度，密度とランキン–ユゴニオ方程式[*10]を用いることでマッハ数を評価できる．求められたマッハ数は，2–3 程度と銀河団中の衝撃波のマッハ数としては通常のものである．しかしながら，このようにして評価したマッハ数と電波観測から求めたマッハ数を比較したところ，X 線観測と電波観測ではマッハ数が食い違うという結果になった．並行して，X 線で確認した衝撃波の強度では，観測された電波輝度を説明するほどの相対論的電子を作り出すことが困難——加速効率の不足——という問題点も明らかになった．この食い違いがどのような影響を持つのか考える．電波観測から求めたマッハ数が正しいと考えると，X 線観測は衝撃波上流（下流）の温度を数倍程度過剰（過小）評価していることになる．これは衝撃波の伝搬速度 v で線形であり，衝撃波が伝搬するエネルギー流速（$F_{\mathrm{shock}} \propto v^3$）においては 3 乗の違いに相当する．これはそのまま加熱，加速へ用いられるエネルギーに直結するため，銀河団衝突におけるエネルギー分配だけでなく加速効率を議論する際に問題となる．このような問題点を解決し，理解するために，X 線，電波，理論を問わず活発な研究が現在進められている．

このような高エネルギー電子が存在すると，宇宙背景放射の 2.7 K 光子との逆コンプトン散乱によって硬 X 線放射が生じる．典型的な電波放射強度は $10^{34\text{-}35}$ W であり，2.7 K 光子と数 10^{-10} T の磁場とのエネルギー密度比から，予想される X 線光度も $10^{34\text{-}35}$ W になる（式 (4.1)）．

イタリアとオランダの X 線天文衛星「BeppoSAX」により，かみのけ座銀河団，おとめ座銀河団，Abell 3667，Abell 2256，Abell 2199 など 7 個の銀河団から 20 keV 以上の硬 X 線が検出され，非熱的放射を示すものとされている．しかし，観測されている 20–80 keV での硬 X 線強度は $10^{36\text{-}37}$ W と 100 倍程度も明るく，陽子の寄与，あるいは非常に弱い銀河間磁場を考える必要がある．近年の

[*10] 垂直衝撃波における，衝撃波面前後の物理量を表す方程式．

「すざく」衛星，NuSTAR衛星による狭視野硬X線観測では，BeppoSAXによって報告されたような強い非熱的放射が確認されておらず，将来の高分解能撮像硬X線観測衛星による観測が望まれている．

活動銀河核，ガンマ線バースト

　空間的な大きさや加速できる時間は銀河団衝撃波には到底及ばないが，その代わり，衝撃波の速度，磁場強度が銀河系内天体を凌駕するものが活動銀河核のジェットやガンマ線バーストである．したがってこれらも最高エネルギー宇宙線加速源候補とみなされる．活動銀河核のジェットはクェーサー，電波銀河などに見られ（3.1.1節，表3.1），少なくともその発生源付近ではほぼ光速に近い速度である．これが衝撃波をつくれば，きわめて効率のいい高エネルギー加速器になる．ジェットを正面から観測している天体はブレーザーと呼ばれ，もっとも激しく変動する銀河核である（3.1.5節）．ブレーザーの中には激しく変動するTeVガンマ線を放出するものも見つかっている（Mkn 421やMkn 501など）．荷電粒子が短時間でもきわめて高エネルギーに加速されているのだろう．さらに極限的な天体はガンマ線バースト（5章）である．その正体はまだ解明されていないが，ほとんど光速のジェットを正面から観測していると考えられている．

宇宙最大の加速器

　素粒子などミクロな世界の実験的解明には人工加速器が使われる．現在可能な最大エネルギーはほぼ 10^{13} eV（LHC加速器）でこれは陽子–陽子衝突であるが，静止物質に対する陽子エネルギーに換算すると約 10^{17} eV である．それに対し，宇宙線は最大 10^{20} eV にも達する．このため，宇宙線によって超高エネルギー領域での素粒子反応について重要な知見を得ることができる．

　素粒子物理学の初期のころは，さまざまな新粒子が素粒子実験より先に宇宙線中から発見された．たとえば，1935年に湯川秀樹が理論的に予言したπ中間子は1947年の気球実験によって宇宙線から発見された．π中間子は宇宙線陽子が大気と反応してできる．

　宇宙線陽子の加速器の一つとして超新星 SN 1006 があげられる．SN 1006 は1000年前におおかみ座の超新星として生まれたことが，藤原定家の日記『明月記』に記録されている（図4.11参照）．

208　第4章　粒子線と重力波天文学

出現時（1006年5月1日）には火星がたまたま近くにおり，火星のようだったという記録がある．その後1週間ほど増光したことは中国やアラビア諸国の文献にみられる．「すざく」はSN 1006が核暴走型超新星（Ia型）であることを明らかにした．Ia型は絶対光度がよく分かっている（実際に標準光源として宇宙の大きさを計測する手段になっている）．したがってSN 1006までの距離から，見かけの明るさが推定できる．その最大光度は三日月をしのぐほどだったはずである．まさに史上最高の明るさの超新星だった．この「定家の超新星」が1000年近くかけて加速した陽子，それがはるばる地球に到達し，湯川の中間子理論を実証したのだろうか？

4.4　ニュートリノ天文学

ニュートリノは物質との相互作用がきわめて弱いため天体の奥深くまで貫通できる．したがって「ニュートリノ天文学」は天体の深部を探ることができる天文学である．大マゼラン星雲での超新星爆発（SN 1987A）からのニュートリノ観測や太陽からのニュートリノ観測は，ニュートリノ天文学の幕開けとなった．

4.4.1　超新星ニュートリノ観測

大質量星の内部では核融合（核燃焼）反応によって，より質量数の多い元素が生み出される．まずpp連鎖およびCNOサイクルと呼ばれる一連の反応で，水素が燃焼してヘリウムが合成される（$4p \longrightarrow He + 2e^+ + 2\nu_e$）（213ページのコラム「星の中では」参照）．内部が約$10^7 \, \mathrm{kg \, m^{-3}}$の密度，約$10^8 \, \mathrm{K}$の温度になると，ヘリウムが燃焼して炭素をつくる反応（$3He \longrightarrow C$）が起こる．さらに高温，高密度になると炭素，酸素，ネオン，ケイ素燃焼と順に進み，最終的には鉄族（鉄，コバルト，ニッケル）が合成される．鉄族は核子あたりの結合エネルギーがもっとも大きい原子核であるため，熱核融合反応によって生まれる元素としては最後の元素となる．

このようにして星の内部で元素合成が進行するため，超新星爆発直前の星の内部は，内側から順に鉄族，ケイ素，酸素，炭素，ヘリウム，水素の層がタマネギ状に分布している．星の進化のシミュレーションによれば，鉄のコアは約

$1.5\,M_\odot$ の質量を持つ. その後, エネルギー放出によってコアの重力収縮が進み温度が上昇し, 温度が約 $5 \times 10^9\,\mathrm{K}$ を超えると鉄がヘリウムに分解する吸熱反応（$\mathrm{Fe} + \gamma \longrightarrow 13\mathrm{He} + 4\mathrm{n} - 124.4\,\mathrm{MeV}$）によってコアが不安定になり, 超新星爆発のきっかけとなる. 重力収縮による密度の上昇にともなって電子捕獲反応（原子核内外の陽子の中性子化: $\mathrm{e}^- + \mathrm{p} \longrightarrow \nu_\mathrm{e} + \mathrm{n}$）が進行し, 中性子星の形成へと進む. 中性子星は約 $3 \times 10^{17}\,\mathrm{kg\,m^{-3}}$ 程度の密度を持ち, 半径 $10\,\mathrm{km}$ 程度のサイズになる. したがって中性子星形成にともない解放される重力エネルギー（E_b）は,

$$E_b = \frac{GM^2}{R} = 3 \times 10^{46} \left(\frac{M}{M_\odot}\right)^2 \left(\frac{R}{10\,\mathrm{km}}\right)^{-1} \quad [\mathrm{J}] \tag{4.26}$$

で与えられる. このエネルギーの 99% はニュートリノによって星から放出される. 1987 年 2 月 23 日に観測された超新星 SN 1987A では, 超新星爆発からのニュートリノがカミオカンデ実験（Kamioka Nucleon Decay Experiment）, IMB 実験（Irvine-Michigan-Brookhaven）, Baksan 実験で捉えられた.

カミオカンデは, 1983 年に岐阜県神岡鉱山の地下 $1000\,\mathrm{m}$ の場所に建設された. 装置は 3000 トンの水タンクに 948 本の直径 $50\,\mathrm{cm}$ 光電子増倍管を $1\,\mathrm{m}$ 間隔で内面に取り付けたものであり, 荷電粒子が水中の光の速度よりも速く運動した際に発生するチェレンコフ光を捉えた. チェレンコフ光は粒子の進行方向に対して $\cos^{-1}(1/(n\beta))$ の頂角を持つ円錐状に放射する. ここで n は水の屈折率で約 1.33, β は粒子の速度を真空中の光速度で割った値で, $\beta = 1$ の場合に頂角は約 42 度である. 事象の例を図 4.18 に示す. 各光電子増倍管では光の到着時刻と強度が測定され, 到着時刻の差から粒子の発生点が, 光の強度から粒子のエネルギーが見積もられた. 粒子の方向はチェレンコフ光のリングパターンから求められた.

IMB 実験はオハイオ州モートン塩鉱の地下 $600\,\mathrm{m}$ に作られた 7000 トンの実験装置であり, 2048 本の直径 $20\,\mathrm{cm}$ 光電子増倍管を使用した. 超新星爆発の観測に使われた有効体積は, カミオカンデ実験が 2140 トン, IMB 実験が 6000 トンであった. また, 取得できるニュートリノのエネルギーの下限値はカミオカンデが 8.7 MeV, IMB は 38 MeV であった（50% 効率での値）. Baksan 実験はロシアの Baksan 地下施設に建設された 330 トンの液体シンチレータ（3184 個に

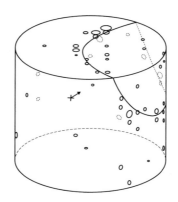

図 4.18 カミオカンデが捉えたニュートリノ事象の例．図中の小さな丸は光を受けた光電子増倍管を表す（Hirata *et al.* 1988, *Phys. Rev.*, D 38, 448, 図 7 より転載）．

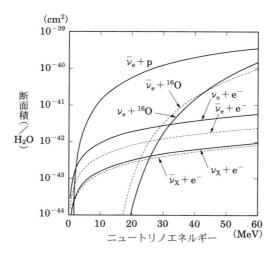

図 4.19 ニュートリノ反応の断面積．横軸はニュートリノのエネルギー，縦軸は水分子あたりの断面積を表す．ν_X は ν_μ あるいは ν_τ を表す．

分割されている）を用いた検出器であった.

図 4.19 にニュートリノと水分子との反応断面積を示す. 超新星爆発では, すべてのタイプのニュートリノ, すなわち電子ニュートリノ（ν_e）, ミューニュートリノ（ν_μ）, タウニュートリノ（ν_τ）とそれらの反粒子（$\bar{\nu}_e, \bar{\nu}_\mu, \bar{\nu}_\tau$）がつくられるが, エネルギーは数十 MeV 程度であるため, 図 4.19 より $\bar{\nu}_e + p \longrightarrow e^+ + n$ が主たる反応であることが分かる.

この反応では観測される e^+ のエネルギー（E_{e^+}）とニュートリノのエネルギー E_ν に, $E_{e^+} = E_\nu - 1.3\,\mathrm{MeV}$ という関係にあり, ニュートリノのエネルギーを直接測ることができる. しかし, ニュートリノのエネルギーは陽子の質量に比べて十分小さいため, 生成される e^+ とニュートリノの方向（つまり超新星からの方向）とはほとんど相関がない. これに対して電子散乱（$\nu + e^- \longrightarrow \nu + e^-$）では, 電子が前方にはじき飛ばされる.

SN 1987A に伴うニュートリノは 1987 年 2 月 23 日 7 時 35 分（世界時）に観測された. カミオカンデは 13 秒間に 11 個, IMB は 6 秒間に 8 個, Baksan は 9.1 秒間に 5 個の事象を観測した. これらの事象の時間分布を図 4.20 に示す. また, 図 4.21 は事象の方向とエネルギーの相関を表す.

超新星の方向と特に強い相関は見られず, ほとんどの事象が $\bar{\nu}_e + p \longrightarrow e^+ + n$ 反応による事象であることを示している. そこで, $\bar{\nu}_e$ のエネルギー分布がフェルミ–ディラック分布[*11]と仮定してカミオカンデのデータと IMB のデータから温度を求めると, $kT \sim 4\,\mathrm{MeV}$ となる. この値に対応する $\bar{\nu}_e$ の平均エネルギー（$\langle E_{\bar{\nu}_e} \rangle$）は約 13 MeV である. 観測された事象の数とニュートリノの断面積からニュートリノフラックス（ϕ）を求め, SN 1987A までの距離を R（約 16 万光年）とすると, $\bar{\nu}_e$ によって放出されたエネルギーは $\langle E_{\bar{\nu}_e} \rangle \phi \times 4\pi R^2$ により求められるが, ニュートリノには粒子/反粒子も考えると全部で 6 種類あることを考慮して計算結果を 6 倍すると, 全ニュートリノによって放出されたエネルギーは $(2\text{–}5) \times 10^{46}\,\mathrm{J}$ となった. この値は鉄のコアから中性子星が形成されるときに解放されるエネルギー（式（4.26））ときわめてよく一致し, 超新星爆発の基本的なメカニズムが証明された.

[*11] フェルミ粒子が従う統計分布. 量子力学と統計力学から, その分布関数は $\dfrac{1}{\exp(E_\nu/kT) + 1}$ となる.

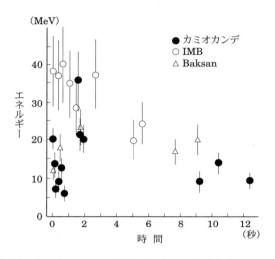

図 4.20 カミオカンデ，IMB，Baksan が捉えた SN 1987A からのニュートリノ信号．個々の点は一つひとつの事象を表す．横軸は最初の事象からの時間，縦軸は個々の事象のエネルギーを表す（Kamiokande Collaboration 1987, *Phys. Rev. Lett.*, 58, 1490; 1988, *Phys. Rev.* D38, 448. IMB Collaboration 1987, *Phys. Rev. Lett.* 58, 1494. E. N. Alekseev *et al.* 1988, *Phys. Lett.*, 205, 209 より転載）．

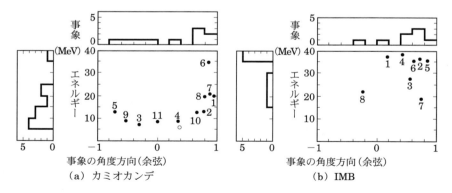

図 4.21 SN 1987A によるニュートリノ事象の超新星からの方向（横軸）と事象のエネルギー（縦軸）．(a) はカミオカンデでの事象を示し，(b) は IMB での事象．2 次元分布のそれぞれの点は一つひとつの事象を示し，数字は事象の時間順を表す．

光学観測による SN 1987A の爆発はシェルトン（I. Shelton）によって初めて報じられたが，時間的にもっとも早い観測は 2 月 23 日 10 時 33 分（世界時）であった．また，2 月 23 日 9 時 22 分（世界時）の時点では光学的には観測されていなかったことがジョーンズ（A. Jones）によって報じられていることから，コアが重力崩壊してから星が光を放出し始めるまでに 2 時間以上かかったことになる．

星の中では

星内部の水素燃焼には 2 種類の反応連鎖がある（下図）．

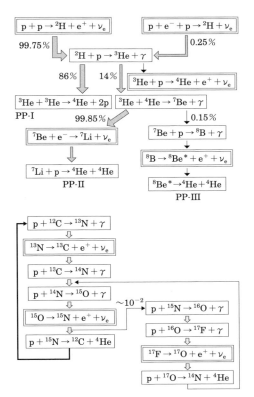

図 **4.22**　pp 連鎖反応（上）と CNO サイクル反応（下）．

二重線で囲った反応でニュートリノが生成される．これらの反応を左上から順に，pp, pep, hep, ^{7}Be, ^{8}B, ^{13}N, ^{15}O, ^{17}F ニュートリノと呼ぶ．標準太陽モデルではそれらの強度は，pp ニュートリノが 5.94×10^{14} ($\pm 1\%$) $\mathrm{m}^{-2}\,\mathrm{s}^{-1}$，^{7}Be ニュートリノが 4.86×10^{13} ($\pm 12\%$) $\mathrm{m}^{-2}\,\mathrm{s}^{-1}$，pep ニュートリノが 1.4×10^{12} ($\pm 2\%$) $\mathrm{m}^{-2}\,\mathrm{s}^{-1}$，^{8}B ニュートリノが 5.79×10^{10} ($\pm 23\%$) $\mathrm{m}^{-2}\,\mathrm{s}^{-1}$，hep ニュートリノが 7.88×10^7 ($\pm 16\%$) $\mathrm{m}^{-2}\,\mathrm{s}^{-1}$ である（括弧内は誤差）．

4.4.2　太陽ニュートリノ観測

標準太陽モデル（SSM; Standard Solar Model）の計算によれば，太陽中心で起きている核融合反応は総エネルギー生成の約 99% が pp 連鎖反応であり，残り約 1% が CNO サイクル反応である．これらの反応で予想されるニュートリノ（コラム「星の中では」参照）のエネルギースペクトルを図 4.23 に示す．

世界で初めての太陽ニュートリノ観測は，デービス（R. Davis）らがアメリカのホームステイク（Homestake）鉱において 1960 年代に開始した実験である．この実験は，615 トンのテトラクロロエチレン（C_2Cl_4）を用い，ニュートリノと ^{37}Cl の反応により生まれる ^{37}Ar を約 80 日ごとに回収し，^{37}Ar の崩壊数を低バックグラウンド比例計数管によって計測した．こうした実験手法は放射化学法と呼ばれ，あるエネルギー閾値以上のニュートリノの積分量を測定することになる．ニュートリノと ^{37}Cl との反応のエネルギー閾値は $0.814\,\mathrm{MeV}$ であり，^{37}Ar の生成率に寄与するのは主として ^{8}B ニュートリノである（約 76% が ^{8}B ニュートリノ，15% が ^{7}Be ニュートリノ，他は pep, CNO ニュートリノ．コラム「星の中では」参照）．

ホームステイク実験が観測した ^{37}Ar の生成率は約 0.5 個/日であり，標準太陽モデルの予想値約 1.4 個/日に比べて 1/3 しかなく，これを「太陽ニュートリノ問題」として提起した．

カミオカンデ実験は，1989 年に世界で初めてのリアルタイム検出器による太陽ニュートリノ観測に成功した．それは ^{8}B 太陽ニュートリノによって前方に散乱された電子のチェレンコフ光を捉えたものである．^{8}B ニュートリノの強度は標準太陽モデルの予想値の約半分であり，太陽ニュートリノ問題を確認した．

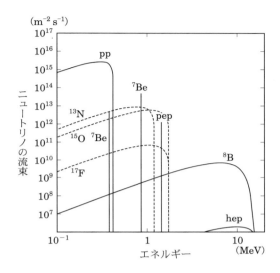

図 4.23 標準太陽モデルから予想される太陽ニュートリノスペクトル．実線は pp 連鎖反応からのニュートリノ，破線は CNO サイクルからのニュートリノを表す（213 ページのコラム「星の中では」参照）．

その後，太陽ニュートリノの主成分である pp, ^{7}Be ニュートリノに感度がある放射化学法による実験がロシア（SAGE 実験）とイタリア（GALLEX 実験（後に GNO 実験））で行われた．これらの実験では ν_e と ^{71}Ga の反応によって生じる ^{71}Ge を数えた．この反応の閾値は 0.233 MeV であり，標準太陽モデルからの予想では ^{71}Ge 生成率に対する pp ニュートリノからの寄与が約 54%, ^{7}Be ニュートリノが約 27%, ^{8}B ニュートリノが約 9%, 残りが pep, CNO ニュートリノである．SAGE 実験は 54 トンの Ga を単体で用い，GALLEX 実験では 30 トンの Ga を GaCl$_3$ 溶液にして実験した．どちらの実験とも計測した ^{71}Ge の生成率は予想値の約 52% であった．

太陽ニュートリノの観測結果と標準太陽モデルからの予想とを比較する場合，ニュートリノがその種類を変えてしまう現象（「ニュートリノ振動」と呼ぶ）を考慮しなければならない．ニュートリノには電子ニュートリノ（ν_e），ミューニュートリノ（ν_μ），タウニュートリノ（ν_τ）の三つの種類があるが，太陽中心での核融合反応の際に発生するニュートリノは ν_e である．以下，ν_μ と ν_τ を総

称して ν_X と書き，ν_e と ν_X の間の振動について述べる．ニュートリノが弱い相互作用によって発生するときには「弱い相互作用の固有状態」[*12]にあるとみなされる．具体的には ν_e と ν_X である．一方，ニュートリノが空間を伝搬する場合には「質量の固有状態」としてふるまう．質量の固有状態を ν_1, ν_2 とすると，一般に弱い相互作用の固有状態との関係は以下のように書ける．

$$\begin{pmatrix} \nu_e \\ \nu_X \end{pmatrix} = \begin{pmatrix} \cos\theta & \sin\theta \\ -\sin\theta & \cos\theta \end{pmatrix} \begin{pmatrix} \nu_1 \\ \nu_2 \end{pmatrix}. \tag{4.27}$$

ここで θ は「混合角」と呼ぶ．時刻 $t=0$ に ν_e として生まれたニュートリノがある時刻 t に ν_e として観測される確率 $P(\nu_e \longrightarrow \nu_e)$ は，質量の固有状態に対するシュレディンガー方程式を解くことによって求められ，

$$P(\nu_e \longrightarrow \nu_e) = 1 - \sin^2 2\theta \times \sin^2\left(1.27 \times \Delta m^2 \frac{L}{E}\right) \tag{4.28}$$

となる．ここで Δm^2 （単位は eV^2）は質量の固有値の2乗の差 $(m_2^2 - m_1^2)$，L はニュートリノ飛行距離（$t \times$ 光速度），E （MeV）はニュートリノのエネルギーである．式（4.28）は真空中を伝搬する場合に適用できる式であるが，太陽内部のように高密度の物質が存在する環境での伝搬では物質による効果（具体的には ν_e と ν_X とで電子との前方散乱振幅が異なること）を考慮しなければならない．ニュートリノのエネルギー，ニュートリノ振動を記述する変数（Δm^2, 混合角 θ）によって物質効果の効き方は異なるが，後述するようにエネルギーの高い ^{8}B ニュートリノの振動の場合には，物質効果によって太陽表面に到達するまでに約 $2/3$ のニュートリノが ν_X になっている．

　「太陽ニュートリノ問題」の原因が「ニュートリノ振動である」ということが確定したのは，スーパーカミオカンデ（SK）と SNO （Sudbury Neutrino Observatory）による精密観測であった．スーパーカミオカンデは神岡鉱山の地下 1000 m に建設された 50000 トンの超純水を用いた装置であり（図 4.24 （左）），カミオカンデの 30 倍の有効体積（実際に太陽ニュートリノ観測に使える体積）を持つ．高さ 42 m，直径 40 m の水タンクの内面に 11146 本の直径 50 cm

---

[*12] 量子力学の言葉で基本的な状態をいう．一般の状態は固有状態を記述する波動関数の重ね合わせで表現される．

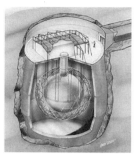

図 4.24 スーパーカミオカンデ実験装置（左）と SNO 実験装置（右）(Super-Kamiokande Collaboration 2002, *Phys. Lett.*, B539, 179. SNO Collaboration 2002, *Phys. Rev. Lett.*, 89, 011301 より転載).

光電子増倍管が取り付けられており，装置内面の 40% を光電面が覆っている．この光電面密度はカミオカンデの 2 倍であり，より低エネルギーの現象まで捉えることができる．

　スーパーカミオカンデはカミオカンデと同様にニュートリノと電子との散乱を用いて ^{8}B 太陽ニュートリノを捉えた．ニュートリノと電子との散乱では ν_e のみならず，ν_μ, ν_τ も寄与する．後者は前者の約 $1/(6\text{--}7)$（以下，R と書く）である．太陽の中心で生まれた ν_e のうち，$P_{\rm osc}$ の割合で ν_μ あるいは ν_τ になったとすると，スーパーカミオカンデで観測されるニュートリノ強度は，予想値の $(1 - P_{\rm osc}) + P_{\rm osc} \times R$ となる．スーパーカミオカンデは 1996 年 5 月から 2001 年 7 月までの間に約 22400 個の太陽ニュートリノ現象を観測した．これを電子散乱によるニュートリノ強度に換算すると $(2.35 \pm 0.08) \times 10^{10}\,{\rm m^{-2}\,s^{-1}}$ となった．

　SNO 実験装置はカナダのサドバリー鉱の地下 2092 メートルに建設された重水（D_2O）を使用した装置である（図 4.24（右））．中央部に設置されたアクリル製の容器に 1000 トンの重水（D_2O）が蓄えられており，その中で発生するチェレンコフ光を容器のまわりに置かれた 9456 本の直径 0.2 m 光電子増倍管によって捉える．太陽ニュートリノでは以下の 3 種類の反応が観測された．

(1) $\nu_e + D \longrightarrow e^- + p + p$ 　（荷電カレント反応：CC と呼ぶ），

(2) $\nu_e + D \longrightarrow \nu + n + p$ 　（中性カレント反応：NC と呼ぶ），

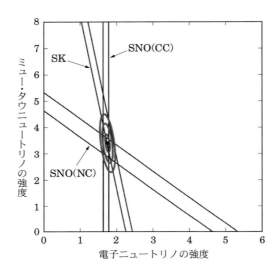

図 **4.25** スーパーカミオカンデ（SK）と SNO の太陽ニュートリノ観測から得られた電子ニュートリノの強度とミュー・タウニュートリノの強度. 帯はそれぞれの実験の ±1 標準偏差の広がりを示し, 3 重の楕円は両方の結果を統合して許される範囲で内側から 68%, 95%, 99.73%の信頼度の範囲を示す（Super-Kamiokande Collaboration 2002, *Phys. Lett.*, B539, 179. SNO Collaboration 2002, *Phys. Rev. Lett.*, 89, 011301; 2004, *Phys. Rev. Lett.*, 92, 181301; SNO Collaboration 2005, *Phys. Rev.*, C72, 055502 より作図）.

(3) $\nu_e + e^- \longrightarrow \nu + e^-$ （電子散乱）.

荷電カレント反応, 中性カレント反応, 電子散乱による現象は, 粒子の方向性, 事象のパターン情報を使用して統計的に識別することができる. SNO で観測された現象の数を, 太陽ニュートリノの強度に直すとそれぞれ,

$$\text{CC の強度：} \quad (1.68^{+0.10}_{-0.12}) \times 10^{10}\,[\text{m}^{-2}\,\text{s}^{-1}],$$
$$\text{電子散乱の強度：} (2.35 \pm 0.27) \times 10^{10}\,[\text{m}^{-2}\,\text{s}^{-1}],$$
$$\text{NC の強度：} \quad (4.94^{+0.43}_{-0.40}) \times 10^{10}\,[\text{m}^{-2}\,\text{s}^{-1}]$$

となった.

スーパーカミオカンデと SNO によって得られた結果を使って ν_e の強度と $\nu_\mu + \nu_\tau$ の強度を 2 次元図で表示すると図 4.25 のようになる．図が示すように地球で観測される太陽ニュートリノには ν_μ, ν_τ の成分があり，太陽内部では ν_e として生まれているので，ニュートリノが飛行中に種類を変えていることが分かる．これにより，「太陽ニュートリノ問題」の原因はニュートリノ振動であることが分かった．

その後，2007 年からは 300 トンの液体シンチレータを用いた Borexino 実験がイタリアの Gran Sasso 地下施設で行われた．太陽ニュートリノとの反応は電子散乱であるが，観測されたエネルギースペクトルを太陽ニュートリノから期待されるスペクトルと残留放射性物質などから予想されるバックグラウンドスペクトルとでフィッティングを行うことにより，^{7}Be, pep, pp, CNO のニュートリノの成分を抽出し，それぞれの強度を測定することに成功した．また，カミオカンデの跡地に建設された 1000 トンの液体シンチレータを用いたカムランド（KamLAND）実験も ^{7}Be ニュートリノの観測に成功している．

これまで，Homestake，カミオカンデ，SAGE，GALLEX/GNO，スーパーカミオカンデ，SNO，Borexino，カムランド実験によって観測されてきた太陽ニュートリノの強度は，ニュートリノ振動を考慮すれば，標準太陽モデルから予想される強度とよく一致する．

4.4.3 高エネルギーニュートリノ天文学

高エネルギー宇宙ニュートリノの存在量とその測定

宇宙は，TeV（10^{12} eV）から EeV（10^{18} eV）にかけての高エネルギー帯でもニュートリノ放射で満たされていることは早くから予想されていた．宇宙線陽子が光子場と衝突すれば光 π 中間子生成（photo-pion production）によって π 中間子が生成される．荷電 π 中間子はミューオンに崩壊し，ミューオンは最終的に電子に崩壊する．

$$\gamma p \to \pi^\pm X \to \mu^\pm \nu_\mu \to e^\pm \nu_e \nu_\mu \tag{4.29}$$

この崩壊過程からニュートリノが生まれる．また陽子との衝突相手としては光子ではなく星間ガスなどの物質もある．この場合はハドロン核反応，いわゆる pp

220 第 4 章 粒子線と重力波天文学

衝突によって π 中間子ができ，その後は同様の崩壊過程が存在するため，やはり
ニュートリノ生成が期待される．こうした過程でできるニュートリノは親の宇宙
線陽子のエネルギーの ∼ 5 % 程度に相当するエネルギーを平均的に持っている．
すなわち，高エネルギーニュートリノは，その 20 倍程度高いエネルギーの高エ
ネルギー陽子を起源とするため，ニュートリノ放射の検出は宇宙線放射の現場を
理解することに直結する．宇宙線は荷電粒子であるため，我々の銀河及び銀河間
空間の磁場により軌道が湾曲され，到来方向の情報は天体同定にはほぼ無益であ
る．一方で高エネルギー光子であるガンマ線はエネルギーが TeV を超えると宇
宙空間を満たしている赤外線背景放射や宇宙マイクロ波背景放射（CMB）と衝突
し，電子・陽電子生成を引き起こして消えてしまうため，少なくとも銀河系外を
観測するには不向きである．また高エネルギー光子は高エネルギー電子からも逆
コンプトン散乱過程を介して作られる．既知のガンマ線放射天体のほとんどは電
子由来（レプトニック起源）であり，高エネルギー陽子由来（ハドロニック起源）
の可能性がある天体はごくわずかしかなく，しかもハドロニック起源だと確定さ
れたものは一つもない．宇宙線起源天体を同定し，その生成機構を探る手段とし
て，宇宙線放射に付随するニュートリノを測定するのが王道と考えられてきた．
　しかしその検出は非常に困難である．高エネルギー宇宙ニュートリノの存在を
実証し，その流量を測定することに成功した IceCube 実験以前は，このニュー
トリノの量の予測にも大きな幅があった．微分流量にエネルギーの 2 乗を掛け
るエネルギー流量 $E_\nu^2 \Phi_\nu$ は電磁波観測における νF_ν に相当するが，予測値は
$O(10^{-10}) \sim O(10^{-8})[\mathrm{GeV\ cm^{-2}\ s^{-1}\ sr^{-1}}]$ もの幅があった．どのエネルギーの
宇宙線親陽子が，どの程度の頻度で光子場またはガスと衝突し得るかを正確に予
測することは困難であり，天体の種類によっても当然違いがあるからだ．仮に中
間値をとり，$10^{-9}[\mathrm{GeV\ cm^{-2}\ s^{-1}\ sr^{-1}}]$ 程度の量を仮定しよう．面積 A の検出
装置に入射するニュートリノの頻度の桁は，見込む立体角を $\Delta\Omega = 2\pi$ として

$$
\begin{aligned}
\frac{dN_\nu}{dt} &\sim \Delta\Omega \int dE_\nu \Phi_\nu A \\
&\sim 2 \times 10^5 \left(\frac{E_\nu}{100\,\mathrm{TeV}}\right)^{-1} \left(\frac{E_\nu^2 \Phi_\nu}{1 \times 10^{-9}\,\mathrm{GeV\,cm^{-2}s^{-1}sr^{-1}}}\right) \left(\frac{A}{1\,\mathrm{km^2}}\right)\,[\mathrm{yr^{-1}}]
\end{aligned}
$$

(4.30)

となる．100 TeV でのニュートリノ衝突断面積は $\sigma_{CC} \simeq 3.5 \times 10^{-34}\,\mathrm{cm^2}$ なので，検出容積 $V = A^{3/2}$ の中で反応するニュートリノの数，すなわち理想的な検出装置で最大限に検出し得る信号の頻度は N_A をアボガドロ定数として $E_\nu \geqq$ 100 TeV で，

$$\frac{dN_{\mathrm{SIG}}}{dt} \simeq \frac{dN_\nu}{dAdt} \rho N_A \sigma_{CC} V$$

$$\sim 4 \left(\frac{\sigma_{CC}}{3.5 \times 10^{-34}\,\mathrm{cm^2}} \right) \left(\frac{\rho}{1\,\mathrm{g\,cm^{-3}}} \right) \left(\frac{A}{1\,\mathrm{km^2}} \right)^{\frac{3}{2}} [\mathrm{yr^{-1}}], \qquad (4.31)$$

すなわち年間 4 事象程度にすぎない．この見積もりには，莫大な大気ニュートリノ雑音の影響や検出効率は 1 よりずっと小さいという現実は含まれていないから，いわば楽観的な数字である．

この頻度は検出容積内でニュートリノが直接衝突し検出可能な信号を出す場合である．一方でミューオン型のニュートリノは荷電カレント反応（CC）ではミューオンを作り出す．ミューオンは地球内を数 km，エネルギーによっては 30 km 程度を貫通して走り抜けることができる．したがって，検出器を構えている地中（IceCube 実験の場合は氷河）のはるか外側でニュートリノが衝突しても，CC 反応で生成されたミューオンが検出器までたどり着けば，このミューオンを検出することで間接的にニュートリノを測定することができる．この手法では，事実上ニュートリノ検出の網を大きくすることができる．

この過程で生成されるミューオンの流量は，おおよそもとのニュートリノ流量の 10 万分の 4 程度である；$J_\mu \sim 4 \times 10^{-4} \Phi_\nu$．ここからミューオンの検出頻度は

$$\frac{dN_\mu}{dt} \simeq \Delta\Omega \int dE_\nu J_\mu A$$

$$\sim 10 \left(\frac{E_\nu}{100\,\mathrm{TeV}} \right)^{-1} \left(\frac{E_\nu^2 \Phi_\nu}{1 \times 10^{-9}\,\mathrm{GeV\,cm^{-2}s^{-1}sr^{-1}}} \right) \left(\frac{A}{1\,\mathrm{km^2}} \right) [\mathrm{yr^{-1}}]$$

$$(4.32)$$

程度である．式（4.30）と合わせると，$A = 1\,\mathrm{km^2}$（$V = 1\,\mathrm{km^3}$）の大きさのニュートリノ検出装置で年間 10–20 例前後の宇宙ニュートリノが検出し得るということを示している．これがまさに IceCube 実験の設計思想であった．

IceCube 実験によって測定された高エネルギー宇宙背景放射流量，すなわち

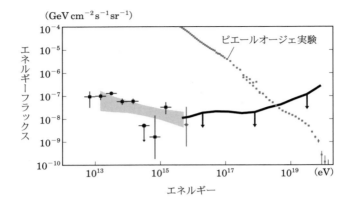

図 4.26 高エネルギー帯におけるニュートリノ宇宙背景放射スペクトル．すべてのニュートリノフレーバーを足し上げた流量をプロットした．ニュートリノの測定データはすべて IceCube 実験によるもの（詳細は，https://doi.org/10.1103/PhysRevD.110.043045 を参照のこと）．ピエールオージェ実験の超高エネルギー宇宙線スペクトルデータを比較のために載せている．

全宇宙空間から地球に届いた単位立体角当たりの放射量を図 4.26 に示した．エネルギーのべき乗で近似的に表せる比熱的放射である．流量は 100 TeV 帯で

$$\Phi_\nu = (1.44^{+0.25}_{-0.26}) \times 10^{-18} \left(\frac{E_\nu}{100\,\mathrm{TeV}}\right)^{(-2.37\pm 0.09)} \quad [\mathrm{GeV}^{-1}\,\mathrm{cm}^{-2}\,\mathrm{s}^{-1}\,\mathrm{sr}^{-1}] \tag{4.33}$$

である．これはエネルギー流量に焼き直すと電子型，ミューオン型，タウ型ニュートリノのすべてを足し上げたときに $E_\nu^2 \Phi_{\nu_e+\nu_\mu+\nu_\tau} \approx 4\times 10^{-8}\ [\mathrm{GeV\,cm^{-2}\,s^{-1}\,sr^{-1}}]$ となる．

宇宙線起源との関係

高エネルギー宇宙ニュートリノ背景放射流量 Φ_ν またはエネルギー流量 $E_\nu^2 \Phi_\nu$ と宇宙線放射天体を結び付けることができる．ある宇宙線放射天体あたりのニュートリノ放射エネルギー流量は次式で近似的に与えられる．

$$\varepsilon_\nu^2 \frac{d\dot{N}_\nu}{d\varepsilon_\nu} \approx \xi_\pi \langle x \rangle \langle y_\nu \rangle \tau_{p\gamma} \varepsilon_{\mathrm{CR}}^2 \frac{d\dot{N}_{\mathrm{CR}}}{d\varepsilon_{\mathrm{CR}}} A^{2-\alpha_{\mathrm{CR}}} \tag{4.34}$$

ここで ξ_π は 1 回の衝突で生成された π 中間子から作られるニュートリノの平均的な数 $\langle x \rangle \sim 0.2$ は宇宙線（陽子）のエネルギーの何割が 1 回の衝突で生じる π 中間子に渡されるかを示す量，$\langle y_\nu \rangle \sim 1/4$ は 1 個の π 中間子のエネルギーの何割がニュートリノに持ち去られるかを示す量，$\tau_{\mathrm{p}\gamma}$ は光 pi 中間子生成衝突の光学的厚みで

$$\tau_{\mathrm{p}\gamma} = ct_{\mathrm{dyn}} \int d\varepsilon_\pi \frac{dF_{\mathrm{p}\gamma}}{dt d\varepsilon_\pi} \tag{4.35}$$

で与えられる．また $d\dot{N}_{\mathrm{CR}}/d\varepsilon_{\mathrm{CR}} \sim \varepsilon_{\mathrm{CR}}^{-\alpha_{\mathrm{CR}}}$ は天体で生成された宇宙線流量（単位時間単位エネルギーあたりの宇宙線粒子の数），$A^{\alpha_{\mathrm{CR}}-1}$ は宇宙線が陽子ではなく質量数 A の原子核であった場合の補正項，α_{CR} は宇宙線スペクトルのべきである（Yoshida & Murase 2020）．

この近似式は pγ 衝突の場合だけではなく，宇宙線粒子がガスと衝突してニュートリノを生成する場合，すなわち pp 衝突の場合にも適用できる．$\tau_{\mathrm{p}\gamma}$ のかわりに τ_{pp} を代入する．ニュートリノの数 ξ_π は衝突あたりに生成される荷電 π 中間子数の違いにより，pγ と pp 衝突では異なり，

$$\xi_\pi \approx \begin{cases} \dfrac{1}{2} \times 3 \ (\mathrm{p}\gamma) \\[2mm] \dfrac{2}{3} \times 3 \ (\mathrm{pp}) \end{cases}, \tag{4.36}$$

となる．因子 3 は，1 個の荷電 π 中間子の崩壊からニュートリノが 3 個生成されることの反映である．

背景放射は宇宙空間全体に分布するすべての天体からの放射の重ね合わせであり赤方偏移空間の積分によって計算できる．

$$E_\nu^2 \Phi_\nu(E_\nu) = \frac{c}{4\pi} \int_0^{z_{\mathrm{max}}} \frac{dz}{1+z} \left| \frac{dt}{dz} \right| \left[\varepsilon_\nu^2 \frac{d\dot{N}_\nu}{d\varepsilon_\nu}(\varepsilon_\nu) \right] n_0 \psi(z), \tag{4.37}$$

$\psi(z)$ は宇宙線起源天体の宇宙論的進化度（cosmological evolution）である．式（4.34）を入れると近似的に次の表式を得る．

$$E_\nu^2 \Phi_\nu(E_\nu) \approx \frac{c}{4\pi} n_0 t_{\mathrm{H}} \xi_z \tau_{\mathrm{p}\gamma} \langle x \rangle \langle y_\nu \rangle \xi_\pi E_{\mathrm{CR}} \frac{dQ_{\mathrm{CR}}}{dE_{\mathrm{CR}}} A^{2-\alpha_{\mathrm{CR}}} \tag{4.38}$$

t_{H} はハッブル時間，$\xi_z \equiv (1/t_{\mathrm{H}}) \int dt \psi(z)/(1+z)$ は天体の宇宙論的進化度を示す無次元量（後述），$E_{\mathrm{CR}}(dQ_{\mathrm{CR}}/dE_{\mathrm{CR}})$ は銀河系外宇宙線の輝度密度である（後述）．

進化度とは，あるクラスの天体の密度が赤方偏移 z とともにどのように変化するかを示すものである．ある時代 z における共動座標系（正確な定義は宇宙論の理解が前提となる．大雑把にはビッグバン膨張とともに動く座標系と考える）での密度は $n_0 \psi(z)$ と表される．現在の宇宙（$z = 0$）と過去の宇宙（$z > 0$）での違いがなければ，すなわち進化しない天体種であれば $\Psi(z) = 1$ となる．この場合，$\xi_z \simeq 0.6$，BL Lac のように近傍の宇宙により多く現れる天体種は $\xi_z \sim 0.7$，超新星のように星生成率（SFR）に比例するような天体種の場合は $\xi_z \simeq 2.8$，クエーサーや FSRQ（Flat Spectrum Radio-loud Quasar）など遠方宇宙により高頻度で現れる天体種は $\xi_z \simeq 8.4$ 程度である．一方，銀河系外起源である超高エネルギー宇宙線の観測データから，銀河系外宇宙線の輝度密度は，$E_{\mathrm{CR}} = 10^{18}\,[\mathrm{eV}]$ で

$$E_{\mathrm{CR}} \frac{dQ_{\mathrm{CR}}}{dE_{\mathrm{CR}}} \approx \begin{cases} 1.8 \times 10^{44}\,[\mathrm{erg\,Mpc^{-3}\,yr^{-1}}] & (\alpha_{\mathrm{CR}} = 2.3) \\ 3.4 \times 10^{44}\,[\mathrm{erg\,Mpc^{-3}\,yr^{-1}}] & (\alpha_{\mathrm{CR}} = 2.5) \end{cases} . \tag{4.39}$$

式（4.38）の左辺は図 4.26 から $\sim 2 \times 10^{-8}\,[\mathrm{GeV\,cm^{-2}\,s^{-1}\,sr^{-1}}]$ 程度である．このエネルギー流量を説明できる高エネルギー宇宙線天体の輝度密度 は観測値である式（4.39）を超えることはできない．代表例として $\alpha_{\mathrm{CR}} = 2.3$ の場合を考えよう．このとき，この条件の帰結として光学的な厚み $\tau_{\mathrm{p}\gamma}$ の値は

$$\tau_{\mathrm{p}\gamma 0} \gtrsim 0.1 \left(\frac{A}{28}\right)^{0.3} \left(\frac{\xi_z}{2.8}\right)^{-1}. \tag{4.40}$$

程度である．つまり，光学的に薄い天体であれば，超高エネルギー宇宙線天体は，高エネルギーニュートリノ背景放射をも説明できる必要条件を満たしていることになる．これが超高エネルギー宇宙粒子放射の統一模型である．

ニュートリノ天体が超高エネルギー宇宙線起源天体であるならば，必要条件は他にもいくつか存在する．一つは宇宙線の脱出条件と呼ばれるものである．加速粒子を超高エネルギー宇宙線として放射するためには，宇宙線放出に必要な時間

（天体の運動系の典型的な時間スケール t_{dyn} と同等以上である）は磁場によるシンクロトロン放射のエネルギー損失時間よりも短くなければならない．この条件は磁場の上限値として表されるが，磁場のエネルギー密度は宇宙線が衝突する光子場の密度とある程度バランスしていることが自然であるため，光学的厚みの条件として書き直すことができる．

$$\tau_{p\gamma} \lesssim 6 \times 10^{-1} \frac{2}{1+\alpha_\gamma} \left(\frac{\xi_B}{0.1}\right)^{-1} \left(\frac{A}{Z}\right)^4 \left(\frac{\varepsilon_i^{\max}}{10^{11}\,\mathrm{GeV}}\right)^{-1}. \tag{4.41}$$

ここで，ξ_B は，光子場のエネルギー密度の何倍が磁場のエネルギー密度であるかを示す無次元量である．

また，宇宙線を超高エネルギー領域 $\varepsilon_i^{\max}$ まで加速するためには，磁場がある大きさ以上の強さを持っていなくてはならない．加速領域に宇宙線粒子を十分に長い時間閉じ込めておく必要があるからだ．この条件は加速領域を満たす磁場エネルギーの下限値が存在することを意味し，ξ_B を介して天体の光子輝度の下限値の条件として表される．

$$L_\gamma \geqq \Gamma^2 \frac{1}{2} \xi_B^{-1} c \eta^2 \beta^2 \left(\frac{\varepsilon_i^{\max}}{Ze}\right)^2 \tag{4.42}$$
$$\simeq 1.7 \times 10^{46} \Gamma^2 \left(\frac{\xi_B}{0.1}\right)^{-1} \eta^2 \beta^2 \left(\frac{\varepsilon_i^{\max}}{Z10^{11}\,\mathrm{GeV}}\right)^2 \quad [\mathrm{erg\,s^{-1}}].$$

ここで $\eta \sim \beta^{-2}$ は加速効率の因子である．Γ は宇宙線加速領域のプラズマが持つローレンツ因子で例えば活動銀河核がもつジェットでは $\Gamma \sim 10$ 程度である．

L_γ やその放射スペクトルは実測可能であるため，ニュートリノ放射天体が解明されれば，その天体が（超）高エネルギー宇宙線放射天体であるか否かを検定することが可能である．pγ 衝突でニュートリノを放出している天体であるならば，その光学的厚みの条件である式（4.40），（4.41）を満たしているかを調べることもできる．さらに同じ種類に属する天体が全体の総和としてニュートリノ背景放射量（式（4.37）または（4.38））を説明可能か否かを調べることも可能である．このために事前に必要な情報は天体の宇宙論的進化度 ξ_z である．現状では，この値を星生成率から推定する値（$\xi_z \simeq 2.8$）を仮定するか，この値をフリーパラメータとして観測データを解釈することが一般的である．ただし，超高エネルギー宇宙線起源天体の宇宙論的進化度は観測的にも制限がつけられる．超高エネルギー宇宙線由来の GZK ニュートリノを探査する観測である．

GZK ニュートリノ

10^{20} eV を超えるような超高エネルギー宇宙線陽子は天体から放射された後，宇宙空間を伝播する間にマイクロ波背景放射（CMB）との衝突が避けられない．この衝突はまさに光 pi 中間子生成を引き起こすため，非常に高いエネルギー（典型的には 10^{18} eV $\equiv$ EeV 以上）のニュートリノを生み出す．この起源によるニュートリノを GZK ニュートリノ，または宇宙生成ニュートリノ（Cosmogenic neutrino）と呼ぶ．物理系が比較的単純であり，放射量からさまざまな物理量，とくに宇宙論的進化度を推定することが可能であるため，超高エネルギー宇宙線起源を探る有力な手法の一つでもある．ここでは，放射量のオーダーを推定してみる．赤方偏移 z の天体から放射された宇宙線陽子が生成する GZK ニュートリノの放射量は，近似的に

$$\frac{d\dot{N}_\nu}{d\varepsilon_\nu}\varepsilon_\nu \sim \int d\varepsilon_{\mathrm{CR}} \frac{d\dot{N}_{\mathrm{CR}}}{d\varepsilon_{\mathrm{CR}}}(\varepsilon_{\mathrm{CR}}, z, z)\langle x_\nu\rangle \varepsilon_{\mathrm{CR}} \frac{d\rho_{\pi\to\nu}}{d\varepsilon_\nu}, \tag{4.43}$$

で与えられる（詳細は Essig *et al.* (2012) 参照）．ここで，$d\dot{N}_{\mathrm{CR}}/d\varepsilon_{\mathrm{CR}}(\varepsilon_{\mathrm{CR}}, z, z_\nu)$ は赤方偏移 z の天体から放射された陽子が，CMB と衝突した $z_\nu (< z)$ でのエネルギー分布（ただし，ここでは $d\dot{N}_{\mathrm{CR}}/d\varepsilon_{\mathrm{CR}}(z, z_\nu) \approx d\dot{N}_{\mathrm{CR}}/d\varepsilon_{\mathrm{CR}}(z, z)$ を仮定した），$\langle x_\nu\rangle$ は，$\varepsilon_{\mathrm{CR}}$ のエネルギーを持つ宇宙線陽子が宇宙空間を伝播中にニュートリノにエネルギーを持ち去られる量の総量をもとのエネルギー $\varepsilon_{\mathrm{CR}}$ で割った無次元量である．$\langle x_\nu\rangle$ の値はモンテカルロシミュレーションで求めることができる．宇宙線陽子の CMB 衝突によるエネルギー損失量を軌道に沿ってトレースし，光 pi 中間子生成を起こすエネルギー閾値以下に陽子のエネルギーが落ち込んで pi 中間子を作れなくなる時点までの損失量を足し上げていけばよい．平均的には個々のニュートリノのエネルギーは親の宇宙線粒子の 5% 程度を持っていることを考えると，$d\rho_{\pi\to\mu}/d\varepsilon_\nu \approx \delta(\varepsilon_\nu - 0.05\varepsilon_{\mathrm{CR}})$ となり，式（4.37）に入れれば，背景放射量を計算することができる．式（4.38）の導出と類似の近似を使うと，

$$E_\nu^2 \Phi_\nu(E_\nu) \approx 10^{-9} \left(\frac{\xi_z}{2.8}\right)\left(\frac{E_\nu}{10^9\,\mathrm{GeV}}\right)^2 \left(\frac{E_{\mathrm{CR}}\dfrac{dQ_{\mathrm{CR}}}{dE_{\mathrm{CR}}}}{6\times10^{43}\,\mathrm{erg\,Mpc^{-3}\,yr^{-1}}}\right)$$

$$[\mathrm{GeV\,cm^{-2}\,s^{-1}\,sr^{-1}}]. \tag{4.44}$$

ここで，超高エネルギー宇宙線の輝度密度 $E_{\mathrm{CR}}(dQ_{\mathrm{CR}}/dE_{\mathrm{CR}})$ は，CMB との衝突による光 pi 中間子生成の閾値エネルギーである $\varepsilon_{\mathrm{CR}} = 10^{19.5}\,\mathrm{eV}$ での値（Murase & Fukugita 2019）をとった．GZK ニュートリノは，$10^9\,\mathrm{GeV}$ 領域で $10^{-9}\,[\mathrm{GeV\,cm^{-2}\,s^{-1}\,sr^{-1}}]$ のオーダーであり，10^5–$10^7\,\mathrm{GeV}$ 領域で実測されている宇宙ニュートリノ背景放射量のひと桁下であることが分かる[*13]．

　実際には，GZK ニュートリノの量は天体の赤方偏移の値に強く依存する．この強い依存性は，CMB の温度が 遠方宇宙では $(1+z)$ 倍高いことに由来している．この宇宙論的効果がニュートリノ量を大きく変えるため，天体の宇宙論的進化度 $\psi(z)$ の依存性は式（4.44）で ξ_z 項として表されているものよりも実際には大きくなる．この論理を逆にたどれば，GZK ニュートリノの背景放射量の測定から超高エネルギー宇宙線天体の宇宙論的進化度 $\psi(z)$ を推定することが可能である．

　図 4.27（左図）に，詳細に計算された GZK ニュートリノ背景放射量の範囲を示した．放射量の違いは，まさに超高エネルギー宇宙線起源天体の宇宙論的進化度の仮定の違いによるものである．宇宙論的進化度は本来は天体の輝度にも依存するが，一般的な知見を導出するためここでは同一のクラスに属する天体の宇宙線放射輝度は皆同じであると仮定する（標準光源近似）．この場合 $\psi(z)$ を $\psi(z) = (1+z)^m \ (0 \leqq z \leqq z_{\mathrm{max}})$ のように定式化する．m と z_{max} の 2 つのパラメータが起源天体の宇宙論的距離空間での分布を決定する．$m = 0$ が進化なし，すなわち現在の宇宙と若い時代の遠方宇宙でも天体の活動には違いがない場合に相当する．図 4.27（右図）は，GZK ニュートリノ背景放射量の m 依存性を示している．進化度の強さ次第で，背景放射量はひと桁以上変わることが見える．宇宙論的距離を貫通してくるニュートリノの特性が反映されている．GZK ニュートリノ量は天体分布の奥行き方向の情報に鋭敏な感度を持つのである．

　この事実を使い，超高エネルギー宇宙線起源天体の宇宙論的進化度を調べたのが IceCube 実験である．GZK ニュートリノ探査に最適化された解析では GZK ニュートリノは見つからず，$10^7\,\mathrm{GeV}$ 以上の超高エネルギー領域における宇宙ニュートリノ流量の上限値をつけた．図 4.26 の矢印付きの線である．この上限値と抵触する宇宙論的進化度パラメータ m と z_{max} の範囲を示したのが図 4.28

[*13] 式（4.44）は 10^{-9} だから，10^{-8} 程度（図 4.26，222 ページの記述）のひと桁下である．

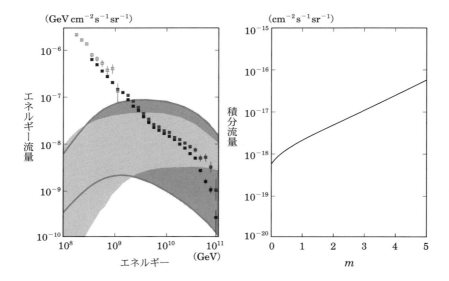

図 4.27 (左図) GZK ニュートリノ背景放射量を帯状に示した．狭い帯が Yoshida & Teshima (1993)，広い帯が Ahlers et al. (2010) によるもの．超高エネルギー宇宙線スペクトルのデータ点も比較のために描画した[*14]．(右図) GZK ニュートリノ背景放射の 10^9 GeV 以上の積分流量の値と宇宙論的進化度のパラメータ m との関係．ただし，$\psi(z) = (1+z)^m$ ($z \leq z_{\max}$) と定式化した (Yoshida & Ishihara 2012)．

である．星生成率 (SFR) に準拠した進化度よりも大幅に高いものは否定的である．この代表例は電波銀河 (Faranoff-Riley type II 型)，FSRQ である．主として遠方宇宙で見つかるクラスの天体は超高エネルギー宇宙線起源天体ではないことをこの結果は示唆している．

こうした解析は，陽子が超高エネルギー宇宙線として卓越している場合を仮定しているが，原子核である場合でも，制限は弱くなるものの，おおむねこの結論は維持されている．SFR に準拠している，もしくはそれよりもさらに近傍で発見されるクラスの天体が超高エネルギー宇宙線起源として有力である．BL

[*14] IceTop 実験 (Aartsen et al. 2013, *Phys. Rev. D*, 88, 042004)，ピエール・オージェー実験 (Fenu, Pierre Auger collaboration, 2018, PoS, ICRC2017, 486)，テレスコープアレイ実験 (Abu-Zayyad et al. 2013, *Astrophys. J.*, 768, L1)．

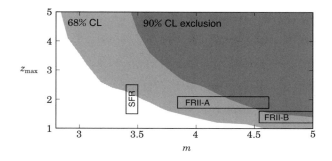

図 **4.28** 超高エネルギー宇宙線起源天体の宇宙論的進化度パラメータの制限．IceCube 実験による超高エネルギーニュートリノ探査解析（Aartsen *et al.* 2016, *Phys. Rev. Lett.*, 117, 241101）によってつけられた．薄い灰色領域が 68%信頼度，濃い灰色領域が 90%信頼度で排除されている．星生成率（SFR）に準拠した天体種，電波銀河（FRII-A, FRII-B）に準拠した天体種に対応する範囲をそれぞれ四角で囲っている．

Lac，低輝度ガンマ線バースト，Faranoff-Riley type I 型に属するような活動銀河核などである．

IceCube 実験によってこれまでに同定が報告された天体はブレーザー TXS 0506+056 と 活動銀河核（セイファート銀河）NGC 1068 である．前者はニュートリノと他波長観測によるマルチメッセンジャー観測（Aartsen *et al.* 2018）で同定され，後者は IceCube 実験のニュートリノ放射天体同定解析で発見された．詳細は 4.6 節で述べる．

4.5　重力波天文学

アインシュタインの一般相対性理論に基づけば，天体が存在すると時空は歪み，それが重力場として認識される．天体のサイズ R に対する重力半径 GM/c^2，$GM/(c^2 R)$ が大きい天体ほど，時空の曲がり具合は大きくなる．つまり，ブラックホールや中性子星が強重力天体として認識される．これらの天体が連星系をなし，お互いに公転運動をしていると，時空の曲がり具合も時々刻々変化するが，その際に曲がり具合が変化した履歴として，空間曲率のさざなみが光速度で周囲に伝播する．これが重力波である．そして，これを検出することにより，強重力

図 4.29 アメリカハンフォードに建設された 4 km の基線を持つレーザー干渉計型重力波検出器 LIGO (http://www.ligo.caltech.edu より転載).

天体を観測するのが重力波天文学だが，これは 2015 年 9 月 14 日にアメリカの重力波検出器 Advanced LIGO が，連星ブラックホールの合体による重力波を捉えることにより始まった．以下では，重力波検出器の概要と主要な重力波源であるコンパクトな連星の合体について述べる．

4.5.1 重力波の検出

重力波と物質との相互作用は，非常に弱い．したがって，物質との相互作用を利用して重力波を検出するのは大変難しい．そこで空間の曲がり具合を変化させる性質を利用して，重力波検出はなされる．

現在稼働中あるいは近い将来稼働が計画されている重力波検出器には，レーザー干渉計と呼ばれる装置が利用される（図 4.29 参照）．レーザー干渉計とは，ビームスプリッターを利用して異なる 2 方向にレーザー光を入射し，さらに反射鏡を用いて往復させた後に，2 方向から戻ってきた光を干渉させる装置である．重力波が通過すると，空間は非等方的に伸び縮みするが，この影響によりレーザー光の伝搬距離が非等方的に微妙に変化する．この効果を捉えることにより，重力波が検出される．ただし，重力波の振幅は一般的に大変小さいため，干渉強度の変動率は大変小さい．そのため，重力波検出装置には巨大なサイズの干渉計，高強度レーザー，高度な防振装置，精密な反射鏡，高効率の熱雑音除去装

置，などが必要になる．これらの実現が容易ではなかったために，2015 年まで重力波が直接的に観測されることはなかった．しかし，装置の向上により，2015年から重力波検出が可能になり，重力波天文学が始まることになった．

Advanced LIGO や Advanced Virgo のような現在稼働中の検出器は地上に設置されており，干渉計の基線長が 3–4 km である．これらは，約 10 Hz から数 kHz の重力波に対して感度を持ち，恒星程度の質量を持つブラックホールや中性子星からなる連星の合体による重力波を捉えるのに適している．また 2030 年代後半には，LISA と呼ばれる人工衛星を利用した重力波観測装置の稼働が予定されている．これは，0.1 mHz から 0.1 Hz 程度の低周波数重力波を捉えるのに適しており，観測対象は，巨大ブラックホール同士の合体，軌道半径の大きい連星ブラックホール，連星中性子星，連星白色矮星からの準周期的重力波，巨大ブラックホールへの恒星サイズのブラックホールの落下などである．他にもパルサーを精密な時計として利用し，多数のパルサーシステムを重力波検出装置として利用する，パルサータイミングアレイも，強力な重力波検出装置である．2023年には，この観測システムを利用した宇宙背景重力波の検出が報告された．

このように様々な天体が重力波検出器の観測対象として考えられるが，以下では特に Advanced LIGO，Advanved Virgo，および日本の KAGRA などのもっとも有望な観測対象であるブラックホールや中性子星からなるコンパクトな連星の合体による重力波に特に焦点を絞って解説する．

4.5.2　連星ブラックホールの合体

ブラックホールあるいは中性子星からなる連星の合体は，地上に設置されたレーザー干渉計型重力波検出器の最も重要な観測対象である，なかでも連星ブラックホールの合体は，2015 年 9 月に初観測されて以来，2023 年 8 月の時点で候補も含めすでに 100 以上観測されている．

連星からの重力波の波形は，大きく分けて 3 つのステージに分類される．1 つ目が，合体直前までに放射されるものである．これは，連星の各要素が，ブラックホール，中性子星に関わらず，チャープ信号と呼ばれる特徴的な波形で表現される．次に合体時放射される重力波であるが，これは連星の各要素およびその質量や自転角運動量（以下ではスピンと呼ぶ）に大きく依存した波形を持つ．3 つ

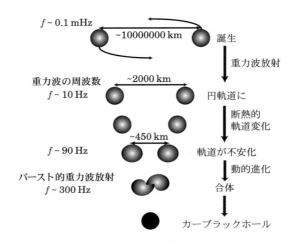

図 4.30　ともに質量が $30 M_\odot$ のブラックホールからなる連星の誕生から合体まで，および放射される重力波の周波数．

目が，合体後に放射される重力波であるが，ブラックホールが誕生する場合には，その準固有振動に付随したごく単純な重力波が放射されることがよく知られている．他方，中性子星が誕生する場合には，その性質に依存した特徴的な波形が見られると予想される．これについては，4.5.3 節で解説する．

以下ではまず，チャープ信号について概説する．最初に観測された重力波源 GW150914 に敬意を表して，ここでは，個々のブラックホールの質量を $30 M_\odot$ として解説する．また合体直前の連星はほぼ円軌道で公転運動していることを仮定する．重力波放射により進化する連星の場合，軌道離心率は急激に減少することが知られており，合体直前の連星に対しては，多くの場合，この仮定は妥当だと考えられるからである．

コンパクトな軌道を持つブラックホールや中性子星からなる連星は，重力波放射によって徐々に軌道半径を縮める（図 4.30）．円軌道を仮定すると，重力波の周波数は，軌道角速度を π で割って，

$$f = 10 \left(\frac{M}{60 M_\odot}\right)^{1/2} \left(\frac{a}{2000\,\mathrm{km}}\right)^{-3/2} \quad [\mathrm{Hz}] \qquad (4.45)$$

と書ける．ここで M は連星の合計質量を，a は軌道半径を表す．合計質量が

$60\,M_\odot$ の連星ブラックホールの場合,軌道半径が約 $2000\,\mathrm{km}$ 以下のときに $f \geqq 10\,\mathrm{Hz}$ になり,放射される重力波が観測目標になる.

連星の周波数は軌道半径が重力波放射にしたがって縮むにつれ高くなるが,ある周波数 f の時点から合体に至るまでの時間は,およそ以下のように書ける:

$$\tau_{\mathrm{GW}} = \frac{5}{256} \frac{c^5 a^4}{G^3 M^2 \mu} = \frac{5}{256 (Gc^{-3}\mathcal{M})^{5/3} (\pi f)^{8/3}}. \qquad (4.46)$$

ここで,連星の個々の質量 M_1, M_2 を使って,換算質量 $\mu = M_1 M_2 / M$ が定義される.さらに無次元量 $\eta = \mu/M (\leqq 1/4)$ を用いると,いわゆるチャープ質量が $\mathcal{M} = M\eta^{3/5}$ と定義される.式 (4.46) を用いると,$a = 2000\,\mathrm{km}$ から合体までにかかる時間は約 6 秒と計算される.中性子星連星の場合には,$\mathcal{M}$ がより小さいため,合体までの時間はより長くなる.例えば,$M_1 = M_2 = 1.35 M_\odot$ の場合には,$f = 10\,\mathrm{Hz}$ に対して,$\tau_{\mathrm{GW}} \approx 18$ 分である.

重力波放射の時間スケール τ_{GW} は,合体直前までつねに軌道周期 $P = 2/f$ より長い.そのため,観測開始後大半は断熱的な進化をする.一方,合体直前になると,τ_{GW} が P に比べて無視できないほど短くなり,軌道半径の減少が加速される.さらに軌道半径が縮まると,二体間に働く一般相対論的相互作用などによって,連星は安定な円軌道を保てなくなり合体する.連星ブラックホールの場合には,合体後,回転するブラックホールが形成される.中性子星が含まれる連星だと,質量やスピンによって多様性が生じるが,これについては 4.5.3 節で述べる.

図 4.31 に合体直前の連星から放射される重力波の理論波形を示す.ここでも,$M_1 = M_2 = 30 M_\odot$ の連星ブラックホールを仮定している.合体直前はほぼ定常な円軌道を描きながらゆっくりと軌道半径を縮めるので,振幅と周波数が徐々に上がるサイン曲線となる.このような波形がチャープ波形と呼ばれる[15].重力波放射に対する 4 重極公式を用いると,軌道面と垂直方向から観測する場合の重力波の振幅 h は,以下のように書ける.

---

[15] チャープ(chirp)とは英語で,チーチー(甲高い鳴き声)という意味である.連星が合体する場合,図 4.31 のような高周波の重力波がくりかえし放射されることにちなんで,チャープ波形と名づけられた.

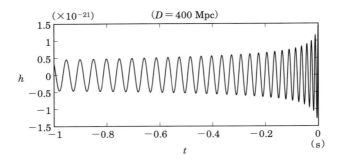

図 4.31 合体直前の連星ブラックホールからの重力波の理論波形. 二つのブラックホールの質量がともに $30M_\odot$ で, スピンが存在しない場合を仮定. 我々から波源までの距離を 400 Mpc とし, 軌道面に対し垂直方向から観測した場合（与えられた距離に対して最も振幅が大きくなる場合）の波形を表示. 横軸は時間で, $t=0$ がおよその合体時刻を表す. 縦軸は振幅を表し, 10^{-21} が単位である.

$$h = \frac{4G^2 M_1 M_2}{c^4 a D}$$
$$\approx 3.2 \times 10^{-22} \left(\frac{400\,\text{Mpc}}{D}\right) \left(\frac{M_1}{30\,M_\odot}\right) \left(\frac{M_2}{30\,M_\odot}\right) \left(\frac{2000\,\text{km}}{a}\right). \quad (4.47)$$

ここで, D は観測者から連星までの距離である. なお, 観測される振幅は軌道面と視線方向の角度に強く依存し, 軌道面と水平方向から観測する場合, 検出される振幅は図 4.31 の半分程度になる. また干渉系の位置する面に対する重力波の入射角にも観測される振幅は依存し, 面の垂直方向から重力波が入射する場合に, それが最大になる.

先に述べたように, 合体までつねに $\tau_{\text{GW}} > P$ がなりたつ. そのため, ほぼ同じ周波数 f を持つ重力波がくりかえし放射される. その波の数を N とすれば約 $N^{1/2}$ 倍実効的な振幅は増す. ここで N は近似的に $f \times \tau_{\text{GW}}$ と表され, 式 (4.46) で示したように, τ_{GW} は $f^{-8/3}$ に比例するので, 低周波数側で実効振幅はより増幅される. ここで $h (\propto a^{-1})$ は $f^{2/3}$ に比例する. したがって, 実効振幅 $h\sqrt{N}$ は $f^{-1/6}$ に比例する.

図 4.32 にチャープ波形の実効振幅のスペクトル強度を示す. 因子 $N^{1/2}$ のお

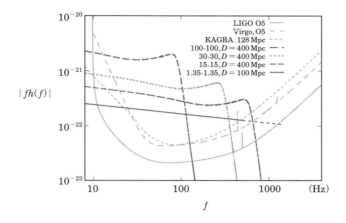

図 **4.32** Advanced LIGO, Advanced Virgo, KAGRA の目標感度に対する,近接連星からの重力波のスペクトル(実効振幅).質量が $15M_\odot$-$15M_\odot$, $30M_\odot$-$30M_\odot$, $100M_\odot$-$100M_\odot$ の連星ブラックホールが 400 Mpc の距離で合体した場合,および $1.35M_\odot$-$1,35M_\odot$ の連星中性子星が 100 Mpc の距離で合体した場合の理論曲線を表示(ただし宇宙論的赤方偏移効果については考慮していない).連星中性子星に対しては $f > 500$ Hz において波形が状態方程式に依存するため,破線で表示(図 4.37 参照).なお連星の軌道面の視線方向に対してなす角や重力波検出器の重力波入射角に対してなす角によって,観測される重力波の振幅は異なるため,それらの効果を勘案し,振幅は観測される最大振幅の 0.4 としている.各検出器の目標感度は,https://dcc.ligo.org/LIGO-T2000012/public より取得.

かげで,それは低周波数側で式 (4.47) の h よりも数倍大きくなる.参考のため,Advanced LIGO, Advanced VIRGO, KAGRA の目標感度曲線も示した.稼働中の重力波検出器が,連星ブラックホールや連星中性子星からの重力波の検出に対して十分な感度を持つように設計されたことが,おわかりいただけよう.

合体後の運命は連星の構成要素に依存する.連星ブラックホールの場合には,つねにより重いブラックホールが形成される.中性子星とブラックホールの連星であれば,ブラックホールの質量が十分に大きいときには中性子星がブラックホールに飲み込まれ,軽いときには中性子星が合体前に潮汐破壊される(4.5.3 節参照).連星中性子星の場合は,系の合計の質量が十分に大きいときには,ブ

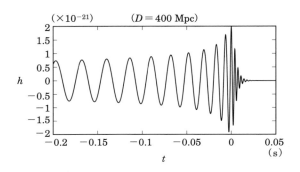

図 4.33 連星ブラックホールの合体時に放射される重力波の理論波形．連星軌道面の垂直方向から観測した場合．$t = 0$ 辺りが合体時の時刻に放射される重力波に対応する．

ラックホールが形成され，軽いときには大質量中性子星が形成される．ただし大質量中性子星は，その後重力波放射や磁気流体効果による角運動量輸送によって角運動量を失うかあるいは角運動量分布を変化させる．その結果，典型的には重力崩壊し，最終的には回転するブラックホールが形成されると考えられる（4.5.3 節参照）．

合体過程に依存して，放射される重力波の波形も異なる．ブラックホールが合体後瞬時に形成される場合には，図 4.33 に示されるような減衰振動が特徴的な重力波が放射される（$t > 0$ の重力波に注目）．減衰振動の波長と減衰率は，ブラックホールの質量とスピンにのみ依存する．したがって，この重力波を検出することによって，ブラックホールの誕生を明らかにし，さらにその質量とスピンを推定できる．

Advanced LIGO は，2015 年 9 月 12 日に本格的に観測を開始した．そして，その直後の 9 月 14 日に，連星ブラックホールからの重力波が観測された（GW150914）．図 4.34 に観測された重力波の波形を示す（上段の図）．Advanced LIGO にはワシントン州ハンフォードとルイジアナ州リビングストンに設置された 2 台の重力波検出器が存在するが，この事例ではその両方で重力波が検出された．ただし，重力波の入射方向が検出器から見て東南方向であったため，まずはリビングストンの検出器で重力波は検出され，その後約 7 ms 後にハンフォードの検出器で検出された．特筆すべきは，検出された重力波の波形がきわめてよく

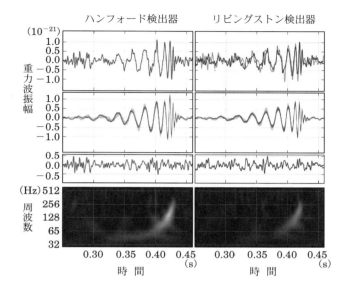

図 4.34 Advanced LIGO により初検出された連星ブラックホールの合体（GW150914）による重力波．左側がハンフォードの，右側がリビングストンの重力波検出器で観測された波形．上段がデータ処理を加えた後の観測データ，2 段目が数値相対論の結果との照合，3 段目が観測データと数値相対論による波形の差．下段が各時刻におけるスペクトル強度を表す．B.P. Abbott *et al.* 2016, *Physical Review Letters*, 116, 061102, より転載．

似ていることである．実際，図 4.34 の上段の右図では，左図と同じ図が時間をずらしてプロットされているが，二つが重なり合っていることがわかる．このことにより，検出された重力波が，ランダムな雑音由来ではなく本物であることが確認される．

さらに検出された波形は，連星ブラックホールが合体するときに放射されると予想されていた重力波の理論波形（図 4.33）ときわめてよく似ている．実際に，$M_1 \approx 36 M_\odot$, $M_2 \approx 29 M_\odot$, $D \approx 410\,\mathrm{Mpc}$ とすると，観測された波形は理論波形とよくあうのだ（図 4.34 の中段の図）．その結果，重力波が確かに初めて直接検出され，さらに連星ブラックホールが初めて観測された，と認定された．

4.5.3　中性子星連星の合体

　連星ブラックホールが合体した後に誕生するのは，つねに質量のより大きなブラックホールだが，中性子星を含む連星が合体した後に残される天体は，連星の個々の質量やスピンに依存して多様性を持つと考えられている．そして，重力波の波形にも，その多様性が反映される．以下では，合体後の残存物や重力波波形の多様性について解説する．

（1）連星中性子星の合体過程

　連星中性子星（中性子星と中性子星の連星）の合体後の運命は，二つの中性子星の個々の質量および未だにその詳細がわかっていない中性子星の状態方程式によっておもに決まる．連星中性子星内の各中性子星が，ミリ秒のオーダーで自転することは観測的にも稀だと考えられ，自転の効果が大きな影響を持つことはないと考えられる．

　合計質量が大きな連星中性子星が合体する場合には，ブラックホールが合体直後に誕生すると考えられる（図 4.35 の左側の経路の場合）．仮に質量比 M_2/M_1 が 1 に近い場合には，合体後に降着円盤が形成されたり，質量放出が起きたりすることなく，周囲に物質が存在しない状態のブラックホールが誕生する．一方，質量比が 1 と有意に異なる場合には，軽い方の中性子星が，重い方の中性子星に

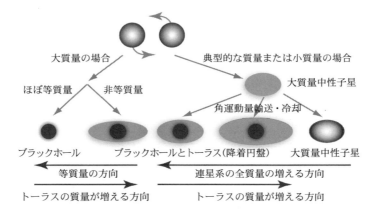

図 **4.35**　連星中性子星の合体後の運命についてのまとめ．詳細は本文を参照のこと．

よる潮汐力の効果を強く受けるため，合体直前に角運動量輸送が働き，一部の物質が放出されたり，降着円盤が形成されたりする（後述）．合体時に放出される物質は高い中性子過剰度を持つと考えられる．その結果，速い中性子捕獲による元素合成が進むと考えられる．これについては，4.6 節で触れる．

　質量が比較的小さい連星中性子星が合体する場合には，大質量の中性子星が，一時的にせよ，誕生すると考えられる（図 4.35 の右側の経路の場合）．また合体時には，質量にして 10^{-4}–$10^{-2} M_\odot$ ほどの物質が放出される．大質量中性子星が誕生するのは，連星の軌道角運動量がそのまま自転角運動量として持ち込まれ，大きな遠心力が働く結果である．理論計算によると，質量が $2.6 \, M_\odot$ 程度でも，大質量中性子星は重力崩壊を免れ，存在できると考えられている．大質量中性子星は高速回転しているうえに，非軸対称形状をしばらく保つので，後述するように大きな振幅を持った重力波を一定時間放射する．

　大質量中性子星が誕生するための合計質量の上限 M_{crit} は，中性子星の状態方程式に強く依存する．しかし，密度が原子核密度の約 3 倍を超えるような高密度領域では，核力が正確に理解されていないため，中性子星の状態方程式は詳しくわかっていない．観測的に $2M_\odot$ を超える中性子星が見つかっているので，中性子星の状態方程式はこの制限を満たさなくてはならないが，中性子星の最大質量がどの程度なのかに関する情報は限られている．そのため，M_{crit} も今のところよくわかっていない．しかし，後述するように，重力波観測が進めば，中性子星の状態方程式や M_{crit} に関する情報が得られるようになると期待される．

　誕生した大質量中性子星は，重力波放射，非軸対称形状に起因した角運動量輸送，磁気流体不安定性に依存した角運動量輸送，ニュートリノ放射による冷却などによりその後進化すると推測される．特に角運動量輸送効果が，進化に大きな影響を与える．これらの事実は，これまでに行われてきた多数の相対論的数値計算（数値相対論）により確かめられている．数値相対論に基づくと，大質量星中性子星の運命は，以下で述べるように連星の合計質量 M に依存して多様性があると考えられている．

● M が M_{crit} に近い場合には，少量の角運動量輸送あるいは冷却効果により，大質量中性子星はブラックホールへと重力崩壊する．ブラックホールが誕生する前に角運動量輸送効果が大質量中性子星内部から外部へと働くため，ブラック

ホール形成時には，降着円盤も形成される．

- M が M_{crit} よりも小さければ小さいほど，大質量中性子星の寿命は伸びる．その結果，角運動量輸送効果もより長時間働くことになり，誕生する降着円盤の質量はより大きくなる．

- M が極端に小さい場合には，ブラックホールに重力崩壊する代わりに，安定な中性子星が誕生するかもしれない．しかし，この可能性は中性子星の状態方程式が硬く（核密度以上における圧力が相対的に高く），最大質量が大きい場合にのみ実現される．

上で述べたように，多くの場合，最終的に誕生するのはブラックホールと降着円盤からなる系である．降着円盤は，その後さらに進化し，物質放出を起こすとともに，ガンマ線バーストを発生させる源になりうるので，以下ではその進化過程について解説する．

降着円盤を構成する物質は中性子星からもたらされるので，強い磁場を保持していると予想される．降着円盤が強い磁場を持つ場合には，磁気流体不安定性により磁場強度が増大するとともに，乱流状態が実現することがよく知られている．その結果，降着円盤の物質は，実効的に粘性流体のように振る舞うはずである．そして，角運動量を外部に輸送しながら内側の物質は中心天体に落下するとともに，粘性加熱により降着円盤は加熱される．仮に冷却過程が存在しない場合には，降着円盤の進化は単純に，角運動量輸送と粘性加熱だけで決まるはずなのだが，中性子星連星（ブラックホール–中性子星連星の場合も同様）の合体により形成される降着円盤は形成初期に高温（最大で $T = 10^{11}$ K 程度）かつ高密度（最大で $10^{13}\,\mathrm{g\,cm^{-3}}$ 程度）である．そのため，大量のニュートリノが放射され，冷却過程として作用する．ニュートリノの冷却にかかる時間スケールが粘性加熱の時間スケール（大体数百ミリ秒）よりも短い場合には，粘性加熱で生じた熱はニュートリノ冷却により持ち去られ，その結果，降着円盤が加熱によって拡がったり，質量放出が起きたりすることはない．

しかしそれでも，角運動量輸送は働くので，円盤は徐々に外側へと拡がっていき，密度を下げる．また断熱膨張により温度も下がる．そして最大温度が 3×10^{10} K を下回った頃には，ニュートリノの放射効率が下がり（ニュートリノ光度は近似的に T^6 に比例するため），粘性加熱の時間スケールに比べ，ニュート

リノ冷却の時間スケールが長くなる．その結果，粘性加熱によって物質が膨張しやすくなる．特に，降着円盤の内縁では粘性加熱効率が高いため，一部の物質が外に向かって放出される．このように，降着円盤形成から数百ミリ秒経過すると，降着円盤からの質量放出が始まる．

　この質量放出が始まる頃の降着円盤の密度は，およそ $10^9\,\mathrm{g\,cm^{-3}}$ 程度であり，中性子星に比べるとはるかに密度が低い．その結果，中性子過剰度も中性子星ほど高くはない．それでも，中性子と陽子の数密度比は 3:1 から 2:1 程度なので，中性子過剰な元素が放出物質から合成されると考えられる．

　このように，連星中性子星の合体においては，2 段階にわたって質量放出が起きると考えられる．どちらの場合にも，放出物質は中性子過剰な物質で構成されるので，速い中性子捕獲を通して重元素が合成されうる．実際にこれについては，2017 年に重力波と電磁波で観測された連星中性子星の合体現象（GW170817，AT2017gfo）において，間接的にではあるが確認された（4.6 節参照）．

　連星中性子星の合体はまた，継続時間の短いガンマ線バーストの起源だと長く考えられてきた．ガンマ線バーストの発生源として有望視されるのは，回転するブラックホールに強磁場が突き刺さっているような系である．このような系からは，ブランドフォード–ツナジェック（Blandford–Znajek）効果により，強強度の電磁波が放射されることが知られているからである．上で述べたように磁気流体不安定性の結果，降着円盤内の磁場強度が増す．また実効的な粘性効果で，磁気流体の多くがブラックホールに落下するが，その際にブラックホールを貫く磁場の強度が増大すると考えられる．その結果，強度の高い電磁波が放射され，それが物質との磁気流体相互作用を介して，ガンマ線放射が起きると推測されてきた．実際に，継続時間の短いガンマ線バーストは GW170817 に付随して観測され，連星中性子星の合体が継続時間の短いガンマ線バーストの放射源になることが確認された（詳しくは 4.6 節を参照）このように合体後の降着円盤の存在は，元素合成およびガンマ線バーストを説明する上で重要な役割を担うと推測される．

（2）連星中性子星からの重力波

　次に，放射される重力波について述べよう．連星中性子星の場合も，合体前の重力波の波形はチャープ波形で表現される．しかし，重力波の周波数 f が

242 | 第 4 章 粒子線と重力波天文学

500 Hz を越える辺りから，中性子星の潮汐変形の効果が重力波の波形に反映される．まずはこれについて触れよう．

連星においては，地球と月の間に働くのと同様に，伴星に対して潮汐力が働く．その結果，連星中性子星の個々の中性子星は 4 重極変形を受ける．すると，各中性子星から伴星に働く重力が修正を受ける．ニュートンポテンシャルを用いて雰囲気を伝えると以下のようになる：質点からのポテンシャルは中性子星の質量を M として，$\Phi = -GM/r$ と書かれるが，中性子星が 4 重極モーメントを持つと，以下のように修正される．

$$\Phi = -\frac{GM}{r} - \sum_{i,j} \frac{3G I_{ij} n^i n^j}{2r^3}. \tag{4.48}$$

ここで I_{ij} がトレースゼロの 4 重極モーメントを，n^i が動径方向の単位ベクトルを表す．すると，連星間の重力が変化し，軌道運動が修正を受けるが，式 (4.48) の第 2 項は引力を強くする効果を持つので，円軌道を保つためには，より大きな公転速度が要求される．すると重力波放射強度が上がり，連星の進化が速まり，合体までの時間が短くなるのである．この効果により，$f \gtrsim 500$ Hz では，連星の公転軌道回数および重力波のサイクル数が，潮汐変形効果がないときに比べて減る．また減少度は，潮汐変形度が大きいほど大きくなる．

この効果を例示した図が，図 4.36 である．この例では，合体約 15 周前から合体後約 15 ms までの，数値相対論によって予言される波形を 3 つの状態方程式を採用して示している．また比較のために，連星ブラックホールの波形も描いている．どの波形でも仮定された質量は $1.35 M_\odot$-$1.35 M_\odot$ である．

上で述べたように，中性子星の潮汐変形度が大きいほど，連星の進化は速まるのだが，その効果が図 4.36 の重力波の波形に見事に反映されている．つまり，半径の大きな中性子星ほど大きく潮汐変形するので，重力波のサイクル数が減り，合体が早い時間に起きる．なお，ブラックホールは潮汐変形しないので，合体までの時間が一番長い．

合体までの重力波サイクル数の状態方程式依存性は，重力波のフーリエスペクトルを見るとより明確になる．図 4.37（244 ページ）には，5 つの異なる状態方程式を用いた場合の重力波スペクトルを，連星ブラックホールのものとともに表示した．どの場合も，個々の天体の質量は $1.35 M_\odot$ であり，周波数が約

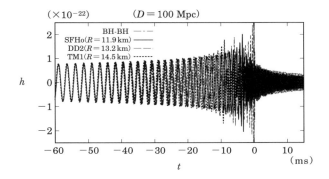

図 4.36　等質量の中性子星同士が合体するときに放射される重力波の計算例．重力波源までの距離を 100 Mpc とし，軌道面に対して垂直方向から観測したことを仮定している．連星の合計質量はすべて $2.7M_\odot$ だが，各曲線で採用した状態方程式，つまり潮汐変形度（あるいは半径）が異なるため，その違いが重力波の波形の違いに反映されている（半径については図内に表示）．参考のために，同じ質量の連星ブラックホールの場合も表示している（BH–BH，0 ms 付近でピークを迎える）．各波形において，重力波の振幅が最大の時に合体が起きている．データは，K. Hotokezaka *et al.* 2016, *Physical Review D.*, 93, 064082, から採用．

500 Hz 以下では，図 4.32 の中性子星のスペクトルとほぼ同じ振幅を持つ．しかし，500 Hz 以上では，中性子星の半径が大きいほど（つまり潮汐変形度が大きいほど），より低い周波数でスペクトルの振幅が急激に落ちる．つまり中性子星の状態方程式の効果が，重力波のスペクトルに明確に反映される．

連星中性子星の合体による重力波は，GW170817 により初めて検出された．このイベントでは潮汐変形の効果が測られ，$1.4M_\odot$ 程度の質量を持つ中性子星の半径はおよそ 14 km 以下でなくてはならないという制限が課された．今後，連星中性子星からの重力波がさらに高感度で観測されれば，潮汐変形度（および半径）に対する制限がさらに強くなると期待できる．現状では，中性子星の状態方程式に関しての詳細は理解されていないが，重力波観測によって，近い将来，これまでにない強い制限が課されると期待してよい．

中性子星の状態方程式の情報は，合体後の波形にも反映される．図 4.36 に示

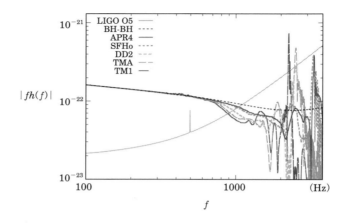

図 4.37 等質量の中性子星同士が合体するときに放射される重力波のフーリエスペクトル強度（実効振幅）．各中性子星の質量が $1.35M_\odot$（点線）の場合の $|f\hat{h}(f)|$ を 5 つの状態方程式（APR4, SFHo, DD2, TMA, TM1）の場合に対して表示．比較のため，連星ブラックホールの場合（BH–BH）も破線で表示．十分に周波数が低い場合は，普遍的に $|f\hat{h}(f)| \propto f^{-1/6}$ と振る舞うが，その後は，スペクトルの形が状態方程式に依存する．中性子星の半径は，それぞれ，11.1 km（APR4），11.9 km（SFHo），13.2 km（DD2），13.9 km（TMA），14.5 km（TM1）である．重力波源までの距離を 100 Mpc と仮定．Advanced LIGO の設計目標感度も表示（K. Hotokezaka *et al.* 2016, *Physical Review D.*, 93, 064082, から改変・転載）．

すように，合体後に大質量中性子星が誕生する場合には，準周期的に振動する重力波が放射される．この重力波は，大質量中性子星が非軸対称変形しながら高速で回転しているために放射されるのだが，重力波の周波数は大質量中性子星の半径に強く依存する．具体的には，中性子星の半径が大きいほど，放射される重力波の周波数が低くなる．また，楕円体型変形に付随した重力波が最も強い強度を持ち，かつ数十サイクルにわたって放射されるため，フーリエスペクトルには，図 4.37 に見られるような特徴的なピークが現れる．現実的な中性子星を考えると，$1.4M_\odot$ の中性子星の半径は，およそ 11 km から 15 km の範囲にあると推測されるが，このピークはそれに対応して，約 3.5 kHz から 2.0 kHz の間に現れる．

図 4.37 からわかるように，このような高周波数の重力波を捉えることは，

現在最も感度が良い重力波検出である Advanced LIGO をもってしても容易ではない. しかし, 高周波数側で感度が高い重力波検出器 (例えば, Einstein Telescope) が将来現れれば, ピーク周波数が特定できるようになるはずである. 将来それが可能になれば, 潮汐変形度から推測される中性子星の情報とは独立に, 中性子星の情報が得られると期待してよい.

(3) ブラックホール–中性子星連星の場合

ブラックホール–中性子星連星の合体の様相は, 中性子星がブラックホールにより潮汐破壊されるか否かで分類される. 潮汐破壊されない場合には, ブラックホールに中性子星が飲み込まれ, 新しくブラックホールが形成され合体が終わる. この場合, 重力波の波形だけからでは, 連星ブラックホールの合体と区別できないと考えられる (図 4.38 上の図参照; 図 4.33 と比較せよ).

一方, 潮汐破壊される場合には, 潮汐破壊の瞬間に中性子星の物質の一部が外部に放出されたり, 潮汐破壊後にブラックホール周りに降着円盤が形成されたりする. 降着円盤は 4.5.3 節で述べたのと同様に進化し, 質量放出, 元素合成, ガンマ線バーストの発生などを導くと考えられる.

そこで, 中性子星が潮汐破壊される近似的条件について述べよう. 以下では, 中性子星の半径を R, 質量を M_{NS}, ブラックホールの質量を M_{BH}, 軌道半径を r とし, 簡単のためニュートン重力を仮定して, 潮汐破壊が起きる条件 (必要条件) を近似的に導出する.

まず, ブラックホールによる単位質量当りの潮汐力の大きさを, a_{tidal} とおく. 力はベクトルなので 3 成分存在するが, この解析で重要なのはブラックホール方向に働く力だけなので, 1 成分のみを考える. a_{tidal} は, ブラックホールに相対する側の中性子星表面で近似的に $2GM_{BH}(c_t R)/r^3$ と書ける. ここで c_t は, 潮汐効果によってブラックホール方向に中性子星が膨らむ効果を表しており, $c_t > 1$ である. この係数は, 潮汐破壊開始時には $c_t \sim 1.5$–2.0 程度になる.

中性子星が潮汐破壊されるのはブラックホール周りの最内縁軌道半径[*16]に達する前でなければならない. その軌道半径 r_{ISCO} を無次元量 α_{isco} を用いて, $\alpha_{isco} GM_{BH}/c^2$ と表す. α_{isco} は, 軌道角運動量方向のブラックホールのスピン

[*16] 2.2.3 節の脚注 3 参照.

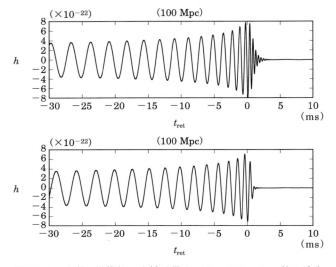

図 **4.38** 上段: 最終的に中性子星がブラックホールに飲み込まれる場合に放射される重力波. $t_\mathrm{ret} \approx 0$ 付近で, 中性子星がブラックホールに飲み込まれ, その後, ブラックホールの準固有振動に付随した減衰振動が励起される. 下段: 中性子星がブラックホールに潮汐破壊される場合に放射される重力波. $t_\mathrm{ret} \approx 0$ で潮汐破壊が起きている. 2例ともに, 中性子星とブラックホールの質量がそれぞれ, $1.35 M_\odot$, $6.75 M_\odot$ で, ブラックホールのスピンパラメータが $\chi = 0.75$, 状態方程式が柔らかい場合 (半径 11.0 km) と硬い場合 (半径 13.6 km) である. 両パネルともに, 重力波源までの距離が 100 Mpc で, 軌道面に対して垂直方向から重力波を観測したと仮定して作成. データは川口恭平氏が提供.

成分 χ に依存し, 1以上9以下の値を取る (スピンがゼロなら6になる). これを用いると, $r = r_\mathrm{ISCO}$ では, $a_\mathrm{tidal} = 2c_t R c^6 (GM_\mathrm{BH})^{-2} \alpha_\mathrm{isco}^{-3}$ と書ける. a_tidal は軌道半径が小さくなるとともに大きくなるので, $r = r_\mathrm{ISCO}$ での値が中性子星の自己重力を上回るならば, $r \geqq r_\mathrm{ISCO}$ のどこかで潮汐破壊が始まることになる.

ブラックホールに相対する側の中性子星表面で働く単位質量当りの自己重力は, 近似的に $GM_\mathrm{NS}/(c_t R)^2$ なので, 潮汐破壊の必要条件は,

$$2c_t R c^6 (GM_\mathrm{BH})^{-2} \alpha_\mathrm{isco}^{-3} > GM_\mathrm{NS}/(c_t R)^2 \tag{4.49}$$

である. この条件を書き直すと, 次式に帰着する:

$$M_{\mathrm{BH}} < 3.9 M_\odot \left(\frac{c_t}{1.6}\right)^{3/2} \left(\frac{\alpha_{\mathrm{isco}}}{6}\right)^{-3/2} \left(\frac{R}{12\,\mathrm{km}}\right)^{3/2} \left(\frac{M_{\mathrm{NS}}}{1.35 M_\odot}\right)^{-1/2}. \quad (4.50)$$

中性子星の半径が大きいほど，また α_{ISCO} が小さいほど（つまりブラックホールのスピンが大きいほど），潮汐破壊が起きやすいことがわかる.

以下では，$R = 12\,\mathrm{km}$, $M_{\mathrm{NS}} = 1.35 M_\odot$ の中性子星を想定しよう. すると $\chi = 0$ の場合（$\alpha_{\mathrm{isco}} = 6$ の場合）には，$M_{\mathrm{BH}} \lesssim 4 M_\odot$ を満たす軽いブラックホールに対してしか潮汐破壊は起きないことが，式（4.50）から示唆される. 潮汐破壊が起きない場合には，図 4.38 の上図のような重力波が放射されると考えられる. 一方，χ が大きい場合には，α_{isco} が小さくなるため，ブラックホールの質量がより大きくても潮汐破壊が起きうる，と推測される. 例えば，$M_{\mathrm{BH}} = 10 M_\odot$ の場合，$\chi = 0$ であれば，中性子星は潮汐破壊されることなくブラックホールに飲み込まれるが，$\chi = 0.9$ ならば，$\alpha_{\mathrm{isco}} \approx 2.3$ になるので，中性子星はブラックホールに飲み込まれる前に潮汐破壊されうる.

なお，式（4.50）で示された条件は，中性子星が $r = r_{\mathrm{ISCO}}$ に達する前に潮汐破壊が始まる条件であって，潮汐破壊が起きる必要十分条件ではない. 連星の軌道半径は重力波放射によって縮まり続けるので，実際に潮汐破壊が本格的に起きるのは，潮汐破壊開始後より内側の軌道半径に至ってからである. つまり，潮汐破壊現象の詳細を知るには，連星のダイナミクスが考慮された数値計算が不可欠なのだ. これについては，2006 年以来多くの数値相対論計算がなされ，その結果，式（4.50）は，定量的には若干の修正が必要なものの，潮汐破壊の条件としてはおおむね正しいことが確認されている.

潮汐破壊が始まるときの軌道半径は，近似的に，

$$r = c_t R \left(\frac{2 M_{\mathrm{BH}}}{M_{\mathrm{NS}}}\right)^{1/3} \quad (4.51)$$

と書ける. 軌道角速度は，近似的には，$\sqrt{G(M_{\mathrm{BH}} + M_{\mathrm{NS}})/r^3}$ なので，潮汐破壊開始時に放射される重力波の周波数は，近似的に，次式で表される:

$$f_{\mathrm{tid}} = 1.1\,\mathrm{kHz} \left(\frac{c_t}{1.6}\right)^{-3/2} \left(\frac{M_{\mathrm{NS}}}{1.35 M_\odot}\right)^{1/2} \left(\frac{R}{12\,\mathrm{km}}\right)^{-3/2} \left(1 + \frac{M_{\mathrm{NS}}}{M_{\mathrm{BH}}}\right)^{1/2}.$$
$$(4.52)$$

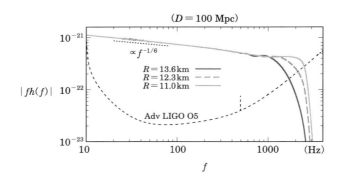

図 4.39 ブラックホール・中性子星連星が合体するときに放射される重力波のスペクトル（実効振幅）$|f\hat{h}(f)|$ を，Advanced LIGO の設計目標感度とともに表示．この例では，すべてのモデルで，中性子星とブラックホールの質量がそれぞれ $1.35M_\odot$，$6.75M_\odot$，ブラックホールのスピンパラメータが $\chi=0.75$ だが，中性子星の状態方程式（つまり半径 R）が異なる．この図でも，図 4.38 と同様に，重力波源までの距離を 100 Mpc として，軌道面に対して垂直方向から重力波を観測していると仮定．データは川口恭平氏が提供．

c_t も $(M_{\mathrm{BH}}+M_{\mathrm{NS}})/M_{\mathrm{BH}}$ も，1 より少々大きい量にすぎないので，f_{tid} は本質的には，中性子星のダイナミカル・タイムスケール，$(G\bar\rho)^{-1/2}$，で決まることがわかる．ここで $\bar\rho$ は，平均密度を表す（$\bar\rho=3M_{\mathrm{NS}}/(4\pi R^3)$）．したがって，潮汐破壊時に放射される重力波の周波数は，ブラックホールのパラメータに強く依存せず，中性子星固有の性質で決まる．

さて，潮汐破壊が起きた場合の重力波の波形に注目しよう．図 4.38 の下段の図に示したように，潮汐破壊が起きると重力波の振幅が急激に小さくなる．これをフーリエスペクトルで見ると，ある周波数 f_{cut} より高い周波数において，振幅が急激にゼロに近づくことに対応する（図 4.39 参照）．f_{cut} は近似的には f_{tid} と等しいと考えてよいので，f_{cut} も中性子星の平均密度に強く依存するはずである．事実，数値相対論の結果を解析すると，ブラックホールのパラメータによらず，f_{cut} はおよそ 1–2 kHz になる．それゆえ，潮汐破壊時の重力波の周波数が測定されれば，$\bar\rho$ を通して中性子星の状態方程式に関する情報が得られる．

図 4.39 が示すように，特に，中性子星の半径が大きい場合には，潮汐破壊時

の重力波の周波数 f_{cut} は，重力波検出器の感度が比較的高い 1 kHz 以下になる．この場合，ブラックホール–中性子星連星の合体が我々から 100 Mpc 以内の距離で起きれば，Advanced LIGO などによる観測によって f_{cut} が決定される可能性がある．f_{cut} が得られれば，中性子星の状態方程式に対してヒントが得られることになる．

2023 年までの重力波観測の結果，宇宙にはブラックホール–中性子星連星が存在しそうなことが明らかになっている．これまでの観測例では，潮汐破壊が起きた証拠は見つかっていないが，今後潮汐破壊が起きた事例が観測される場合に，f_{cut} が推定され，状態方程式の情報が得られることが期待される．

4.6 マルチメッセンジャー天文学

前節で紹介した通り，ニュートリノと重力波の観測が実現したことで，我々が宇宙を観測する手段は飛躍的に広がっている．ニュートリノ・重力波，さらに電磁波という宇宙からのあらゆるシグナルの観測を組み合わせるのが「マルチメッセンジャー天文学」である（図 4.40）．マルチメッセンジャー天文学の先駆けとなったのは，太陽からのニュートリノ観測であろう（4.4 節）．ニュートリノの観測によって電磁波だけでは得られなかった太陽内部の情報が得られたのは前述の通りである．さらに，超新星 SN 1987A からのニュートリノが観測されたこと

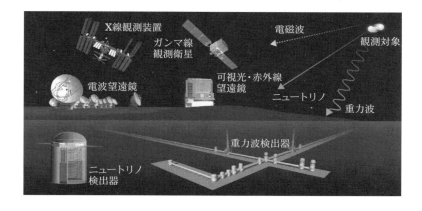

図 **4.40** マルチメッセンジャー天文学観測の模式図．

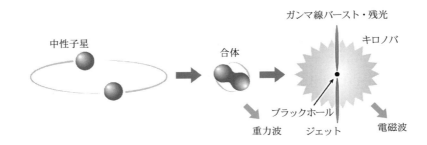

図 4.41 中性子星合体からのマルチメッセンジャー.

で，同じく電磁波では得られなかった超新星爆発のメカニズムに関する貴重な情報が得られている（4.4 節）．本節では主に，比較的最近実現した中性子星合体のマルチメッセンジャー観測（重力波と電磁波）と高エネルギーニュートリノ天体のマルチメッセンジャー観測（ニュートリノと電磁波）を紹介し，新しい観測手段によって中性子星・ブラックホールが関連する高エネルギー現象の理解がどのように進んでいるか，そしてこの新しい分野の今後の展望を解説する．

4.6.1 重力波天体のマルチメッセンジャー観測

現在稼働中の地上重力波検出器は約 10 Hz から 1 kHz 程度の重力波に感度をもっており，その周波数帯で最も期待される重力波源はブラックホールや中性子星の合体現象である（4.5 節）．なかでも中性子星を含む合体現象では，相対論的ジェットが形成されるとともに，球対称に近い物質放出が起こることが期待されており，電磁波放射が期待されてきた（図 4.41）．2017 年 8 月 17 日に中性子星合体からの重力波（GW 170817）が観測され，さらにあらゆる波長での電磁波観測が実現したことで，中性子星合体に伴う高エネルギー現象の理解は大きく進展している．ここでは，GW 170817 のマルチメッセンジャー観測で得られた知見を中心に紹介する．

GW170817: 重力波とガンマ線バーストの観測

図 4.42 の一番下のパネルは GW170817 で観測された重力波のデータを表している．図の縦軸は重力波の周波数であり，各時間で縦方向にフーリエ成分が図示されている（このような図をスペクトログラムと呼ぶ）．明るい部分を見

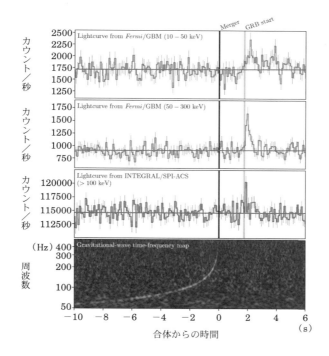

図 4.42 中性子星合体イベント GW170817 の重力波とガンマ線シグナル.

ると，時間とともに周波数が上がる「チャープ信号」が見えているのが分かる (4.5 節，図 4.36)．この重力波シグナルの解析から，合体した天体の質量がそれぞれ 1.36–1.60 太陽質量，1.17–1.36 太陽質量と見積もられ，このイベントが中性子星同士の合体であることが判明した．

中性子星が合体した瞬間の約 1.7 秒後には，Fermi 衛星と INTEGRAL 衛星によってガンマ線が観測された（図 4.42，上の 3 つのパネル）．ガンマ線バーストの継続時間は約 2 秒程度で，「短いガンマ線バースト」に分類される現象である．重力波の観測からは合体した天体が確かに中性子星であることが分かっているので，「中性子星合体が短いガンマ線バーストを引き起こす」という長年の仮説が検証されたといえる（ガンマ線バーストの詳細に関しては第 5 章を参照）．

しかし，GW170817 の直後に観測されたガンマ線バースト（GRB 170817A）

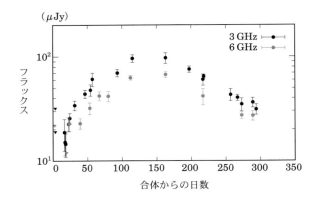

図 **4.43** 中性子星合体イベント GW170817 の電波光度曲線.

はこれまで観測されていた短いガンマ線バーストとはいくつか大きく異なる点があった．まず重要な点は，観測されたガンマ線の光度がこれまで知られているガンマ線バーストよりも 100 倍以上も低かったことである．さらに，ガンマ線バーストに続いて観測されるアフターグロー（残光）もすぐには観測されなかった．アフターグローが観測されたのは，X 線で合体から 9 日後，電波で合体から 16 日後のことである．また，通常のガンマ線バーストではアフターグローは時間とともに暗くなるが（第 5 章），GW170817 の場合にはそのフラックスは時間とともに増加していった（図 4.43）．

　アフターグローの振る舞いは，我々の視線方向がジェットの方向よりも少しずれているとすると整合的に説明できる．ジェットが時間とともに減速することで電磁波放射の出る向きが角度方向に広がり，我々の視線方向に放射が入ってくるためである．また，最初のバーストが暗かったのも，我々の視線方向に飛び出すガスの初期のローレンツ因子が低かったことが原因だと考えられる．さらに，合体から半年以上経過して行われた電波の VLBI[17] による高角度分解能観測では，放射源の見かけの位置が光速度を超えて動いている[18]ことも検出され，このことからも我々の視線方向がジェットよりも 20 度程度ずれていることが示され

---

[17] Very Long Baseline Interferometry，2.8 節および 3.1.6 節参照．

[18] superluminal motion，3.2.1 節参照．

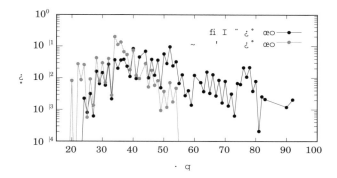

図 **4.44** 中性子星合体の r 過程で合成される重元素の組成比.（藤林翔氏,和南城伸也氏より提供）.

た.これらの観測事実はすべて,中性子星合体イベント GW170817 では通常の短いガンマ線バーストが起きており,我々はその現象をジェットの中心からずれた角度から観測していることを示唆している.

中性子星合体と「キロノバ」

中性子星が合体すると相対論的ジェットだけでなく,合体直後の動的な質量放出や,形成された降着円盤からの質量放出が期待される（4.5 節）.この物質は高い中性子過剰度をもつため,物質中では速い中性子捕獲反応（r 過程）によって鉄よりも重い元素が合成されると考えられる（図 4.44）.さらに,合成された中性子過剰な原子核が放射性崩壊を起こすことで,電磁波が放射されることが期待されてきた.この現象は「キロノバ」と呼ばれている.GW170817 では可視光・赤外線でキロノバが観測されたことで,中性子星合体における重元素合成の検証も実現している.実際の観測データを味わうために,以下ではまずキロノバの性質がどのように決まるかを述べる.

4.5 節でみたように,中性子星合体では $M_{\mathrm{ej}} = 10^{-2} M_\odot$ 程度の物質が放出される.放出物質の速度は質量放出のタイミングにもよるが典型的には $v_{\mathrm{ej}} = 0.1c$ 程度である.中性子過剰な放出物質の中では r 過程が起き,鉄よりも重い中性子過剰な原子核が合成される.そのような原子核は β 崩壊を起こして安定な原子核へと変化し,その際に β 粒子,ガンマ線,ニュートリノが放出される（中性

254 | 第 4 章　粒子線と重力波天文学

子過剰度が高い場合にはウランなどの原子核まで合成され，それらの原子核は α 崩壊や核分裂を起こす）．多数の β 崩壊が起きるときの放射性崩壊光度は，個々の原子核からの指数関数的な放射性崩壊光度の重ね合わせにより

$$L_{\mathrm{decay}} = 4 \times 10^{34} \left(\frac{M_{\mathrm{ej}}}{0.01 M_{\odot}} \right) \left(\frac{t_{\mathrm{day}}}{1\,\mathrm{day}} \right)^{-1.3} \ [\mathrm{W}] \tag{4.53}$$

と，時間に対してべき乗の依存性をもつことが知られている．中性子星が合体して 1 日程度が経過しても，放出物質の密度は十分高く（$\rho_{\mathrm{ej}} \sim 10^{-10}\,\mathrm{kg\,m^{-3}}$），放射性崩壊に伴って放出される β 粒子は放出物質中の原子や熱的電子と相互作用することでエネルギーを落とすことが期待される．ガンマ線もコンプトン散乱によってエネルギーを失い光電吸収を受ける．つまり，上記の放射性崩壊のエネルギーは放出物質の内部エネルギーとなる（熱化する）．合体後 1 日程度が経過した後の放出物質の典型的な温度は 5000 K 程度であるため，中性子星合体はおもに可視光や赤外線で輝くことが期待される．これが「キロノバ」である．

　しかし，可視光・赤外線における熱放射は合体後すぐに観測されるわけではない．中性子星合体からの放出物質は重元素のみで構成され，1 eV 程度のエネルギーをもつ光子は重元素と強く相互作用する（主に束縛–束縛遷移）．このとき，光子が系から脱出するタイムスケールは拡散時間 $t_{\mathrm{diff}} = \tau R/c = \kappa \rho R^2 / c$ で評価でき（τ は光学的厚さ），典型的には

$$\begin{aligned} t_{\mathrm{diff}} &= \frac{3\kappa M_{\mathrm{ej}}}{4\pi c v_{\mathrm{ej}} t} \tag{4.54} \\ &\simeq 70 \left(\frac{M_{\mathrm{ej}}}{0.01\,M_{\odot}} \right) \left(\frac{v_{\mathrm{ej}}}{0.1\,c} \right)^{-1} \left(\frac{\kappa}{1\,\mathrm{m^2\,kg^{-1}}} \right) \left(\frac{t}{1\,\mathrm{day}} \right)^{-1} \ [\mathrm{day}] \end{aligned}$$

程度である．ここで κ は吸収係数を表し，重元素の束縛–束縛遷移では典型的には $\kappa = 0.01\text{--}0.1\,\mathrm{m^2\,kg^{-1}}$ 程度，特に原子番号 $Z = 57\text{--}71$ のランタノイドでは $\kappa = 1\,\mathrm{m^2\,kg^{-1}}$ 程度であることが知られている．ランタノイドで吸収係数が高いのは，開殻 f 軌道に電子があり，多数の励起準位が存在するためである．

　拡散時間が合体からの経過時間と同程度になるとき，外からの観測者はこの放射を観測し始めることができるので，その典型的なタイムスケール（t_{KN}）は $t = t_{\mathrm{diff}}$ となる時間より，

$$t_{\mathrm{KN}} = \left(\frac{3\kappa M_{\mathrm{ej}}}{4\pi c v_{\mathrm{ej}}}\right)^{1/2} \tag{4.55}$$
$$\simeq 8 \left(\frac{M_{\mathrm{ej}}}{0.01\,M_\odot}\right)^{1/2} \left(\frac{v_{\mathrm{ej}}}{0.1\,c}\right)^{-1/2} \left(\frac{\kappa}{1\,\mathrm{m^2\,kg^{-1}}}\right)^{1/2}\,[\mathrm{day}]$$

と書ける．つまり，キロノバの放射は，放出物質の質量が大きいほど，速度が低いほど，さらに吸収係数が高いほど遅い時間に観測される．キロノバの典型的な光度 L_{KN} は，$t = t_{\mathrm{KN}}$ における放射性崩壊光度であり，

$$L_{\mathrm{KN}} = f L_{\mathrm{decay}}(t_{\mathrm{KN}}) \tag{4.56}$$
$$\simeq 1 \times 10^{33} \left(\frac{f}{0.5}\right) \left(\frac{M_{\mathrm{ej}}}{0.01\,M_\odot}\right)^{0.35} \left(\frac{v_{\mathrm{ej}}}{0.1\,c}\right)^{0.65} \left(\frac{\kappa}{1\,\mathrm{m^2\,kg^{-1}}}\right)^{-0.65}\,[\mathrm{W}]$$

と書ける．ここで f は熱化の効率で，β 線，ガンマ線などが完全に止められる場合はニュートリノの分を差し引いて最大 $f = 0.75$ 程度となり，時間とともに減少する因子である．ちなみに，同様の爆発的現象である超新星爆発では中性子星合体の場合よりも放出物質の質量が大きく，速度が遅いことから式 (4.55) のタイムスケールは 20 日程度となることが知られている．また，超新星の光度は主に放射性元素 ^{56}Ni の量で決まり，その量は $0.1 M_\odot$ 程度であるため，通常の超新星爆発はキロノバよりも明るい．すなわち，キロノバは超新星爆発よりも暗く，光度進化のタイムスケールが短い現象であることが期待される．

GW170817: キロノバの観測

GW170817 の重力波シグナルは Advanced LIGO（二台）と Advanced Virgo の計三台の検出器で同時観測されたことで，その到来方向は $30\,\mathrm{deg}^2$ に制限された．前述のガンマ線バーストも同じ方向から来ていることが分かっている．世界中の望遠鏡でこの領域の探査が行われた結果，重力波検出から約 11 時間後に系外銀河 NGC 4993（距離約 40 Mpc）で可視光の新天体が発見された（AT2017gfo，図 4.45）．この天体はキロノバで期待されていたように可視光で超新星よりも速く暗くなり（図 4.46），さらに超新星よりも幅の広いスペクトルを示していた（図 4.47，257 ページ）．また，重力波の到来方向（厳密には奥行き方向も含んだ空間）にこの天体以外の突発天体が発見されなかったことから，AT 2017gfo が GW170817 の可視光対応天体であると結論づけられた．

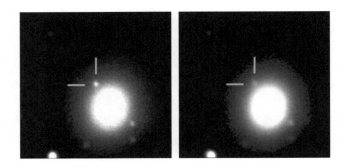

図 **4.45** GW170817 の可視光・赤外線対応天体（AT2017gfo）の画像．すばる望遠鏡と IRSF 望遠鏡によって得られたもので，左が合体から 2 日後，右が合体から 7–8 日後の画像．線で示したのが AT2017gfo の位置．

AT 2017gfo の総光度は，およそ $M = 0.05 M_\odot$ の物質が放出されたことを示唆している．AT 2017gfo の明るさの時間進化を見ると，合体から数日後にはすでに（おもに可視光で）明るく輝いていることが分かる（図 4.46）．式 (4.55)

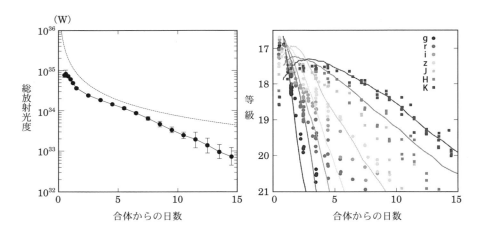

図 **4.46** AT2017gfo の光度曲線（破線は 0.05 $M_\odot$ の放出物質からの放射性崩壊光度，式 (4.53)）．（左）総放射光度の時間進化．（右）可視光，近赤外線の各バンドごとの明るさの時間進化（実線はキロノバの理論モデル，川口恭平氏より提供）．

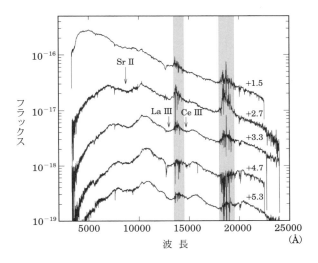

図 4.47 AT2017gfo のスペクトル．矢印で示されたのがこれまで同定された元素の特徴．灰色の領域は地球大気の吸収が強い波長域．

において，放出物質の質量は観測された明るさで大まかに決まっており，速度は大きく動かせないことから，この成分を説明するには吸収係数 $\kappa = 0.1\,\mathrm{m^2\,kg^{-1}}$ 程度を想定する必要がありそうである．一方で，赤外線では 10 日以上と比較的長く放射が続いており，これは式 (4.55) で吸収係数 $\kappa = 1\,\mathrm{m^2\,kg^{-1}}$ 程度を要求している．すなわち，AT 2017gfo の観測結果は進化の速い可視光放射と進化の遅い赤外線放射の主に二成分の放射が存在していることを示唆している．

この結果を数値相対論の結果（4.5 節）を踏まえて解釈してみよう．合体直後の動的な質量放出では中性子過剰度が高く，ランタノイドを含む重元素が多く合成されることが期待される（図 4.44）．ランタノイドは高い吸収係数をもつため，この質量放出は赤外線で長く輝く成分を担うことが期待される．一方で，降着円盤からの放出物質では比較的中性子過剰度が抑えられることが予想される．この物質内ではランタノイドは多く合成されず，比較的吸収係数 κ が低くなり，進化の速い可視光放射を担うことが期待される．観測されたそれぞれの成分の起源はまだ完全に理解されていないものの，数値シミュレーションからの予想が観測されたキロノバの性質を大まかに捉えているのは特筆すべきことである．

AT 2017gfo では可視光・赤外線域で詳細なスペクトルも得られており（図

4.47），そこからは個々の元素の特徴を読み取ることもできる．中性子星合体は重元素のみからなるプラズマが $v_{ej} = 0.1c$ もの高速度で膨張する系のため，スペクトルに現れる吸収線はドップラー効果により大きく青方遷移し，一天体のスペクトルで元素の同定を行うのは容易ではない．しかし，スペクトルの解析からは Sr（$Z = 38$），La（$Z = 57$），Ce（$Z = 58$）などの元素の吸収線が同定され始めている．また，合体から 10 日程度が経過すると放出物質が光学的に薄くなり，輝線スペクトルへと進化することが期待される．その時期のスペクトルでも Te（$Z = 52$）の輝線が同定され始めるなど，中性子星合体で合成された個々の元素量の推定も進みつつある．

GW170817：基礎物理への制限

中性子星合体の重力波・電磁波のマルチメッセンジャー観測は，高エネルギー現象の理解だけではなく，宇宙論や基礎物理一般にも大きく貢献している．例えばハッブル定数の測定がその好例である．重力波シグナルの強度は合体する天体の質量と天体までの距離に依存している（4.5 節）．ここで，天体の質量は重力波の周波数進化から推定されるため，重力波観測だけで天体までの距離を推定することができる（ただし，距離の推定値は軌道傾斜角の推定値と縮退する）．一方で，電磁波観測からは中性子星合体の母銀河を同定することで赤方偏移を正確に測ることができる．つまり，重力波観測から決まる距離と，電磁波観測から決まる赤方偏移を合わせることでハッブル定数を測定することができる．ここで特筆すべきことは，重力波からの距離推定が他のどの距離はしごにも依存していないことである．ハッブル定数は近傍宇宙の距離はしご（セファイド変光星や Ia 型超新星）による推定値と，宇宙マイクロ波背景放射による推定値が一致しない可能性が指摘されており，マルチメッセンジャー観測による独立な推定に期待が集まっている．

また，一般相対論では重力波の伝播速度は光速度 c と一致するが，その直接的な測定はこれまでなされてこなかった．中性子星合体 GW 170817 でガンマ線バーストが観測されたことは重力波の伝播速度に強い制限を与えている．GW 170817 は銀河系から約 40 Mpc 離れた銀河で発生しているため，そこで発生した重力波と電磁波は約 1 億 3000 万年かけて我々に観測されたことになる．両者

は約 1 億 3000 万年（約 4×10^{15} 秒）走った後にわずか 1.7 秒だけのずれでほぼ「同着」していることから，重力波の伝播速度は光速度と 15 桁の精度で一致していることが検証されたことになる．ちなみに，1.7 秒の遅れは伝播速度の違いによるものではなく，中性子星が合体してからガンマ線バーストの放射が発生するまでにかかる時間であると考えられており，ガンマ線バーストの発生機構にも新しい制限を与えている．

今後

このように GW170817 のマルチメッセンジャー観測から，中性子星合体で相対論的ジェットが形成されてガンマ線バーストが引き起こされること，さらに鉄よりも重い元素が合成されていることが明らかになった．これらの知見はどれも重力波だけ，もしくは電磁波だけの観測では得られなかったものであり，マルチメッセンジャー観測の威力を示す好例である．2023 年時点でマルチメッセンジャー観測が成功した中性子星合体はまだ 1 例のみであり，今後より多くのマルチメッセンジャー観測が実現することに期待が集まっている．多くの中性子星合体が重力波・電磁波で観測されることで，さまざまな質量の中性子星合体でどのようにジェットが形成され，どのような重元素が合成されているかが明らかになるであろう．

また，2030 年代後半に稼働することが予定されているスペース重力波干渉計 LISA では，0.1 mHz から 0.1 Hz 程度の低周波重力波観測が可能となり，重力波天文学も「多波長観測」の時代に入るだろう．このような周波数では，巨大ブラックホール同士の合体からの重力波放射が観測されることが期待される．銀河中心の巨大ブラックホールの周りには普遍的に降着円盤が存在していることが示唆されており，そのような天体の合体現象でどのような電磁波シグナルが観測され，どのようなマルチメッセンジャー天文学が展開されるかも楽しみである．

4.6.2 高エネルギーニュートリノ天体のマルチメッセンジャー観測

4.4 節で解説した通り，IceCube 観測所によって TeV を超える高エネルギー宇宙ニュートリノの定常的な観測が実現している．このような高エネルギーニュートリノは高エネルギー宇宙線が原子核や光子と相互作用することによって作られ

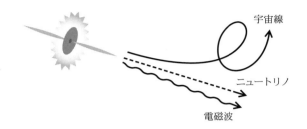

図 4.48 高エネルギーニュートリノ天体からのマルチメッセンジャー．

るため，ニュートリノ源を同定することは宇宙における高エネルギー宇宙線の起源を同定するために非常に重要である．宇宙線は荷電粒子のため宇宙空間の磁場で曲げられてしまうが，ニュートリノは中性粒子のため直進してくる（図 4.48）．つまり，ニュートリノが到来した方向には確実に宇宙線加速源が存在するはずである．そのような高エネルギー宇宙線はブラックホールが関係するジェットや降着円盤で加速されることが期待されるため，ニュートリノ天体の観測はブラックホール近傍の高エネルギー現象の新しい有力なプローブとなる．

IceCube で観測されているニュートリノの起源はまだ明らかになっていない．ニュートリノが発生する際にはガンマ線も発生するため，ニュートリノの到来方向にガンマ線で明るいブレーザー（3.1.5 節）などの天体が存在することが期待されていた．しかし，ニュートリノと既存のガンマ線源の到来方向に明確な相関は見つかっていない．またガンマ線バーストのように短時間だけガンマ線で明るい天体との時間的な相関も見つかっていない．つまり，宇宙線の加速源はガンマ線で暗い天体であると考えられる．物質と相互作用しづらいニュートリノだけが高エネルギー宇宙線の加速源を「見通して」いるといえる．

高エネルギーニュートリノ天体を同定すべく，2016 年からは IceCube 観測所からニュートリノ検出の「アラート」が発せられるようになった．ニュートリノ信号と時間・方向が一致するあらゆる電磁波シグナルを探査するためである．このアラート発出によって，2017 年に初めて高エネルギーニュートリノと電磁波のマルチメッセンジャー観測が実現した．

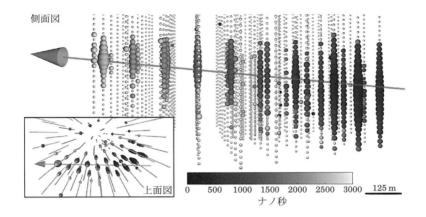

図 **4.49** IceCube-170922A のシグナル．各点が検出器の位置を表しており，各点の大きさは記録された光の量に対応している．検出された時刻の違いによって色分けされており，端から端までの時刻の差は 3 マイクロ秒程度．

IceCube-170922A のマルチメッセンジャー観測

2017 年 9 月 22 日，IceCube 観測所で高エネルギーニュートリノイベント IceCube-170922A が観測された．図 4.49 がその検出の様子を表したものである．図中の小さい丸は，南極の氷に埋められた IceCube の検出器の位置を示しており，大きな丸が光を検出した検出器の位置と光量を表している．ニュートリノと氷（または地球の岩石）の相互作用で生まれたミュー粒子が南極の氷内を走ることでチェレンコフ放射を起こし，IceCube の検出器で検出されたのである．図中の右側の検出器が先にシグナルを検出していることから，図中を右から左にミュー粒子が走ったことが分かる．この軌跡から，ニュートリノの放射源が約 1 平方度の範囲に絞られた．また，検出された光量からミュー粒子がこの体積内で落としたエネルギーが推定され（約 30 TeV），そこからもとのニュートリノのエネルギーは約 300 TeV 程度と推定された．

この検出情報が世界中にアラートとして発出され，電磁波の対応天体の探査が始まった．しかし，上述の通り高エネルギーニュートリノ源の正体は分かっていない．つまり，高エネルギーニュートリノ天体のマルチメッセンジャー観測では重力波の場合と大きく異なり，特定の天体種族を探査することはできない．その

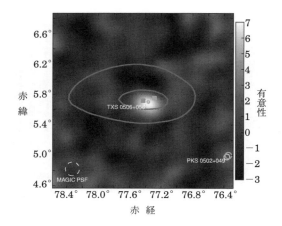

図 **4.50** IceCube-170922A の対応天体として同定されたブレーザー TXS 0506+056 の MAGIC 望遠鏡によるガンマ線画像.

代わり，ニュートリノの到来領域内で「ニュートリノが来たときにだけ起きているような現象」を特定する必要がある．

IceCube-170922A の到来方向には，TXS 0506+056 と呼ばれるブレーザーが存在しており，可視光の追観測によってこの天体の明るさが大きく変動していることが報告された．さらに，この天体がガンマ線で通常より非常に明るくなっていることも発見された．ブレーザーは稀な天体種族であり，そのような天体が通常よりも明るい状態にあるというのはさらに稀なことである．すなわち，高エネルギーニュートリノがやってきた時間に，その到来方向に，偶然そのような天体を無関係に発見する確率は低いことが期待される．実際に，ニュートリノが検出された方向で，偶然このような状態にあるブレーザーを発見する確率は 0.3% 程度であることが分かり，このことから TXS 0506+056 が IceCube-170922A の対応天体であると結論づけられた．

TXS 0506+056（IceCube-170922A）の SED の性質

図 4.51（上図）に TXS 0506+056 のスペクトルエネルギー分布（SED）を示した．可視光域（$\sim 1\,\mathrm{eV}$）と γ 線帯（$\sim 10^9\,\mathrm{eV}$）の 2 箇所にピークをもち，こ

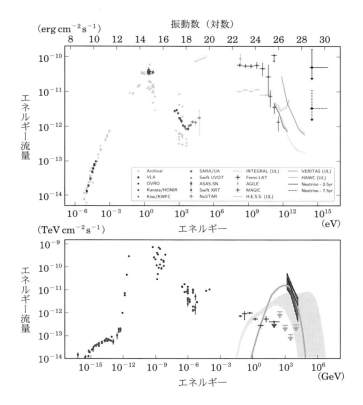

図 4.51 (上図) TXS 0506+056 の SED. 濃いデータ点は，ニュートリノ信号 IceCube 170922A 検出による追観測で得られたもので，薄いグレーのデータ点は過去のアーカイバルデータから抽出したものである. (下図) NGC 1068 の SED. ニュートリノは濃い色のハッチ，薄い色のハッチと曲線が理論予想，矢印付き横線と誤差棒付き横線データがガンマ線. ニュートリノ輝度に比してガンマ線輝度は非常に低い.

れは高エネルギー電子のシンクロトロン放射と逆コンプトン散乱の寄与として完全に説明できる. フレア時のガンマ線の輝度とニュートリノの輝度が同程度であることは相互の関連を示唆するが，X線領域が暗いことは簡単に説明ができない. この問題を解決するために，ジェットに構造をもたせる (VLBI による電波観測でその示唆が得られている) など，X線の輝度に直接的には依存しない機構がい

264　第 4 章　粒子線と重力波天文学

くつか提案されている．今後の研究による理解の深化が待たれる．

　また，X 線輝度が高くないということは超高エネルギー宇宙線起源天体ではないと考えるのが自然である．PeV をはるかに超えるエネルギーの陽子があれば，その陽子はガンマ線と衝突することで π 中間子のみならず電子対生成も引き起こす（ベーテ–ハイトラー過程と呼ばれる）．この電子対起源の電磁カスケード成分が X 線領域に現れるはずであり，暗い X 線輝度はこの可能性を強く制限しているためである．また $\tau_{\mathrm{p}\gamma}$ が小さいため，TXS 0506+056 のような天体系が高エネルギー宇宙線の輝度密度を説明することはできない（式（4.40））．加えて，超高エネルギー宇宙線起源天体として自然だと考えられる目安のパワーである式（4.42）からは，$L_\gamma \gtrsim 4 \times 10^{44} (\Gamma/5)^2 (\xi_B/1)^{-1} (Z/11)^{-2} \,\mathrm{erg\,s^{-1}}$ が得られるが，X 線の輝度はこの条件をかろうじて満たしているに過ぎない．このことからも TXS 0506+056 は宇宙線起源天体ではあっても $10^{20}\,\mathrm{eV}$ にも達する最高エネルギー宇宙線の起源としては考えにくい．

　さらに，BL Lac や FSRQ などからなるブレーザーは，高エネルギー宇宙ニュートリノ背景放射データ全体を説明できないことがわかっている．Fermi-LAT で同定しているブレーザー天体は 1000 近くあるが，それらとの方向の相関は見えていないこと，ブレーザーからのニュートリノ放射を予言する多くの理論は $10^{15}\,\mathrm{eV}$（$10^6\,\mathrm{GeV}$）以上のさらに高エネルギー領域にピークを持つニュートリノスペクトルを予言しているが，そうした放射は，図 4.26 に示された 10 PeV 以上の超高エネルギー領域におけるニュートリノ流量の上限値に抵触すること，また FSRQ のような宇宙論的深化度のきわめて高い天体クラスは前節で述べた GZK ニュートリノ探索解析の示唆と矛盾することなどが理由として挙げられる．多数派は別の天体クラスであり，明るいガンマ線放射天体とニュートリノ放射天体の多くは重ならない．

NGC 1068 のマルチメッセンジャー観測

　もうひとつのマルチメッセンジャー観測の例として，NGC 1068 をとりあげる[*19]．この天体はニュートリノを定常的に放射しており，時間的な変動や，ある時期に爆発的に放射を起こすような特徴は検出されていない．2011 年から 2020 年までの 9 年間の蓄積データにより，大気ニュートリノ雑音事象に対して 79^{+22}_{-20}

事象の超過が NGC 1068 の方向から検出された（4.2σ の有意性）．図 4.51（下図）に示すように，ニュートリノのエネルギー分布は 1 TeV（10^3 GeV）以上できわめてソフトな分布を持っている．この分布形状は，図 4.26 に示したニュートリノ背景放射とは異なっており，NGC 1068 のような天体（セイファート銀河）は $\lesssim 10$ TeV の低エネルギー部分のみ背景放射を説明可能である．つまり，この考え方では背景放射はいくつかの成分に分かれていることになる．現在の観測データの統計では，この可能性を否定も肯定もできない．

図 4.51（下図）が明らかにするもう一つの際立つ特徴は GeV から TeV にかけての高エネルギー帯のガンマ線放射が暗いことである．ニュートリノと同じエネルギー帯である TeV 領域ではガンマ線は望遠鏡の観測感度限界以下の輝度しか持たず，ニュートリノの輝度 $L_\nu \simeq 2.9 \times 10^{42}$ erg s^{-1} に比してひと桁以下でしかない．つまり TXS 0506+056 とは異なり，NGC 1068 は光学的に厚い環境（すなわち $\tau_{p\gamma} \gtrsim 1$，多くのパラメータスペースでは $\tau_{p\gamma} \gg 1$）でニュートリノを放射していることになる．宇宙線陽子と衝突して生じる π 中間子の崩壊で電子や γ 線も生じることは TXS0506+0056 の場合と変わらないが，この光学的厚い環境では，生じたガンマ線はすぐに電子対生成をして消滅してしまう．すなわち $\tau_{\gamma\gamma} \gg 1$ であり，生まれた電子・陽電子はまたすぐに逆コンプトン散乱を引き起こす．このカスケード効果が強く働き，高エネルギー電磁放射成分は GeV–TeV のガンマ線領域ではなく MeV 程度のもっと低いエネルギー帯に「残骸」として現れるはずである．MeV 帯の観測データがないので明確なことは言えないが，現在の多波長観測データはこの描像と矛盾はない．

こうしたニュートリノでは明るいが，光学的にきわめて厚いため電磁波放射が遮蔽される天体は「隠れた放射源」（Hidden Sources）と呼ばれている．そのよう環境下では宇宙線陽子も抜け出せないため，宇宙線放射源でもない．まさにニュートリノだからこそ捕捉できた放射である．ニュートリノ放射の輝度と 100 MeV 以上のガンマ線の輝度の比から，放射は中心にある超大ブラックホー

---

*19 （264 ページ）TXS 0506+056 はマルチメッセンジャー観測で同定されたが，NGC 1068 は同定そのものは IceCube のニュートリノデータ単独で行われ，その解釈にマルチメッセンジャーデータ が使われたという事情がある．つまり同じマルチメッセンジャー観測でも前者はリアルタイム観測（いわゆる時間軸天文学 time-domain astronomy）であるのに対し，後者はオフラインでアーカイブの観測データの特にエネルギー分布の照合が鍵になっているという違いがある．

ル（SMBH）のシュバルツシルト半径 $R_S \simeq 5.9 \times 10^{12}$ cm の 30–100 倍程度の距離の領域で起こったことが推定されている．ブラックホール近傍でのエネルギー散逸機構は，活動銀河核や潮汐破壊現象（TDE; Tidal Disruptions Events）に共通する物理であり，電磁波チャンネルでは直接探ることができなかった領域をニュートリノを探針として調べることを可能にした最初の成果である．

今後は，IceCube 観測所のアップグレードが計画されており，北半球では地中海の水を用いた KM3NeT の稼働も計画されている．これらの観測で，より位置決定精度の高いニュートリノ観測・より稀な高エネルギーニュートリノの観測が可能になり，突発的な高エネルギー現象・定常天体ともにマルチメッセンジャー観測が大きく進展することが期待される．

第5章

ガンマ線バースト

5.1 ガンマ線バーストの諸現象

1973 年，米国ロス・アラモス国立研究所のクレベサデル （R. Klebesadel）らは 1 編の短い論文を発表した．内容は核実験探知衛星「VELA」による，16 例のガンマ線バーストの発見だった．歴史上多くの発見がそうであったように，当時宇宙から多量のガンマ線が飛来することなど，まったく予想されていなかった．現在では，ガンマ線バーストは宇宙遠方で発生し，一部のガンマ線バーストは大質量星の崩壊や中性子星連星の合体と関係していることが明らかとなっており，もっとも活発な宇宙物理学の研究分野の一つと目される分野に成長した．ガンマ線バーストは，まだ謎が多い．その起源や放射機構の解明だけでなく，宇宙遠方での明るい光源として利用することでの初期宇宙探査，そして重力波やニュートリノなどの電磁波対応天体の有力な候補天体であり，今後の高エネルギー宇宙物理学のフロンティア領域といえる．本節では，ガンマ線バーストの観測的側面を記述する．

5.1.1 ガンマ線バーストからの電磁放射

　ガンマ線バーストはいつどこで発生するかまったく予想できない．しかも，短期間しか輝かない現象であり，かつ，ガンマ線は到来方向を決定することが困難な電磁放射である．そのため，多波長観測で対応する天体を同定することが非常に困難で，天文学的な研究が遅れた．継続時間にとどまらず，きわめて多様な光度曲線をみせることが知られており，図 5.1 に例示したような激しい時間変動を示すバーストも多い．注意すべきことは，ガンマ線バーストの光度曲線には典型的なパターンはないことである．

　明るさの異なるバーストの継続時間を定量的に評価するため，それぞれのガンマ線バーストの継続時間を表現する量として T_{90} を用いることが多い．これは，観測されたバーストの全光子数の最初と最後の 5％を除いた，90％の光子数が含まれる時間で定義される．図 5.2（270 ページ）は，「CGRO」に搭載された BATSE 観測装置で観測された T_{90} の分布を表している．この分布には約 2 秒を境界として二つのピークがみられる．T_{90} が 2 秒より長いものを「長いガンマ線バースト」，短いものを「短いガンマ線バースト」と呼び，これらは発生起源が異なるのではないかと考えられている．

　ガンマ線バーストは短時間の突発現象であるうえ，おもにガンマ線帯域で発見・観測されてきたため，到来方向の決定が困難だったが，ひとつの衛星上にガンマ線検出器をいくつか設置し，それらの検出器で独立に観測された同じガンマ線バーストの強度の違いから，数度程度の精度であれば到来方向を決定することは可能である．このような手法によって，ガンマ線バーストの空間分布をもっとも系統的に求めたのが，BATSE による観測である．図 5.3（270 ページ）に BATSE の検出した 2704 例のガンマ線バーストの方向分布を銀河座標にプロットした．統計的な解析からも，ガンマ線バーストは天球上に一様に分布することが示される．また暗いガンマ線バーストは明るいガンマ線バーストよりも数が少ないことも示唆されている．

　ガンマ線バーストは 10 ミリ秒程度の速い時間変動をみせること，かつ 1 MeV 以上のガンマ線を放射することは，5.2 節で述べるコンパクトネス問題を提起する．明白な対応天体を同定することができないことから，ガンマ線バーストは銀河系内現象であるのか，あるいは系外で発生する現象なのか，大きな論争が続い

5.1 ガンマ線バーストの諸現象 | 269

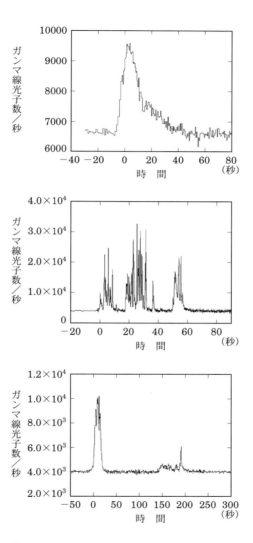

図 **5.1** 「CGRO」に搭載された BATSE 検出器が観測した 3 例のガンマ線バースト(BATSE 4B Catalog CD–ROM (1997)から引用).

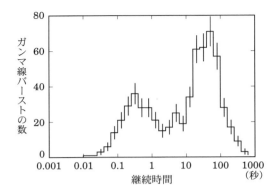

図 5.2 「CGRO」搭載 BATSE 観測装置がとらえた 1234 例のガンマ線バーストの継続時間（T_{90}）分布を表す（BATSE 4B Catalog CD–ROM（1997）から引用）．

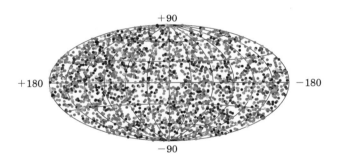

図 5.3 BATSE 観測装置が捉えた 2704 例のガンマ線バーストの到来方向分布を銀河座標で表示した（口絵 9 参照，http://cossc.gsfc.nasa.gov/docs/cgro/batse/ より転載）．

ていた．そしてついに，このガンマ線バースト源までの距離の問題を一気に解明する発見が 1997 年にもたらされた．

5.1.2 ガンマ線バーストアフターグロー

X 線天文衛星「BeppoSAX」に搭載された広視野 X 線カメラ（WFC）は，ガンマ線バースト GRB 970228 から X 線を検出し，その発生位置を 3 分角の精度で決定した．

すぐさま「BeppoSAX」は，主観測装置であるX線望遠鏡をこの位置に向け，ガンマ線バーストの位置に未知のX線天体を発見した．続けて行われた可視光の観測で，X線天体の位置に可視光でも輝く天体が発見された．X線・可視光天体から時間とともにべき関数的に減光する様子が観測され，ガンマ線バーストに付随するアフターグロー（残光）であることが確認された．図5.4（上）は，GRB 970228のバーストから8時間後（左）と3日後（右）のX線アフターグローを，図5.4（下）はバースト当日（左）と8日後（右）の可視光アフターグローを示している．

可視光でのガンマ線バーストアフターグローの発見によって，ガンマ線バーストの位置が正確に決定できるようになり，ガンマ線バースト対応天体を同定できるようになった．多くのガンマ線バーストについて母天体と思われる銀河（母銀河）が発見され，その可視光分光観測から母銀河の赤方偏移（すなわち距離）が決定できるようになった[*1]．図5.5はGRB 970508の母銀河の可視光分光スペクトルを示している．可視光分光観測によって赤方偏移が$z = 0.835$（約69億光年）と決定された初めてのガンマ線バーストになった．この結果，銀河系外の我々から数十億光年以上遠方で発生する爆発であることが明らかになった．

一方で，これは深刻な問題を提起することになった．一つはコンパクトネス問題である．これは相対論的運動を考慮した火の玉モデルを考えれば回避できる（5.2節）．二つ目の問題は，放射の全エネルギーが巨大なものになってしまうことである．たとえばGRB 990123の場合，観測されたガンマ線領域でのフルーエンス（単位面積あたりの放射エネルギー）から，等方的な放射を仮定すると放射された全エネルギーは，$E_{\mathrm{iso}} \sim 10^{47}$ Jに達する．超新星爆発の場合，約99%のエネルギーはニュートリノによって持ち去られ，電磁放射へ転換されるエネルギーは高々1%程度であることが知られている．ガンマ線バーストも同程度であると仮定すると，10^{49} J以上のエネルギーが生成されたことになる．

GRB 990510の可視光・電波アフターグローを詳細に解析したハリソン（F. Harrison）らは，アフターグローの光度曲線が，図5.6に示したように，バーストから1.2日経過したところで急に暗くなることを発見した．これは，ガンマ線

[*1] アフターグローの分光観測からも赤方偏移を測ることができ，ガンマ線バーストの赤方偏移は，アフターグローによる赤方偏移が下限を，そして，母銀河の赤方偏移が上限を与える．

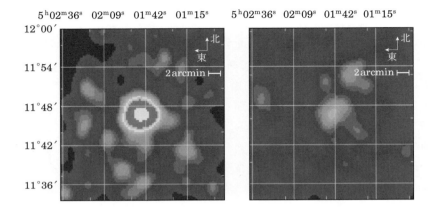

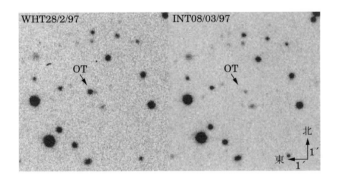

図 5.4 （上）「BeppoSAX」が観測した GRB 970228 の X線写真（中央の明るいところ）．座標は赤緯（度，分，秒），赤経（時，分，秒）．左はバーストから 8 時間後，右は 3 日後の X 線アフターグローを示している（Costa et al. 1997, Nature, 387, 783 より転載）．（下）続いて発見された可視光のアフターグロー（OT と表記）．左はバーストの当日，右は 8 日後の可視光写真を示す（約 7 分角四方）（Van Paradijs et al. 1997, Nature, 386, 686 より転載）（口絵 10 参照）．Copyright©1997, Nature Publishing Group

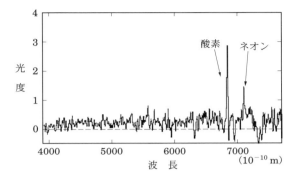

図 **5.5** GRB 970508 母銀河の分光観測から，この天体の赤方偏移が $z = 0.835$ であることが分かった（Metzger *et al.* 1997, *Nature*, 387, 878 より転載）. Copyright© 1997, Nature Publishing Group

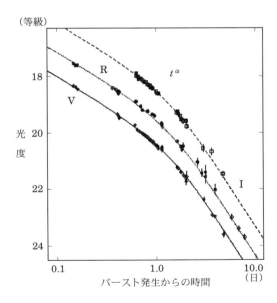

図 **5.6** GRB 990510 の可視光アフターグローの光度曲線．バーストから 1.2 日経過したところで，V, R, I のどの帯域でも光度曲線が折れ曲がっている．これはガンマ線バーストジェットの「端が見えた」ためと解釈でき，ジェットの開口角が推定される．等方的な放射を仮定した場合，$E_{\rm iso} = 2.9 \times 10^{46}$ J と計算されるが，ジェット状に絞られた放射だとすると，このエネルギーは $E_\gamma = 10^{44}$ J と評価される（Harrison *et al.* 1999, *ApJ* (Letters), 523, L121 より転載）.

バーストの中心天体から吹き出した相対論的速度のバリオン流が細く絞られているためと解釈される（5.2節参照）．このような細く絞られたバリオン流をジェットと呼ぶ（3.1節）．ハリソンらはガンマ線バーストは等方的な爆発現象ではなく，したがって観測される電磁放射から求まるエネルギー E_{iso} は，ジェットが絞られている角度 θ_{jet} で補正すべきであることを主張した．GRB 990510 の場合，等方放射を仮定すると $E_{iso} = 2.9 \times 10^{46}$ J となるが，この補正を行うと，実際は $E_\gamma = 10^{44}$ J 程度のエネルギーが電磁放射に転換されたと考えられる．その後，複数のガンマ線バーストアフターグローの解析から，光度曲線に同様の折れ曲がりがあることが分かってきた．

NASA のガンマ線バースト探査衛星「Swift」で大きく進展したのが，ガンマ線バーストに付随する X 線アフターグローの観測である．「Swift」に搭載されている X 線望遠鏡 XRT による迅速な追観測により，「Swift」が検出したガンマ線バーストの約 9 割に対して X 線アフターグローが観測されている．図 5.7 に X 線アフターグローの光度曲線を示す．X 線アフターグローの振る舞いは，時間の経過とともに暗くなってはいくが，その間に激しく増光や減光を繰り返すものや，あっという間に暗くなってしまうもの，あるいは，単調に時間とともに暗くなっていくものまで，ガンマ線バースト本体同様，多様であることが分かる．この多様な X 線アフターグローの振る舞いの起源は明らかになっていない．

5.1.3　ガンマ線バーストと超新星

「BeppoSAX」が発見した GRB 980425 からは可視光候補天体として，特異な超新星 SN 1998bw が見つかり，ガンマ線バーストと超新星の関連性が指摘された．ただし SN 1998bw は $z = 0.0085$（約 1 億光年）と大変近くで発生した超新星であり，典型的なガンマ線バースト（〜 数十億光年より遠い）より 2 桁近い．また，時間に対してべき関数的に減光する可視光アフターグローは検出されなかったことからも，GRB 980425 と SN 1998bw の関連性を疑いなく証明することはこの時点では困難だった．

突発天体探査衛星「HETE-2」が発見した GRB 030329 の可視光アフターグローは明るく，長期にわたる観測が可能であったため，「すばる」等の大望遠鏡を含む多数の天文台で詳細な観測が行われた．この結果，このガンマ線バース

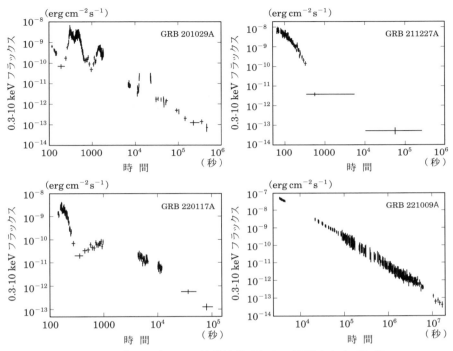

図 5.7 「Swift」の X 線望遠鏡 XRT で観測された X 線アフターグローの光度曲線.データは The Swift-XRT GRB catalogue, https://www.swift.ac.uk/xrt_live_cat から取得.

トの赤方偏移は $z = 0.169$ (約 20 億光年) と比較的近傍で発生したことが分かり,さらに可視光アフターグローが時間に対してべき関数的に減光するにつれて,その光源に重なる明るい超新星成分 (SN 2003dh) が発見された.図 5.8 に,GRB 030329 アフターグロー/SN 2003dh の可視光スペクトルのバースト後 33 日までの時間発展を表示した.

可視光アフターグローのスペクトル(べき型スペクトル)の成分を取り除くと,SN 2003dh の可視光スペクトルは,驚くほど SN 1998bw と似ている(図 5.8(下)).ここに至って,少なくともある種のガンマ線バーストとある種の超新星(より正確には,SN 1998bw と同種の超新星)は関連する現象であることが観測的に明らかな形で証明された.したがって,(少なくともある種の)ガン

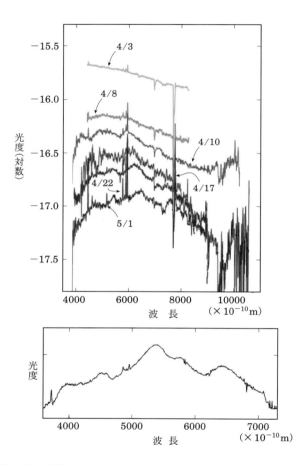

図 5.8 （上）GRB 030329/SN 2003dh の可視光スペクトル．GRB 030329 の可視光アフターグローが減光していくにつれて（図中に観測されたスペクトルの日にちを記載），付随する SN 2003dh の成分が 5/1 に観測されたスペクトルでは顕著に見えている（Hjorth *et al.* 2003, *Nature*, 423, 847 より転載）．（下）SN 1998bw のスペクトル（Galama *et al.* 1998, *Nature*, 395, 670 より転載）．

マ線バーストは，大質量星の崩壊によってブラックホールが誕生する瞬間に生じる大爆発現象であると考えられる．その後，「Swift」による観測で，アフターグローから超新星へと時間変化するスペクトルが観測されたガンマ線バーストはGRB 060218 や GRB 100316D と増えている．

5.1.4 高赤方偏移ガンマ線バースト

「Swift」による精度の高いガンマ線バーストの位置速報により，多くのガンマ線バーストのアフターグローの分光観測が行われ，赤方偏移が測られている．図 5.9 に「Swift」によって検出されたガンマ線バーストの赤方偏移分布を示す．「Swift」が観測したガンマ線バーストで赤方偏移が測られているバーストの数は 400 を超えており，赤方偏移の平均値は 1.9 である．赤方偏移 6.295 の GRB 050904 では，アフターグローのスペクトルから宇宙再電離の時期についての制限をつけることに成功した（5.2.6 節（1）参照）．現在のところ，分光観測により赤方偏移が測られている最遠方のガンマ線バーストは赤方偏移 8.2 の GRB 090423 である．「Swift」の約 20 年間にもわたる観測においても，赤方偏移 5 を超えるガンマ線バーストの数は，10 例程度に留まっており，遠方のガン

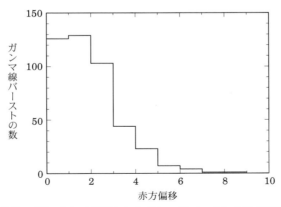

図 **5.9** 「Swift」で観測されたガンマ線バーストの赤方偏移分布．データは The Swift/BAT Gamma-Ray Burst catalog, https://swift.gsfc.nasa.gov/results/batgrbcat より取得．アフターグロー，および母銀河の分光観測により赤方偏移が同定されたものを選択した．

マ線バーストの探査を目的とした将来の衛星計画が日本をはじめとし，ヨーロッパやアメリカなどで提案されている．

5.1.5 短いガンマ線バーストの性質

「Swift」が本格的な観測を開始した 2005 年になり，それまで観測できていなかった，短いガンマ線バーストのアフターグローの観測に成功し，その理解が飛躍的に進んだ．短いガンマ線バーストの可視光や X 線アフターグローは，長いガンマ線バーストに比べ，暗い傾向があり，フォン（W. Fong）らによる 2005–2021 年の間で観測された 90 例近い短いガンマ線バーストの母銀河の研究によると，短いガンマ線バーストの赤方偏移は 0.15–1.5 に分布しており，母銀河の多くは星生成が活発な銀河であるが，母銀河の中心から平均で $\simeq 7.7\,\mathrm{kpc}$ 離れていた位置でバーストは発生していた．

一方で，長いガンマ線バーストは，星生成が活発な領域で発生することが多く，その発生位置は母銀河の中心から $1\,\mathrm{kpc}$ 程度と中心から大きく離れていないことが多い．これらの観測結果は，短いガンマ線バーストと長いガンマ線バーストの起源の違いを示唆している可能性が高い．ただし，これらの多くの短いガンマ線バーストの観測では，5–10 秒角の精度で決まった「Swift」の XRT による X 線アフターグローでの位置を用いての母銀河同定を行っており，XRT による数秒角程度の位置精度では，母銀河の同定そのものに不定性が含まれている可能性があることには注意が必要である．

また，ガンマ線バーストの継続時間だけを見ると「長い」ガンマ線バーストであるが，それ以外の性質が「短い」ガンマ線バーストに近いというバーストも観測されている．GRB 060614 は，継続時間が 102 秒という「長い」ガンマ線バーストであるが，バーストの最も明るい部分の光度曲線は，短いガンマ線バーストの特徴とよく合う．また，赤方偏移が 0.125 と比較的近傍であったため，大口径の望遠鏡を用いての追観測が行われたが，付随する超新星は発見されず，このことは長いガンマ線バーストの起源と考えられてる大質量星の崩壊というシナリオと合致しない．この GRB 060614 の例のように，ガンマ線バーストの継続時間は「長い」が，継続時間以外の性質やアフターグロー，そして，母銀河などの特徴を総合的に判断すると「短い」ガンマ線バーストの特徴に近いバーストと

いうのも発見されており，従来行われてきたガンマ線バーストの継続時間のみで
バーストを分類し，起源の違いについて議論することは難しい可能性がある．

　詳しくは 4.6 節に述べられているが，短いガンマ線バーストは重力波天体の電
磁波対応天体であることが GW 170817/GRB 170817A で明らかとなり，マル
チメッセンジャー天文学という観点からも非常に注目されている．

5.1.6　ガンマ線バーストからの高エネルギーガンマ線

　ガンマ線バーストからの高エネルギーガンマ線の観測は，1994 年に「CGRO」
の EGRET 観測装置によって GRB 940217 で観測された 18 GeV（1 GeV =
10^9 eV）の高エネルギーガンマ線の検出が唯一の事例で，その後 10 年以上大き
な進展はなかった．その状況は，2008 年に打ち上げられた NASA の「Fermi」
衛星の観測により一転する．2008–2018 年の間に「Fermi」のガンマ線観測装
置 LAT により 0.1 GeV を超えるガンマ線バーストからの高エネルギーガンマ
線放射の観測例は 169 例にものぼっている．さらに，GRB 221009A では，中
国の地上空気シャワー観測所 LHAASO が，バースト発生後 230–900 秒の間
に 1 TeV（$= 10^{12}$ eV）を超えるガンマ線を 140 個検出し，検出したガンマ線
の最高エネルギーは 13 TeV に達した．日本も参加しているガンマ線観測装置
CTA をはじめとする，地上のガンマ線観測装置が高感度な高エネルギーガンマ
線観測を開始しており，今度も大きな進展が期待できる．

5.1.7　ガンマ線バーストと同期した可視光放射

　ガンマ線バースト GRB 990123 では，ガンマ線バースト本体の放射が継続し
ている間に，約 9 等級という明るさにも達した可視光での放射が，ロスアラモス
国立研究所の ROTSE 望遠鏡で観測された．この放射は即時可視光放射や可視
光フラッシュと呼ばれており，複雑なガンマ線バーストの放射機構を解明する鍵
を握る可能性がある．その後，ロスアラモス国立研究所の RAPTOR 望遠鏡で
GRB 041219A，GRB 050820A，そして GRB 130427A で同様な可視光放射が
観測されているが，どれも放射の特徴が異なっており，統一的な理解には程遠い．

　GRB 080319B では，Pi of the sky 望遠鏡と TORTORA 望遠鏡により，
GRB 990123 を超える 5.3 等級にも達する即時可視光放射が観測された．5 等級

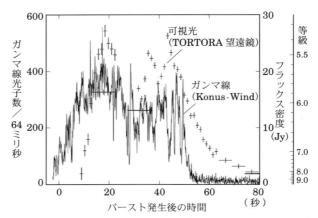

図 **5.10** GRB 080319B の光度曲線．黒が Konus-Wind 観測装置によるガンマ線での光度曲線で，灰色で示したのが，Pi of the sky 望遠鏡と TORTORA 望遠鏡で観測された可視光での光度曲線である．ガンマ線での強度変動と類似した短時間での強度変化が可視光でも観測されている　(Racusin *et al.* 2008, *Nature*, 455, 183 より転載)．Copyright© 2008, Nature Publishing Group.

ともなると肉眼でも観測可能な明るさであるため，naked-eye burst とも呼ばれている．図 5.10 からわかるように，その即時可視光放射の時間変動の様子は，ガンマ線バースト本体のものとよく一致しているが，標準的なガンマ線バーストの放射機構では，この非常に明るい即時可視光放射を説明することが難しい．衛星に搭載したガンマ線バーストの観測装置からのバースト発見の速報を待っていては，この即時可視光放射を捉えることは難しく，そのため，観測例も多くない．

── 天体の名前あれこれ ──

　恒星の名は星座名と明るい順に α, β, γ となっているのはご存知だろう．X 線星はくちょう座 X-1 もその流れである．最近では大望遠鏡や高分解能の X 線衛星などさまざまな波長の観測装置が活躍し，新天体が続々と見つかっている．そこで混乱を避けるため，国際天文学連合（IAU）では新天体の命名を以下のように推奨した．この推奨以前に命名されたものは新たに名前を変更するわけではない．また現在でも必ずしも厳密に推奨どおりの命名になっていないものをある．

本書ではいろいろな天体名が登場したのでそれらを説明しよう.

推奨命名法は「頭文字（3 文字程度）と数列」から構成する. 頭文字には,

- カタログ名（NGC, 3C）
- 人名（M, Abell, Mkn, HDE, SS）
- 観測装置など（RX, AX, GRO, GRS, RX, 1E）
- 天体の種類（SN, GRB）

などがある. 数列には,

- 通し番号（M 82, NGC 1068, Abell 2199, SS 433）
- 座標赤経・赤緯（2000 年分点） J1713−3936
- 位置と通し番号の混合 （MCG−6-30-15）

などがある. 超新星やガンマ線バーストは, 位置や通し番号でなく, 事象のあった時期で命名している.

- 超新星は起きた年とその順番（アルファベット順に）で表記する. たとえば SN 1987A は 1987 年の最初に発見された超新星である. アルファベットが一巡すると次には SN 2000aa のように 2 文字のアルファベットを使う. 今では年の 500 個以上が見つかっているので SN 2003dh のような名がある.

- ガンマ線バーストの呼称は発生日の年（yy）・月（mm）・日（dd）を順番に 2 桁の数字で表している. たとえば, GRB 940217 は 1994 年 2 月 17 日に観測されたガンマ線バーストである. ただし, 「Swift」や「Fermi」の観測により 1 日に数例のガンマ線バーストが報告されるようになったため, 現在では, GRB 080319B のように, 報告された順に最後にアルファベットをつけるようになった.

5.2 ガンマ線バーストの物理機構

ガンマ線バーストのガンマ線フラックスはおよそ $f \sim 10^{-9}\,\mathrm{W\,m^{-2}}$ である. 宇宙論的な距離 $d \sim 10^{26}\,\mathrm{m}$ からやってくるので, 等方的に放射しているとするとガンマ線バーストの光度は $L_\gamma \sim 4\pi d^2 f \sim 10^{44}\,\mathrm{W}$ となる. 銀河一つの光度はだいたい $L_g \sim 10^{36}\,\mathrm{W}$ なので, ガンマ線バーストの光度は瞬間的には, 宇宙にある全銀河の光度に匹敵する（$L_\gamma \sim 10^8 L_g$）. ガンマ線バーストは宇宙でもっ

282 | 第 5 章 ガンマ線バースト

とも激しく明るい現象といえる.

このような宇宙最大の爆発であるガンマ線バーストはどのようにして起こるのであろうか? じつはまだ分かっていないこともあるので,比較的研究が進んだ継続時間の「長いガンマ線バースト」に話を限って,その理論的解釈を述べる.継続時間の「短いガンマ線バースト」に関しては,現在進行形で研究が進展しているところである(5.2.6 節参照).

5.2.1 相対論的運動

すべてのガンマ線バーストのモデルに共通する特徴は,ガンマ線バーストやそのアフターグロー(残光)が光速に近い(相対論的な)運動をする物体から放射されることである.この結論は次のコンパクトネス問題を解決するおそらく唯一の方法として得られる.

観測されるガンマ線フラックスの変動時間はだいたい $\Delta t \sim 10$ ミリ秒なので,単純には放射領域のサイズは $R \sim c\Delta t \sim 3 \times 10^6 (\Delta t/10\,\mathrm{ms})$ [m] と見積もることができる.その間に放射されるガンマ線のエネルギーは $\sim L_\gamma \Delta t \sim 10^{42}$ J である.このうちガンマ線のエネルギーが十分高く電子・陽電子対を生成する($\gamma\gamma \rightarrow \mathrm{e}^+\mathrm{e}^-$)ことができる割合を f_p とする(観測的に f_p はそれほど小さくない).一対の $\mathrm{e}^+\mathrm{e}^-$ を生成する断面積はトムソン断面積 σ_T くらいなので,対生成の全断面積は $\sigma_\mathrm{T} f_p L_\gamma \Delta t/m_\mathrm{e}c^2$ になる.その光学的厚みは,対生成の全断面積と領域のサイズの比であるから,

$$\tau_{\gamma\gamma} \sim \frac{\sigma_\mathrm{T} f_p L_\gamma \Delta t}{R^2 m_\mathrm{e}c^2} \sim 10^{14} f_p \left(\frac{L_\gamma}{10^{44}\,\mathrm{W}}\right)\left(\frac{\Delta t}{10\,\mathrm{ms}}\right)^{-1} \tag{5.1}$$

となり,大変大きい(光学的に厚い)ことが分かる.単純に考えると,ガンマ線は対生成を起こして中から出られないという問題が生じる.

相対論的運動はこのコンパクトネス問題を次の二つの効果で解決する.

● 放射体が観測者に向かうと,光子のエネルギーがローレンツ因子 $\Gamma = (1 - v^2/c^2)^{-1/2}$ 倍だけ青方偏移する.

つまり,観測されるガンマ線は放射体の共動系では X 線であり,実際には電子・陽電子対を生成できるガンマ線の割合 f_p は $\Gamma^{2(\beta_B+1)}$ 倍程度に減少する.

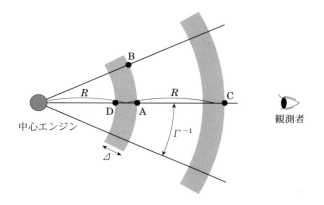

図 5.11 観測者と相対論的な放射体と中心エンジンの幾何学的な関係. 放射体が相対論的な場合, 変動時間は $\Delta t \sim R/c\Gamma^2 \ll R/c$ となる.

ここで $\beta_B \sim -2$ は, 観測されるガンマ線の数スペクトル $N(E)\,dE \propto E^{\beta_B}\,dE$ のべきである. Γ への依存性は, 共動系での対生成の条件 $E_1' E_2' > (m_e c^2)^2$ が実験室系では $E_1 > \Gamma^2(m_e c^2)^2/E_2 \propto \Gamma^2$ となるので, 対生成できるガンマ線の割合が $f_p \propto \int_{E_1} N(E)\,dE \propto E_1^{\beta_B+1} \propto \Gamma^{2(\beta_B+1)}$ になる.

- 放射領域のサイズ R が Γ^2 倍ほど大きくてもよい.

正しくは放射体のサイズは $R \sim c\Delta t$ ではなく $R \sim c\Gamma^2 \Delta t$ とすべきである. 図 5.11 のように中心からローレンツ因子 Γ で放射体が放出され, 距離 R から $2R$ まで光ったとしよう. 観測者は右端にいる. 相対論的ビーミングの効果 (3.2.2 節参照) によって, 放射は放射体の進む方向に $\sim \Gamma^{-1}$ ぐらいの角度で絞られるので, 観測者は放射体の前面 $\sim \Gamma^{-1}$ の領域しか見えない. すると, 距離 R で出た光でも到着時間の散らばりは $\Delta t \sim R/c$ ではなく, 図 5.11 の点 A と点 B の行路差による $\Delta t \sim R/c\Gamma^2$ ぐらいにしかならない. これは角度分散時間と呼ばれており, 表面の曲率に依存する.

また, 点 A から出た光と点 C から出た光の到着時間の差も $\Delta t \sim R/c\Gamma^2$ くらいにしかならない. 放射体がほぼ光速 $v = c(1-\Gamma^{-2})^{1/2} \sim c(1-\Gamma^{-2}/2)$ で動くので, 放射体が点 A から点 C まで動く間に, 点 A から出た光と放射体との

284 第 5 章 ガンマ線バースト

距離が $cR/v - R \sim R/\Gamma^2$ にしかならないからである.

これらの理由により $R \sim c\Gamma^2 \Delta t$ が得られる. ただし, 中心エンジンの変動時間 δt が Δt 以下で短いという結論は変わらない. なぜなら, 放射体が $\sim \delta t$ の間放出されるとその厚みが $\Delta \sim c\delta t$ になるので, 図 5.11 の点 A から出た光と点 D から出た光の到着時間の差 $\sim \Delta/c \sim \delta t$ が生じるからである.

これら二つの相対論的な効果によって電子・陽電子対生成の光学的厚み $\tau_{\gamma\gamma}$ は $\Gamma^{2(\beta_B+1)} \times \Gamma^{-4} \sim \Gamma^{-6}$ 倍になる. 式 (5.1) よりだいたい $\Gamma > 100$ であれば $\tau_{\gamma\gamma} < 1$ となる. つまりガンマ線バーストは光速の 99.99% 以上の速度を持つ相対論的な爆発現象である.

相対論的に運動している物質の質量は, その運動エネルギーがガンマ線バーストの全エネルギー $E \sim 10^{44}$ J くらいとして, $M \sim E/c^2\Gamma \sim 10^{-5} M_\odot (E/10^{44} \text{J})(\Gamma/100)^{-1}$ になる. いかにして太陽質量の $\sim 10^{-5}$ という少ない質量に $\sim 10^{44}$ J もの大きなエネルギーを与えるのかは重大な謎であり, バリオンロード問題と呼ばれている.

5.2.2 火の玉の進化

5.2.1 節の考察から一般的にガンマ線バーストは,

(1) 物質を $\Gamma > 100$ まで加速して,
(2) それを外まで運んで $\tau_{\gamma\gamma} < 1$ にしてから,
(3) エネルギーを解放してガンマ線などを出す,

ことが分かった. 現在のガンマ線バーストの観測を説明するだけなら (1) の過程はなんでもよい. つまり $\Gamma > 100$ の物質が放出されたと仮定すればよい. しかし本当に $\Gamma > 100$ まで加速できるのであろうか? ここでは加速機構としてもっとも古典的な火の玉モデルを解説する.

莫大なエネルギー E が小さな半径 R_0 で解放されたとしよう. ここで, 中心エンジンの変動時間が $\Delta t \sim 10$ ミリ秒以下なので $R_0 \sim 10^5$m $(< c\Delta t)$ とする (図 5.12 参照). これは $\sim 10 M_\odot$ のブラックホールのシュバルツシルト半径くらいでもある.

また Δt の間に放出されるエネルギー $E \sim L_\gamma \Delta t \sim 10^{42}$ J を考える. 式 (5.1) から明らかに電子・陽電子対生成が起こり, 熱的な火の玉ができる. その黒体温

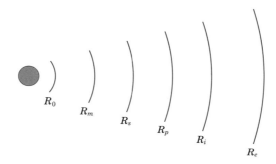

図 5.12 火の玉の進化における特徴的な半径．R_0 は火の玉の初期半径，R_m は加速が止まる半径，R_s は火の玉の厚みが膨らみ出す半径，R_p は火の玉が散乱に対して透明になる半径，R_i は内部衝撃波が起こる半径，R_e は外部衝撃波が起こる半径である．

度（T）と放射エネルギー密度（u）の関係は $u = aT^4$ で与えられる（シュテファン–ボルツマンの法則）．ここで $a = 4\sigma/c = 7.6 \times 10^{-16}\,\mathrm{J\,m^{-3}\,K^{-4}}$ である．結局温度は，

$$T = \left(\frac{3E}{4\pi a R_0^3}\right)^{1/4} \sim 1 \left(\frac{L_\gamma \Delta t}{10^{42}\,\mathrm{J}}\right)^{1/4} \left(\frac{R_0}{10^5\,\mathrm{m}}\right)^{-3/4} \quad [\mathrm{MeV}] \tag{5.2}$$

に達する．

　火の玉は自分の熱圧力により加速膨張する．断熱自由膨張なので，（初期宇宙のように）共動系でのエントロピー $\propto T^3 R^3$ を保存する．これより $T \propto R^{-1}$ なので，火の玉の温度は半径に反比例して下がる．また観測者系でのエネルギー $\propto \Gamma T^4 R^3$ も保存する．これらより $\Gamma \propto R$ となり，火の玉のローレンツ因子は半径に比例して増大する．この過程では放射エネルギーが運動エネルギーに転換されている．また物質はほぼ光速で動くので，観測者系では最初のサイズ程度の厚み $\Delta \sim R_0$ を持つ球殻が膨張するように見える．共動系での厚みは $\Delta' = \Gamma \Delta \sim R$ に従って増加する．

　加速が止まるのは全エネルギー E がほぼ物質の運動エネルギー $\Gamma M c^2$ になったところである[*2]．つまり $\Gamma \sim E/Mc^2 \equiv \eta$ まで加速する．ここで質量 M の

[*2] 初期宇宙での物質優勢時期にあたる．

ほとんどは陽子などのバリオンが担うので，パラメータ $\eta \equiv E/Mc^2$ は火の玉にどれだけバリオンがまざっているかを表す指標となる．$\Gamma \propto R$ なので加速が止まる半径は，

$$R_m = \eta R_0 \sim 10^7 \left(\frac{\eta}{100} \right) \left(\frac{R_0}{10^5 \,\text{m}} \right) \quad [\text{m}] \tag{5.3}$$

である．この時点までに電子・陽電子対はほとんど対消滅し，バリオンに付随する電子が光学的厚みを担っている．

その後，火の玉は $\Gamma = \eta$ のまま等速膨張する．球殻の厚みは最初 $\Delta \sim R_0$ であるが，Γ に 2 倍程度のゆらぎがあるので徐々に膨らむ．増加分は $\Delta \sim (v_1 - v_2)t \sim ct \left(\frac{1}{2\Gamma_2^2} - \frac{1}{2\Gamma_1^2} \right) \sim ct/\Gamma^2 \sim R/\Gamma^2$ と見積もることができる．共動系では $\Delta' = \Gamma\Delta = R/\Gamma$ である．これが最初の厚み以上になる半径は，$R_s \sim \Gamma^2 R_0 \sim 10^9 (\Gamma/100)^2 (R_0/10^5 \,\text{m})$ [m] あたりになる．

火の玉が膨張するにつれ，共動系での電子の密度 $n'_{\text{e}} \sim E/4\pi R^2 m_{\text{p}} c^2 \eta \Delta'$ は減少し，$\tau = \sigma_T n'_{\text{e}} \Delta' \sim 1$ になると，火の玉は散乱に対して透明になる[*3]．そのときの光球半径は，前式に $n'_{\text{e}} = 1/\sigma_T \Delta'$ を代入して，

$$R_p \sim \left(\frac{\sigma_T E}{4\pi m_{\text{p}} c^2 \eta} \right)^{1/2} \sim 10^{10} \left(\frac{L_\gamma \Delta t}{10^{42} \,\text{J}} \right)^{1/2} \left(\frac{\eta}{100} \right)^{-1/2} \quad [\text{m}] \tag{5.4}$$

となる．この外側で起こるガンマ線バーストしか我々は観測できない．

バリオンが少なすぎると（η が大きすぎると）$R_p < R_m$ となるので，放射エネルギーが運動エネルギーに転換される前に火の玉が散乱に対して透明になってしまう．つまりほとんどのエネルギーが熱的な放射として逃げる．しかし観測されるガンマ線バーストのスペクトルは非熱的なので，これは矛盾である．これより $10^4 \gtrsim \eta$ という制限がつく．一方バリオンが多すぎるとコンパクトネス問題が生じるので下限は $10^2 \lesssim \eta$ である．

5.2.3 衝撃波によるエネルギー解放

5.2.2 節により，小さな領域で巨大なエネルギーが解放されると火の玉ができ，バリオンが適度に少量含まれていれば，そのバリオンは相対論的な速度まで加速

[*3] 初期宇宙における晴れ上がりに相当する．

できることが分かった．しかし，観測可能な光球半径の外側ではほとんどのエネルギーは運動エネルギーになってしまうので，このままではガンマ線バーストにならない．何らかの方法で運動エネルギーを放射に変える必要がある．その有力な方法の一つが衝撃波である．

二体衝突を考えるのが分かりやすい．ローレンツ因子 Γ_r の質量 m_r が，速度の遅いローレンツ因子 $\Gamma_s\,(<\Gamma_r)$ の質量 m_s に衝突して，ローレンツ因子 Γ_m の一つの質量 m_m になったとする．エネルギーと運動量の保存より，

$$m_r\Gamma_r + m_s\Gamma_s = (m_r + m_s + E_m/c^2)\Gamma_m, \tag{5.5}$$

$$m_r\sqrt{\Gamma_r^2 - 1} + m_s\sqrt{\Gamma_s^2 - 1} = (m_r + m_s + E_m/c^2)\sqrt{\Gamma_m^2 - 1} \tag{5.6}$$

がなりたつ．ここで E_m は衝突によって解放される内部エネルギーで，この一部が観測される放射になる．上式を解くと，

$$\Gamma_m = \frac{m_r\Gamma_r + m_s\Gamma_s}{\sqrt{m_r^2 + m_s^2 + 2m_r m_s\Gamma_{rs}}}, \tag{5.7}$$

$$E_m/c^2 = \sqrt{m_r^2 + m_s^2 + 2m_r m_s\Gamma_{rs}} - m_r - m_s \tag{5.8}$$

が得られる．ここで $\Gamma_{rs} = \Gamma_r\Gamma_s - \sqrt{\Gamma_r^2 - 1}\sqrt{\Gamma_s^2 - 1}$ は m_r からみた m_s のローレンツ因子である．エネルギーの変換効率は

$$\varepsilon = 1 - \frac{(m_r + m_s)\Gamma_m}{m_r\Gamma_r + m_s\Gamma_s}$$

で与えられる．

最初に，$\Gamma_s = 1$，$\Gamma_r \gg 1$ の場合を考えよう．これは周りの星間物質に火の玉が突っ込む場合で，いわゆる外部衝撃波モデルである（3.2.6 節参照）．式 (5.7) より $\Gamma_m \sim \Gamma_r/2$ となるには $m_s \sim m_r/\Gamma_r$ であればよい．つまり運動エネルギーの大半を変換するには，まわりの質量 m_s は火の玉の質量 m_r の Γ_r^{-1} 程度でよい．この事実から外部衝撃波によって運動エネルギーが解放されはじめる半径を見積もることができる．

半径 R 内の星間物質の質量は個数密度を n とすると $m_s \sim \dfrac{4\pi}{3}R^3 n m_{\mathrm{p}}$ 程度である．ここで m_{p} は陽子の質量である．全エネルギーは $E = \Gamma_r m_r c^2 \sim \Gamma_r^2 m_s c^2 \sim \dfrac{4\pi}{3}R^3 n m_{\mathrm{p}} c^2 \Gamma_r^2$ と表されるので，外部衝撃波の半径は，

$$R_e \sim 10^{15} \left(\frac{E}{10^{46}\,\mathrm{J}} \right)^{1/3} \left(\frac{n}{10^{-6}\,\mathrm{m}^{-3}} \right)^{-1/3} \left(\frac{\Gamma_r}{100} \right)^{-2/3} \quad [\mathrm{m}] \tag{5.9}$$

となる（図 5.12 参照）．これより外部衝撃波からの放射が観測され始めるのは，$t \sim R_e/c\Gamma_r^2 \sim 300(E/10^{46}\,\mathrm{J})^{1/3}(n/10^{-6}\,\mathrm{m}^{-3})^{-1/3}(\Gamma_r/100)^{-8/3}$ 秒後くらいである（図 5.11 参照）．

次に $\Gamma_r > \Gamma_s \gg 1$ の場合を考えよう．これは中心エンジンが異なる Γ の物質を放出しそれらが衝突する場合で，いわゆる内部衝撃波モデルである（3.2.4 節参照）．式（5.7）より衝突後は，

$$\Gamma_m \simeq \sqrt{\frac{m_r\Gamma_r + m_s\Gamma_s}{m_r/\Gamma_r + m_s/\Gamma_s}} \tag{5.10}$$

である．

等質量 $m_r = m_s$ の場合，エネルギー変換効率は $\varepsilon = 1 - 2\sqrt{\Gamma_r\Gamma_s}/(\Gamma_r + \Gamma_s)$ となるので，$\Gamma_r = 2\Gamma_s$ なら $\varepsilon \sim 6\%$，$\Gamma_r = 10\Gamma_s$ なら $\varepsilon \sim 43\%$ である．つまり Γ の比が大きいほどエネルギー変換効率は高いことが分かる．

内部衝撃波をおこす半径は，質量 m_s の後 δt 経ってから質量 m_r が放出されたとすると，

$$R_i \sim \frac{c^2\delta t}{v_r - v_s} \sim \frac{2c\delta t}{\Gamma_s^{-2} - \Gamma_r^{-2}} \sim 10^{11} \left(\frac{\delta t}{0.1\mathrm{s}} \right) \left(\frac{\Gamma_s}{100} \right)^2 \quad [\mathrm{m}] \tag{5.11}$$

と見積もられる（図 5.12 参照）．これより内部衝撃波からの放射パルスの幅は $\sim R_i/c\Gamma^2 \sim \delta t$ 程度（図 5.11 参照），つまり質量放出の間隔程度になる．

ガンマ線バーストは内部衝撃波，アフターグローは外部衝撃波でつくられる，とするのが現在の主流である．おもな理由は，ガンマ線バーストの激しい光度変動は内部衝撃波でしかつくれないからである．中心エンジンが $\sim \delta t$ の間隔でいくつも Γ の異なる質量を $t\,(\gg \delta t)$ の間放出したとすると，物質がほぼ光速で動くので，観測されるパルスも間隔 $\sim \delta t$ で $\sim t$ の間続く．パルス幅も $\sim R_i/c\Gamma^2 \sim \delta t$ なので変動を激しくできる．また式（5.9），（5.11）より典型的に内部衝撃波は外部衝撃波の内側 $R_i < R_e$ で起こる．多数の放出物は衝突をいくつも起こして一つになったあと星間物質と外部衝撃波を起こしてアフターグローをつくる．

5.2.4 アフターグローのシンクロトロン衝撃波モデル

5.2.3 節では衝撃波によって運動エネルギーを内部エネルギーに変換できることを示した．この内部エネルギーはどのように放射されるのであろうか？ 現在のところ，特にアフターグローでは，シンクロトロン放射がもっとも有力である（4.2.1 節参照）．本小節ではアフターグローの標準モデルを概観する．大変簡単なモデルだが驚くほど観測事実を説明する．

5.2.3 節のような簡単な二体衝突ではなく，衝撃波前後の流体の保存則を考えると，衝撃波を通過した星間物質の個数密度と内部エネルギー密度は，

$$n_2 = (4\Gamma + 3)n \simeq 4\Gamma n, \quad e_2 = (\Gamma - 1)n_2 m_{\mathrm{p}} c^2 \simeq 4\Gamma^2 n m_{\mathrm{p}} c^2 \qquad (5.12)$$

に増加することが分かる．これらは共動系での量である．解放された内部エネルギー e_2 は，ある割合 ε_e と ε_B で電子の加速と磁場の増幅に使われる．加速された電子が $N(\gamma_{\mathrm{e}})d\gamma_{\mathrm{e}} \propto \gamma_{\mathrm{e}}^{-p} d\gamma_{\mathrm{e}}, (\gamma_{\mathrm{e}} > \gamma_m)$ という個数分布になるとすると（4.2.2 節（粒子加速過程）参照），電子の質量を m_{e} として，$\displaystyle\int_{\gamma_m} N(\gamma_{\mathrm{e}}) \, d\gamma_{\mathrm{e}} = n_2$ と $\displaystyle m_{\mathrm{e}} c^2 \int_{\gamma_m} N(\gamma_{\mathrm{e}}) \gamma_{\mathrm{e}} \, d\gamma_{\mathrm{e}} = \varepsilon_e e_2$ より，典型的な電子のローレンツ因子は，

$$\gamma_m = \varepsilon_e \frac{p-2}{p-1} \frac{m_{\mathrm{p}}}{m_{\mathrm{e}}} \Gamma \qquad (5.13)$$

になる．ここで $p > 2$ を仮定する．また磁場は $B^2/2\mu_0 = \varepsilon_B e_2$ より

$$B = (8\mu_0 \varepsilon_B n m_{\mathrm{p}})^{1/2} \Gamma c \qquad (5.14)$$

となる．

磁場中を電子が相対論的に動くのでシンクロトロン放射する．個々の電子が出す放射のパワーと典型的な振動数は $\gamma_{\mathrm{e}} \gg 1$ とすると，

$$P(\gamma_{\mathrm{e}}) = \frac{4}{3} c \sigma_{\mathrm{T}} \frac{B^2}{2\mu_0} \gamma_{\mathrm{e}}^2 \Gamma^2, \quad \nu(\gamma_{\mathrm{e}}) = \Gamma \gamma_{\mathrm{e}}^2 \frac{q_{\mathrm{e}} B}{2\pi m_{\mathrm{e}}} \qquad (5.15)$$

である．ここで Γ^2 と Γ を掛けて観測される量にしてある．スペクトル P_ν $(\sim P/\nu)$ は $P_\nu \propto \nu^{1/3}$ という形をしていて，$\nu > \nu(\gamma_{\mathrm{e}})$ では急激に落ちる．その最大値は $P_{\nu,\mathrm{max}} \sim P(\gamma_{\mathrm{e}})/\nu(\gamma_{\mathrm{e}})$ 程度になる．個々の電子の寄与を足し合わせると，観測されるアフターグローのフラックスは，

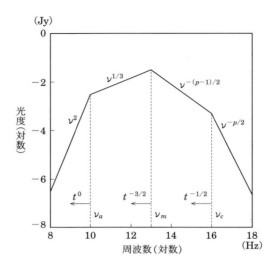

図 5.13 ガンマ線バーストのアフターグローの理論的なスペクトル. ν_m は典型的な振動数, ν_c は冷却振動数, ν_a はシンクロトロン自己吸収振動数である. 星間物質が一様ならば, それぞれ時間とともに, $\nu_m \propto t^{-3/2}$, $\nu_c \propto t^{-1/2}$, $\nu_a \propto t^0$ に従って進化する.

$$F_\nu = \begin{cases} (\nu/\nu_m)^{1/3} F_{\nu,\max} & (\nu < \nu_m \equiv \nu(\gamma_m)), \\ (\nu/\nu_m)^{-(p-1)/2} F_{\nu,\max} & (\nu_m < \nu) \end{cases} \quad (5.16)$$

となる. 低周波数側 $\nu < \nu_m$ のスペクトルは1個の電子の場合と同じ $\propto \nu^{1/3}$ だが, $\nu > \nu_m$ では電子がべき的な分布 $N(\gamma_e) \propto \gamma_e^{-p}$ をしているので $\propto \nu^{-(p-1)/2}$ になる. 掃き集めた電子の総数は $N_e \equiv 4\pi R^3 n/3$ なので, ガンマ線バーストまでの距離を D とすると $F_{\nu,\max} \sim N_e P_{\nu,\max}/4\pi D^2$ である. 図5.13のスペクトルには, 高周波数側では電子の冷却, 低周波数側ではシンクロトロン自己吸収によってあと二つ折れ曲がりが存在する. 式 (5.16) より ν_m と $F_{\nu,\max}$ が分かればアフターグローのフラックスを計算できる. 式 (5.13) – (5.15) より $\nu_m \propto \varepsilon_B^{1/2} \varepsilon_e^2 n^{1/2} \Gamma^4$, $F_{\nu,\max} \propto \varepsilon_B^{1/2} n^{3/2} \Gamma^2 R^3$ なので, あとは衝撃波の半径 R とローレンツ因子 Γ の進化を求めればよい. これは観測時間の関係式 $t \sim R/c\Gamma^2$ (図5.11 参照) と式 (5.9) から,

$$R \sim (3Et/4\pi n m_\mathrm{p} c)^{1/4}, \quad \Gamma \sim (3E/4\pi n m_\mathrm{p} c^5 t^3)^{1/8} \tag{5.17}$$

と求まる．式（5.17）は衝撃波が膨張するにつれ質量が増えて減速することを表す．いままでの式をあわせると最終的に，

$$\nu_m \sim 10^{15} \varepsilon_B^{1/2} \varepsilon_e^2 (E/10^{46}\,\mathrm{J})^{1/2} (t/1\,\mathrm{day})^{-3/2} \ [\mathrm{Hz}], \tag{5.18}$$

$$F_{\nu,\mathrm{max}} \sim 1 \varepsilon_B^{1/2} n^{1/2} (E/10^{46}\,\mathrm{J})(D/10^{26}\,\mathrm{m})^{-2} \ [\mathrm{Jy}] \tag{5.19}$$

が得られる．$F_\nu(\nu > \nu_m) \propto T^\alpha \nu^\beta$ とおくと $p \sim 2.3$ なら $\alpha = 3\beta/2 \sim -1$ となるので観測とよくあう．

いままで球対称を仮定したが，衝撃波がジェット状である場合，$T \sim (\theta/0.1)^{8/3}$ [day] あたりで，$F_\nu(\nu > \nu_m) \propto t^{-1}$ から $F_\nu(\nu > \nu_m) \propto t^{-p} \sim t^{-2.3}$ に折れ曲がって急に暗くなる．これは衝撃波が減速するとビーミング角 Γ^{-1} がジェットの開き角 θ より大きくなるので，ジェットの外側の暗い部分まで見えるうえにジェットの膨張則も変わるからである．折れ曲がりは実際観測されており，ガンマ線バーストはジェット状であると考えられている（5.1 節の図 5.6 参照）．ジェット状だとガンマ線バーストの全エネルギーは球状としたときより $\sim \theta^2 \sim 0.01$ 倍ほど小さく，だいたい 10^{44} J ぐらいになる．一方，（横向きで観測できないものも含んだ）本当のガンマ線バーストの頻度は $\sim \theta^{-2} \sim 100$ 倍になる．

5.2.5　中心エンジン

ガンマ線バーストの中心エンジンは何であろうか？　中心エンジンのサイズは，ガンマ線バーストの変動時間にミリ秒のものがあるので $\sim 10^5$ m 以下である．全エネルギーは，ガンマ線が $\sim 10^{44}$ J なので効率を 10%程度とすると $\sim 10^{45}$ J となる．これらを満たす既知の天体は中性子星かブラックホールくらいである．

中性子星の回転エネルギーは $\sim 10^{45}(P/1\,\mathrm{ms})^{-2}$ J なので自転周期 P がミリ秒ならエネルギーはまかなえる．磁場が $\sim 10^{11}$ T だと磁気双極放射によって 10 秒ほど（ガンマ線バーストの継続時間くらい）でエネルギーを放出できる．ブラックホールの場合，質量が $\sim 10\,M_\odot$ なら回転エネルギーは最大 $\sim 10^{47}$ J である．これは原理的に磁場を通して取り出せる．またブラックホール形成時，まわりに $0.1\,M_\odot$ 程度の降着円盤ができた場合も，その重力エネルギーは $\sim 10^{45}$ J となる．この場合，円盤の降着時間がガンマ線バーストの継続時間になる．

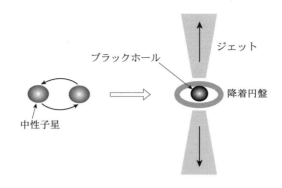

図 5.14 連星中性子星の合体に伴って起こるガンマ線バーストの中心エンジンの想像図.

　一方，ガンマ線バーストが大質量星の重力崩壊に伴って起こることを示す観測がいくつかある（5.1.3 節参照）．たとえばいくつかのガンマ線バーストのあとに Ic 型超新星が観測されている（ただし超新星が付随しないガンマ線バーストも少数見つかっている）．またガンマ線バーストの母銀河の研究からも，ガンマ線バーストは星形成の活発なところで生まれることが示唆されている．Ic 型超新星は一つの銀河で 1000 年に 1 回程度起こるので，ガンマ線バーストがジェットであることを考慮しても，Ic 型超新星の 100 から 1000 のうち一つがガンマ線バーストになればよい．

　これらの観測が出る前までは，連星中性子星の合体もガンマ線バーストの起源の候補であった（図 5.14 参照）．連星中性子星は重力波を放出することで軌道を縮めて合体する．合体時にはガンマ線バーストを説明するのに十分な重力エネルギー $\sim 10^{46}$ J を解放する．また，銀河系内の観測から推定される合体頻度はガンマ線バーストと同じぐらい（一つの銀河で 1 万年から 100 万年に 1 回程度）なので，ガンマ線バーストの候補と考えられた．しかし，連星中性子星が合体するまで時間がかかるので，星形成の活発な領域でガンマ線バーストが起こる必然性はなく，現在では「長いガンマ線バースト」の起源としては少数派となった［ただし「短いガンマ線バースト」の起源になることが重力波イベント GW170817 の観測によって明らかになった（4.6.1 節）］．

　現在主流の描像では，大質量星のうち特異なもの，たとえば回転が速いものが

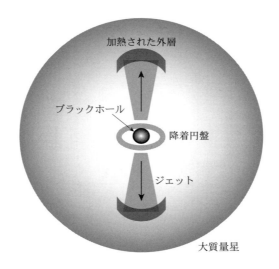

図 5.15 大質量星の重力崩壊に伴って起こるガンマ線バーストの中心エンジンの想像図.

重力崩壊して中心にブラックホールと重い降着円盤をつくり，降着円盤の一部を相対論的なジェットにして円盤と垂直方向に放出する，と考える（図 5.15 参照）．ただし相対論的ジェットの形成機構は完全には分かっていない（3 章参照）．数値シミュレーションでも $\varGamma > 100$ のジェットはまだ実現されていない．

大質量星の外層は大きな柱密度 $> 10^{45}\,\mathrm{m}^{-2}$ を持つので，中心でガンマ線が放射されてもこのままでは出てこられない．この問題を解決する一つの方法は，相対論的ジェットによって星に穴をあけることである（図 5.15 参照）．実際，中心で相対論的ジェットができさえすれば星を貫けることが数値シミュレーションによって示されている．注意したいのは，ジェットの前方にある星の外層は $\sim 0.1\,M_\odot (\theta/0.1)^2$ もの質量があるので，これをすべて掃き集めるとジェットは非相対論的な速度になってしまいガンマ線バーストにならない点である（5.2.1 節（相対論的運動）参照）．外層はジェットに衝突されて加熱されることで横に広がる必要がある．加熱された外層は活動銀河核ジェットにおけるコクーンに類似したものになる（3.2.6 節）．

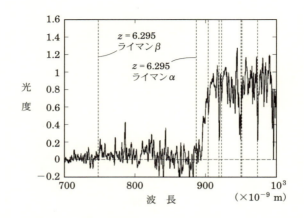

図 5.16 GRB 050904 可視光アフターグローを「すばる」望遠鏡 FOCAS 分光器 が計測したスペクトル．700–1000 nm の波長域を図示している（1 nm は 10^{-9} m）．$z = 6.295$ におけるライマン α，ライマン β の位置を破線で表示している．約 900 nm 以下の波長で，スペクトルの連続成分が減少しているのは，中性水素ガスによるライマン α 吸収の影響が赤方偏移によって長波長側に移動したためである（Kawai *et al.* 2006, *Nature*, 440, 184 より転載）．Copyright© 2006, Nature Publishing Group

5.2.6 その他の話題と展望

その他の話題と展望を簡単に列記する．

（1）長いガンマ線バースト：大質量星進化の最後の超新星と関連することが分かってきた．宇宙で最初に生まれた星（種族 III）は大質量星の可能性が高い．そこで，最初の恒星が形成された頃の宇宙を探る手段として，ガンマ線バーストおよびそのアフターグローが使えそうである．

2005 年，赤方偏移が 5 を超えるガンマ線バースト GRB 050904 が発見された．河合誠之らは「すばる」望遠鏡を用いて非常に明瞭な分光スペクトルの取得に成功し，$z = 6.295$（約 128 億光年）と決定した（図 5.16）．さらに高赤方偏移したガンマ線バーストやアフターグローの観測・解析からより遠方宇宙の電離状態等を研究できると期待される．

（2）短いガンマ線バースト：「Swift」によって確実なアフターグローが観測

された．それによって母銀河が同定され，赤方偏移が決まった．「短いガンマ線バースト」の中には星形成が活発でない楕円銀河で起こるものもあり，「長いガンマ線バースト」と異なる種族であると考えられている（詳しくは 4.6.1 節（重力波天体のマルチメッセンジャー観測）参照）．

（3）無衝突衝撃波の物理：衝撃波によって運動エネルギーが解放されることを 5.2.3 節で示したが，電子や磁場にどれくらいエネルギーがいくかはまだ理論的に不明なところがある．そもそも系が無衝突系なので，どのような衝撃波になるのかが問題である．無衝突衝撃波を数値シミュレーションする試みがなされている．

（4）高エネルギー放射：ガンマ線バーストは $\sim 10^{20}$ eV あたりの超高エネルギー宇宙線の源となりうる（4.1 節）．この宇宙線とガンマ線バーストの出す光子が相互作用すると，TeV を超える高エネルギーニュートリノとガンマ線も生成される．高エネルギーガンマ線は逆コンプトン散乱などでもつくられる．実際，TeV ガンマ線が MAGIC 望遠鏡などによって観測された．

（5）X 線フラッシュ：これはガンマ線を出さない点を除けばガンマ線バーストに非常によく似た現象であり，ガンマ線バーストと同じ起源を持つ同一現象であると考えられている．その発生機構はまだ確立していないが，一つの可能性はジェットを横から見たガンマ線バーストである．横から見ると青方偏移が弱まるので，ガンマ線ではなく X 線になる．

（6）磁場の散逸：本書では簡単のため火の玉や衝撃波における磁場の効果を無視したが，実際にはおそらく重要である．例えば，ブラックホールの回転エネルギーを磁場で引き出すモデルでは，磁場のエネルギーが優勢になる．磁場のエネルギーが磁気リコネクションなどで散逸すると火の玉の加速や放射が起こるが，不明な点が多い．

───ビッグバンに次ぐ大爆発───ガンマ線バースト───

　　ガンマ線バースト GRB 990123（5.1.7 節）は最大級の規模だった．約 95 億光年かなたの爆発だったが，可視光で 9 等に達する閃光が観測された．このバーストが銀河系の典型的な恒星の距離（たとえば 1000 光年）で起きたとすると，太陽の 10 倍近い明さで輝いたはずだ．まさしくビッグバンに次ぐ大爆発である．

296 第 5 章 ガンマ線バースト

　このような巨大なガンマ線バーストが本当に銀河系で起こったらどうなるだろうか？ 米国の研究者らは，約 4 億 5000 万年前のガンマ線バーストがオルドヴィス紀–シルル紀の生物大量絶滅の原因とする説を発表した．わずか 10 秒間の強烈なガンマ線がオゾン層の約半分を破壊し，紫外線が生命の大半を死滅させたというのである．確実な証拠があるわけではないが，ガンマ線バーストは広大な宇宙では日常茶飯事な現象なので，生命の歴史，数十億年の間に 1 回くらいは銀河系でジェットが地球を向くバーストが起きた可能性は否定できない．

　軟ガンマ線リピーター（1.2.6 節）は通常のガンマ線バーストと異なり，銀河系内の天体であり，放出エネルギーも少ない．それでも 2004 年 12 月 27 日に SGR 1806–20 で発生した大規模フレアは，衛星軌道でのガンマ線の個数が $10^{11} \mathrm{m}^{-2} \mathrm{s}^{-1}$ に達し，ほとんどの検出器を麻痺させてしまった．バーストは一瞬だから問題ないだろうが，もし長時間継続すると，放射線被曝が怖くて宇宙飛行士の船外活動などはとてもできない．

参考文献

全体

小山勝二著『X 線で探る宇宙』，培風館，1992

日本物理学会編『現代の宇宙像——宇宙の誕生から超新星爆発まで』，培風館，1997

高原文郎著『天体高エネルギー現象』（岩波講座 物理の世界「地球と宇宙の物理」4 巻），岩波書店，2002

嶺重 慎著『ブラックホール天文学』（新天文学ライブラリー第 3 巻），日本評論社，2016

小山勝二・中村卓史・舞原俊憲・柴田一成著『見えないもので宇宙を観る——宇宙と物質の神秘に迫る（1）』，京都大学学術出版会，2006

奥田治之・小山勝二・祖父江義明著『天の川の真実——超巨大ブラックホールの巣窟を暴く』，誠文堂新光社，2006

キップ. S. ソーン著，林 一・塚原周信訳『ブラックホールと時空の歪み』，白揚社，1997

第 1 章

柴崎徳明著『中性子星とパルサー』，培風館，1993

第 2 章

北本俊二著『X 線でさぐるブラックホール——X 線天文学入門』，裳華房，1998

第 3 章

福江 純著『宇宙ジェット——銀河宇宙を貫くプラズマ流』，学習研究社，1993

梅村雅之，福江 純，野村英子著『輻射輸送と輻射流体力学 [改訂版]』，日本評論社，2024

柴田一成・松元亮治・福江 純・嶺重 慎編『活動する宇宙——天体活動現象の物理』，裳華房，1999

第 4 章

寺沢敏夫著『太陽圏の物理』（岩波講座 物理の世界「地球と宇宙の物理」2 巻），岩波書店，2002

中村卓史・大橋正健・三尾典克著『重力波をとらえる——存在の証明から検出へ』，京都大学学術出版会，1998

柴田 大著『一般相対論の世界を探る——重力波と数値相対論』，東京大学出版，2007

第 5 章

河合誠之・浅野勝晃著『ガンマ線バースト』（新天文学ライブラリー第 5 巻），日本評論社，2019

索引

数字・アルファベット

1 型セイファート	86
2 型セイファート	89
2.7 K（宇宙背景）放射（→ 宇宙マイクロ波背景放射）	174, 206
ADAF	48
advanced LIGO	231
advanved Virgo	231
AGASA	179
BAL クェーサー	117
BeppoSAX	206, 270
CGRO	116, 279
CNO-cycle	214
COBE	98
EHT	106
η（放射光率）	43, 94, 103
EXOSAT	100
FOCAS	294
FRI	139
FRII	139
GALLEX	215
GRANAT	121
GZK	174–175
H.E.S.S.	198
HEAO-1	98
HETE-2	274
IceCube	220, 260
IMB	209
KAGRA	231
K 中間子	14
LISA	231
MAXI	74, 85, 200
P Cyg プロファイル	146
π 中間子	14, 15, 174, 185–186, 207, 219, 264
pp-chain	214
RIAF	48, 108

ROSAT	100
RXTE	76, 80, 92
SAGE	215
SNO	216
UFO	117, 129–130
ULIRG → 超光度赤外線銀河	
ULX	36–37, 74, 147
ULX パルサー（ULXP）	37, 74
VELA	116, 267
VLBI → 超長基線電波干渉計	
W ボソン	15
XMM-Newton	88, 130
XRISM	202
X 線背景放射	97
X 線パルサー	67
X 線連星（系）	21, 45, 66
Z ボソン	15

あ

「アインシュタイン」	36, 100
アインシュタイン	26, 229
アインシュタイン方程式	26
アウタークラスト	13
アウターコア	14
アウトバースト	25, 52, 59
アウトフロー	51, 113, 140
「あすか」	32, 64, 81, 86, 94, 101, 120, 196
アフターグロー（残光）	270–277, 288–290
アルベーン	21
アルベーン波	161, 187
アルベーン半径	21, 67, 159
一般相対性理論（一般相対論）	12, 26, 106, 229
一般相対論的 MHD シミュレーション	164

一般相対論的放射流体力学	156
移流優勢流（→ ADAF）	48
インナークラスト	13
インナーコア	14
宇宙ジェット	52, 113
宇宙線	169
宇宙マイクロ波背景放射（CMB）（→ 2.7 K 放射）	98, 125, 220
「ウフル」	30, 82
エディントン限界光度	24, 54, 67, 91, 123
小田 稔	30

か

カー解	27
外部コンプトン	137
外部衝撃波	138, 288
拡散係数	188
核子	6, 13, 182
核暴走型（超新星）	10, 208
核融合	3, 9, 71, 208, 214
可視激変光クェーサー	125
活動銀河	34
活動銀河核	34, 125, 131, 207, 229
活動銀河（核）ジェット	116, 124, 158
カミオカンデ	209
ガンマ線バースト	32, 116, 207, 250, 267
逆コンプトン（散乱）	19, 20, 49, 96, 136
狭輝線 1 型セイファート（NLS1）	91, 147
強磁場激変星	62
共進化	96, 119
曲率放射	18
「ぎんが」	83, 85, 100
近接連星	39
空気シャワー	169
クェーサー（準星）	33

クォーク	14
クライン–仁科（の公式）	20, 137, 176
系内ジェット	116
激変星	56
ケプラー回転	44
原始星ジェット	116
光学的厚み	54
光子	15
広視野 X 線カメラ	270
光子リング	106
恒星質量ブラックホール	29
高速電波バースト	25
降着円盤	42–44
降着円盤熱風	141
降着トーラス	150
高偏光クェーサー	125
高密度天体	v, 1, 39
古典新星	57
固有状態	216
コンパクトネス問題	268, 282
コンプトン厚	91
コンプトン薄	91
コンプトン散乱	20

さ

再帰新星	42
最内縁安定円軌道（ISCO）	45, 55
ジェット	113
磁気圧加速	159
磁気遠心力加速	159
磁気リコネクション	24
磁気力加速モデル	140
事象の地平面	27, 105, 139
質量降着	56
終端速度	148
重力赤方偏移	27
重力波	23, 230
重力崩壊型超新星	10, 29
縮退圧	4, 10

シュバルツシルト解	26	チャッドウィック	10
衝撃波（統計）加速	173, 189–191	「チャンドラ」	15, 19, 21, 32, 84, 99,
小質量 X 線連星系	22, 42, 67	197, 204	
状態方程式	12, 239	チャンドラセカール	9
シリウス	2	チャンドラセカール限界質量	7, 12
シンクロトロン自己コンプトン（SSC）		中質量ブラックホール	36
126		中性子星	10, 17, 66
シンクロトロン放射	19	中性子星連星（系）	67
新星様変光星	61	超巨星	31
数値相対論	237, 239	超高速噴出流	89
スーパーカミオカンデ	15, 216	超光度 X 線源 → ULX	
「すざく」	86, 90, 95, 130, 196, 208	超光度赤外線銀河	147
すだれコリメータ	30	超長基線電波干渉計	28, 35, 109, 131
スニヤエフ–ゼルドビッチ効果	98	超軟 X 線源	117, 147
すばる	256, 294	超臨界降着（流）	54, 139
スピン	4, 27, 75, 81, 106–107, 231	テレスコープアレイ	179
制動放射	20, 50, 95	電磁カスケード	175, 178
セイファート銀河	33, 265	電子ニュートリノ	15, 215
星風	42	電子陽電子対風	140
赤方偏移	35, 94, 101, 104, 224, 258,	電磁流体力学	44, 160
277		電波ビーム	116
線吸収加速	144–146	電波ローブ	116, 138
全天モニター装置（ASM）	76	特異 X 線パルサー	24
相対論的ビーミング	132, 283	特殊相対論	26, 132
素粒子	14, 15, 207	突発天体	25, 32
		冨松–佐藤解	28
た		トムソン散乱	67
ダークマター	29, 202	トランジェント（天体）	32, 74, 85, 121
大質量 X 線連星系	33, 42, 86		
大質量ブラックホール	33, 86, 96, 104,	**な**	
124		内部衝撃波	134, 288
大マゼラン雲	32, 76, 208	斜め衝撃波	193
タウニュートリノ	15, 215	ナビエ–ストークス方程式	46
タウ粒子	15	軟ガンマ線リピーター	23
多温度円盤	47	ニー（knee）	170, 179, 187, 194
田中靖郎	94	ニュートリノ	14, 208
チェレンコフ放射	20, 182, 261	ニュートリノ振動	15, 215–216
チャープ波形	233	ニュートリノ背景放射	222
チャープ質量	233	ニュートン力学	26

熱的加速モデル 140

は

ハイペロン 14
白色矮星 1
ハッブル宇宙望遠鏡 15, 34, 96, 115, 165
ハドロン 15
早川幸男 186
バリオン 15
バリオンロード問題 284
「はるか」 115
パルサー (→ X 線パルサー，ミリ秒パルサー) 10, 15, 231
パルサー星雲 19, 21, 195
パルサー風 19
バルジ 36, 96
バルマー（系列） 33, 91, 145
ピエールオージェ 179, 222
光電離 89, 105
火の玉モデル 135, 284
標準円盤モデル 46
標準太陽モデル 214
ビリアル温度 49, 78
ファンネル 150
ファンネルジェット流 150
フェルミ運動量 4
フェルミ加速 (→ 衝撃波加速) 173, 191
フェルミ粒子 4
フライズアイ 178
ブラックホール 25, 75, 105, 232
ブラックホールシャドウ 106
ブラックホール連星 30, 75
フラットスペクトル電波クェーサー 125
プランク定数 4
ブレーザー 125, 134, 207
分光連星 31
分子粘性 44
平均自由行程 44

ベルヌーイの式 143
放射圧 67, 140
放射圧加速 144
放射圧加速モデル 140
放射効率 43, 94, 103
放射抵抗 148
ホームステイク 214

ま

マイクロクェーサー 116, 120
マグネター 17, 23
マッハ数 189
マルチメッセンジャー天文学 249
水メーザー 35
ミューニュートリノ 15, 215
ミュー粒子 15
ミリ秒パルサー 20

ら

ラーモア半径 173, 179
ライマン (α, β) 294
ランダウ準位 62
リサイクル説 21
レーリー–ジーンズ放射 50
レプトン 15
連星系 39
連星中性子星 239
連星ブラックホール 230
連続光加速 144, 147
ローレンツ因子 95, 124, 131, 182, 282
ロッシュローブ 40

わ

矮新星 42, 52, 59
惑星状星雲 3

日本天文学会第 2 版化ワーキンググループ

茂山　俊和（代表）　岡村　定矩　熊谷紫麻見　桜井　隆　松尾　宏

日本天文学会創立 100 周年記念出版事業編集委員会

岡村　定矩（委員長）

家　正則　池内　了　井上　一　小山　勝二　桜井　隆
佐藤　勝彦　祖父江義明　野本　憲一　長谷川哲夫　福井　康雄
福島登志夫　二間瀬敏史　舞原　俊憲　水本　好彦　観山　正見
渡部　潤一

8巻編集者　小山　勝二　京都大学名誉教授（責任者（第 1 版））
　　　　　　　嶺重　慎　京都大学名誉教授（責任者（第 2 版））
　　　　　　　馬場　彩　東京大学大学院理学系研究科

執　筆　者　石田　学　宇宙科学研究所（1.1 節，2.3 節）
　　　　　　　柴崎　徳明　（1.2 節，2.4 節）
　　　　　　　榎戸　輝揚　京都大学大学院理学研究科（1.2 節，2.4 節）
　　　　　　　牧島　一夫　東京大学名誉教授（1.3 節，2.5 節）
　　　　　　　嶺重　慎　京都大学名誉教授（2.1 節，2.2 節）
　　　　　　　粟木　久光　愛媛大学大学院理工学研究科（2.6 節）
　　　　　　　寺島　雄一　愛媛大学大学院理工学研究科（2.6 節，3.1.7 節）
　　　　　　　上田　佳宏　京都大学大学院理学研究科（2.7 節，3.1.4–3.1.5 節）
　　　　　　　本間　希樹　国立天文台水沢 VLBI 観測所（2.8 節）
　　　　　　　福江　純　大阪教育大学名誉教授（3.1 節，3.3 節）
　　　　　　　志達めぐみ　愛媛大学大学院理工学研究科（3.1.4 節）
　　　　　　　秦　和弘　名古屋市立大学大学院理学研究科（3.1.6 節）
　　　　　　　高原　文郎　（3.2 節）
　　　　　　　柴田　一成　京都大学名誉教授（3.3.3 節）
　　　　　　　手嶋　政廣　マックスプランク研究所（4.1 節）
　　　　　　　寺澤　敏夫　東京大学名誉教授（4.2 節）
　　　　　　　小山　勝二　京都大学名誉教授（4.3 節）

馬場　　彩　東京大学大学院理学系研究科（4.3 節）
信川　正順　奈良教育大学（4.3 節）
赤松　弘規　高エネルギー加速器研究機構（4.3 節）
山崎　典子　宇宙科学研究所（4.3 節）
中畑　雅行　東京大学宇宙線研究所（4.4 節）
吉田　　滋　千葉大学ハドロン宇宙国際研究センター（4.4 節，
　　　　　　4.6 節）
柴田　　大　京都大学基礎物理学研究所（4.5 節）
田中　雅臣　東北大学大学院理学研究科（4.6 節）
吉田　篤正　青山学院大学理工学部（5.1 節）
坂本　貴紀　青山学院大学理工学部（5.1 節）
井岡　邦仁　京都大学基礎物理学研究所（5.2 節）

ブラックホールと高エネルギー現象［第2版］
シリーズ現代の天文学　第8巻

発行日	2007年6月20日　第1版第1刷発行
	2025年1月15日　第2版第1刷発行

編　者	小山勝二・嶺重 慎・馬場 彩
発行所	株式会社 日本評論社
	170-8474 東京都豊島区南大塚3-12-4
	電話　03-3987-8621（販売）　03-3987-8599（編集）
印　刷	三美印刷株式会社
製　本	牧製本印刷株式会社
装　幀	妹尾浩也

JCOPY 〈（社）出版者著作権管理機構委託出版物〉

本書の無断複写は著作権法上での例外を除き禁じられています．複写される場合は，そのつど事前に，（社）出版者著作権管理機構（電話03-5244-5088，FAX03-5244-5089，e-mail: info@jcopy.or.jp）の許諾を得てください．また，本書を代行業者等の第三者に依頼してスキャニング等の行為によりデジタル化することは，個人の家庭内の利用であっても，一切認められておりません．

© Katsuji Koyama *et al.* 2007, 2025 Printed in Japan
ISBN978-4-535-60757-6